载人航天出版工程
总主编：周建平
总策划：邓宁丰

“十三五”国家重点出版物出版规划项目

液体运载火箭环境设计

李 东 苏 虹 祁 峰 著

中国宇航出版社
·北京·

图书在版编目（CIP）数据

液体运载火箭环境设计 / 李东，苏虹，祁峰著. --北京：中国宇航出版社，2017.2

ISBN 978-7-5159-1268-4

Ⅰ. ①液… Ⅱ. ①李… ②苏… ③祁… Ⅲ. ①液体推进剂火箭—运载火箭—环境设计 Ⅳ. ①V475.1

中国版本图书馆 CIP 数据核字(2017)第 020849 号

责任编辑　张丹丹　　　　**封面设计**　宇星文化

出版发行　中国宇航出版社

社　址　北京市阜成路 8 号　　**邮　编**　100830

(010)60286808　　(010)68768548

网　址　www.caphbook.com

经　销　新华书店

发行部　(010)60286888　　(010)68371900

(010)60286887　　(010)60286804(传真)

零售店　读者服务部

(010)68371105

承　印　天津画中画印刷有限公司

版　次　2017 年 2 月第 1 版　　2017 年 2 月第 1 次印刷

规　格　880×1230　　**开　本**　1/32

印　张　11.5　**彩　插**　6 面　　**字　数**　331 千字

书　号　ISBN 978-7-5159-1268-4

定　价　90.00 元

《载人航天出版工程》总序

中国载人航天工程自1992年立项以来，已经走过了20多年的发展历程。经过载人航天工程全体研制人员的锐意创新、刻苦攻关、顽强拼搏，共发射了10艘神舟飞船和1个目标飞行器，完成了从无人飞行到载人飞行、从一人一天到多人多天、从舱内实验到出舱活动、从自动交会对接到人控交会对接、从单船飞行到组合体飞行等一系列技术跨越，拥有了可靠的载人天地往返运输的能力，实现了中华民族的千年飞天梦想，使中国成为世界上第三个独立掌握载人航天技术的国家。我国载人航天工程作为高科技领域最具代表性的科技实践活动之一，承载了中国人民期盼国家富强、民族复兴的伟大梦想，彰显了中华民族探索未知世界、发现科学真理的不懈追求，体现了不畏艰辛、大力协同的精神风貌。航天梦是中国梦的重要组成部分，载人航天事业的成就，充分展示了伟大的中国道路、中国精神、中国力量，坚定了全国各族人民实现中华民族伟大复兴中国梦的决心和信心。

载人航天工程是十分复杂的大系统工程，既有赖于国家的整体科学技术发展水平，也起到了影响、促进和推动着科学技术进步的重要作用。载人航天技术的发展，涉及系统工程管理，自动控制技术，计算机技术，动力技术，材料和结构技术，环控生保技术，通信、遥感及测控技术，以及天文学、物理学、化学、生命科学、力学、地球科学和空间科学等诸多科学技术领域。在我国综合国力不断增强的今天，载人航天工程对促进中国科学技术的发展起到了积极的推动作用，是中国建设创新型国家的标志性工程之一。

我国航天事业已经进入了承前启后、继往开来、加速发展的关键时期。我国载人航天工程已经完成了三步走战略的第一步和第二步第一阶段的研制和飞行任务，突破了载人天地往返、空间出舱和空间交会对接技术，建立了比较完善的载人航天研发技术体系，形成了完整配套的研制、生产、试验能力。现在，我们正在进行空间站工程的研制工作。2020 年前后，我国将建造由 20 吨级舱段为基本模块构成的空间站，这将使我国载人航天工程进入一个新的发展阶段。建造具有中国特色和时代特征的中国空间站，和平开发和利用太空，为人类文明发展和进步做出新的贡献，是我们航天人肩负的责任和历史使命。要实现这一宏伟目标，无论是在科学技术方面，还是在工程组织方面，都对我们提出了新的挑战。

以图书为代表的文献资料既是载人航天工程的经验总结，也是后续任务研发的重要支撑。为了顺利实施这项国家重大科技工程，实现我国载人航天三步走的战略目标，我们必须充分总结实践成果，并充分借鉴国际同行的经验，形成具有系统性、前瞻性和实用性的，具有中国特色的理论与实践相结合的载人航天工程知识文献体系。

《载人航天出版工程》的编辑和出版就是要致力于建设这样的知识文献体系。书目的选择是在广泛听取参与我国载人航天工程的各专业领域的专家意见和建议的基础上确定的，其中专著内容涉及我国载人航天科研生产的最新技术成果，译著源于世界著名的出版机构，力图反映载人航天工程相关技术领域的当前水平和发展方向。

《载人航天出版工程》凝结了国内外载人航天专家学者的智慧和成果，具有较强的工程实用性和技术前瞻性，既可作为从事载人航天工程科研、生产、试验工作的参考用书，亦可供相关专业领域人员学习借鉴。期望这套丛书有助于载人航天工程的顺利实施，有利于中国航天事业的进一步发展，有益于航天科技领域的人才培养，为促进航天科技发展、建设创新型国家做出贡献。

2013 年 10 月

前　言

运载火箭飞行过程中会产生并承受非常恶劣的力学环境、热环境，为了运载火箭各系统的结构、仪器设备等能够正常可靠工作，需要认真分析运载火箭制造、生产、试验、测试、发射、飞行等整个寿命周期内所经历的力学环境、热环境包络，并设计合适的力学环境、热环境条件，供各系统研制过程中设计、试验使用。

运载火箭的力学环境、热环境设计是运载火箭研制过程中面临的非常复杂的难点问题之一。环境条件设计不能太低，否则会造成欠试验，将降低火箭飞行的可靠性；环境条件设计也不能太高，否则会造成过试验，给各系统带来的结构重量代价太大，将降低火箭运载能力。在运载火箭工程研制中，从未准确地获取过飞行遥测数据供环境设计人员设计出准确的力学环境、热环境条件。运载火箭研制过程中的地面试验子样较少，通过小子样获取的环境测量结果不能覆盖最大环境包络，通过地面试验获取的环境数据也不能覆盖天上飞行状态。如何设计出准确的力学环境、热环境条件，是运载火箭总体环境设计面临的最大困难之一。目前运载火箭力学环境、热环境设计工作主要依靠地面试验获取小子样环境测量数据，结合工程分析、仿真分析等理论分析手段，完善理论分析模型，减小天地差异，设计出合理可行的力学、热学环境条件。

本书在我国新一代低温捆绑运载火箭研制成功的基础上，结合国内外运载火箭环境设计最新成果，系统总结了液体运载火箭力学环境、热环境设计方法及研制经验。全书共分四部分内容（包含附录）。第 1 章概述了运载火箭环境设计的任务和内涵、发展历程及展望。第 2 章系统阐述了液体运载火箭力学环境设计方法，力学环境主要包括低频振动、高频振动、噪声、冲击等，结合各种环境对结构及仪器设备的影响等，说明了各种力学环境的理论分析方法、数据处理方法、环境抑制方法、试验方法、环境条件设计方法等在工程研制中的实际应用。第 3 章系统叙述了液体运载火箭热环境设计方法，热环境主要包括气动加热环境、喷流加热环境、舱段热环境、空间热环境和地面热环境等，说明了热环境的工程计算方法、仿真分析方法、试验方法等在工程研制中的实际应用。附录给出了国外主要火箭的力学环境、热环境及部分试验方法。

本书第 1 章由李东、李国爱、何巍编写，第 2 章由李东、祁峰、胡鹏翔、董锴编写，第 3 章由李东、苏虹、沈丹、何巍编写，附录由祁峰、苏虹编写。李东负责拟定全书内容并审校全稿。

本书是作者多年来研究工作的总结，反映了当前国内外工程研究发展的状况，既可作为高等院校航天飞行器设计专业的研究生教材，也可为航天飞行器设计领域的研究人员和工程设计人员提供一套完整、实用的参考资料。

由于作者水平有限，书中难免存在不足之处，恳请读者批评指正。

著　者

2020 年 6 月

目　录

第1章　概　述

1.1　运载火箭环境设计概述

环境（Environment）是指事物周围存在的条件。对不同的对象和科学学科来说，环境包含的内容不同。本书所讨论的环境主要指运载火箭在发射过程中所面临的各类力学、热学条件。

由于强大的地球引力作用，运载火箭把有效载荷从地球表面运往太空需要很大的运载能量。一般中型火箭赋予有效载荷的最大能量有 20 GJ，大型火箭赋予有效载荷的最大能量有 40 GJ，重型火箭赋予有效载荷的最大能量超过 120 GJ。要把如此巨大的运载能量在约 30 min 的时间内发挥殆尽，需要有大推力的推进系统，遇到恶劣的力学、热环境不可避免，因此，运载火箭环境条件设计是运载火箭总体设计中的重要内容。

1.1.1　运载火箭力学环境

运载火箭力学环境主要是火箭在运输、发射、飞行、分离等过程中产生的振动、噪声、冲击等环境。

振动环境包括低频瞬态振动和随机平稳振动。产生振动的激励源很多，主要有发动机起动、发动机关机、结构分离、发动机推力脉动（POGO）、阵风引起的气动力、气动噪声（含跨音速脉动压力）、喷流噪声等。噪声环境指火箭在大气层内飞行时所受的高频声压作用，主要是起飞时刻的发动机喷流噪声和穿越大风区时的气动噪声。冲击环境特指火工品和各类分离装置解锁时产生的局部高频瞬态响应。力学环境易造成火箭结构变形或强度失效，导致管路及支架等疲劳断裂、阀门功能失效、电子元器件损坏、电子线路断路、接插件松动等仪器设备故障。

以噪声为例说明航天环境对人体的影响。正常人耳能够听到的声音的声压为 2×10^{-5} Pa，相当于 0 dB 噪声，这个声压也称为听阈声压、基准声压、参考声压。使人耳产生痛觉的声压为 20 Pa，相当于 126 dB 噪声，这个声压也称为痛阈声压。噪声量级增加 6 dB，相当于声压量级增加一倍。一般打印机噪声约 30 dB，汽车在 120 km/h 行驶速度以下的车内噪声约 70 dB。火箭仪器舱内噪声约 140 dB，火箭起飞时外噪声约 160 dB，分别约为痛阈声压的 5 倍、50 倍。从上述噪声数据量级的对比可以看出运载火箭的力学环境非常严酷，对仪器设备以及人员有较大的影响。

1.1.2 运载火箭热环境

运载火箭热环境主要是在火箭主动飞行段由气动加热、发动机喷流加热、空间辐射等对火箭产生的温度、热流等环境。气动加热主要是火箭壁面与大气高速摩擦产生的热量传递到箭体结构上的过程。发动机喷流加热包括各类发动机的尾焰间接或直接作用在火箭结构上所带来的热影响。空间辐射主要是指在真空中太阳、冷黑背景等对火箭结构造成的温度变化过程。热环境对火箭的主要影响包括：造成火箭结构温度升高或强度失效，导致火箭舱内温度和热流增大，使箭上电子仪器设备处在较高的工作温度中而发生绝缘失效、元器件损坏、焊点脱开等故障。

构成箭体结构的各种材料受温度影响很大，其性能直接影响飞行安全。在大部分时间里，人们关注的焦点始终是箭体本身或置身其中的仪器设备能否承受飞行环境的考验，而衡量热环境的指标往往是温度这个物理概念。例如，对于大多数金属材料而言，其极限强度与温度呈反向相关；对于非金属材料，当温度过高时会发生裂解、变形等妨害功能的变化。高温是导致电子设备失效的最主要因素。除结构外，箭上装载的发动机部件、电子仪器设备等对温度的要求同样很严格。电子仪器设备在工作时自身是发热的，如果此时舱内温度没有得到控制，会导致仪器因内部温度过高而失效，包括热胀冷缩下变形不协调引起的“机械失效”、高温下热量聚积导致热逸溃引起的“电气失效”，以及湿热环境下电子元器件腐蚀引起的“腐蚀失效”。由于温度（包括高温、温变）所致的机械失效、电气失效和腐蚀失效直接关系仪器电子设备能否正常工作，因此在火箭设计时对舱内温度的控制以及对仪器设备的温度适应性要求都极为严格。需要正确地预示各种外界环境下箭体和箭上设备的温度响应，并对箭体和箭上设备采取有效的防护和控制措施。

以上这些环境是火箭各系统及单机设备工作时必须承受的环境，所以在火箭研制过程中，应深入分析环境及试验条件，充分考虑这些环境对火箭各系统及单机设备的影响，开展环境适应性设计及试验验证等工作，以确保火箭各系统在上述环境条件下能够正常工作。

1.2　运载火箭环境设计的任务和内涵

1.2.1　运载火箭环境设计的任务

运载火箭环境设计是一门把力学、声学、热学等学科理论知识与工程实践紧密结合的基础科学技术。运载火箭环境设计的基本核心任务包括以下两个方面的内容：环境条件设计和系统及单机环境适应性研制。

运载火箭环境设计流程如图1-1所示，其中环境条件设计工作是首先对火箭的环境剖面进行系统的梳理，在此基础上开展环境条件的预示和分析工作，把这些影响抽象、提炼成环境条件，并制定全箭环境适应性设计准则和要求。系统及单机按照总体的环境设计要求开展环境适应性设计研制工作，通过适应性分析和设计、防护设计减缓环境对系统及单机产品的影响，确保飞行过程中能可靠工作。

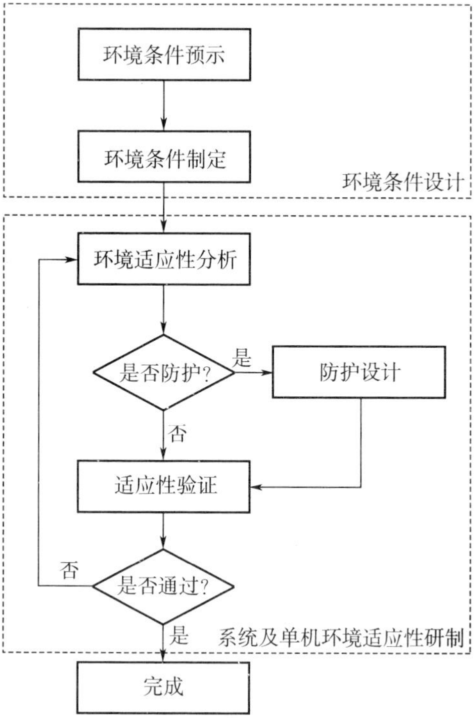

图 1-1　运载火箭环境设计流程

1.2.2　环境条件设计

环境条件设计的合理性是影响火箭飞行成败的重要因素之一。如果环境条件制定得过于严酷，会使火箭产品在按此条件做试验时造成过试验，这样产品设计时就要付出较大的重量代价。如果环境条件制定得过于宽松，会使火箭产品在按此条件做试验时造成欠试验，则产品可靠性裕度不足，真实飞行时会出现故障，造成飞行失败。过试验与欠试验都不合理，所以制定合理的环境条件至关重要。

运载火箭在环境条件设计上，对设计裕度的重视显著高于其他类型的运载工具。这是由于在其他运载工具出现环境适应性故障时，可以采用维修性手段对故障零件进行维修更换。例如汽车始终在陆地上行驶，出了问题可以拉到汽车修理厂修理，拆除故障零件，换上无故障零件后，就可以正常行驶了。再如飞机，其飞行过程比汽车行驶过程危险一些，不仅是飞行环境比汽车更恶劣，而且飞机在天空中若出现故障，不能马上进入飞机修理厂，必须坚持到飞机着陆后才能把故障零件更换为无故障零件。所以飞机设计中非常重视环境适应性与可靠性，尽可能提高平均故障前可使用时间，以减小发生故障的概率。而运载火箭在飞行过程中如果出现故障，既没有火箭修理厂可以进入，也不能对故障产品采用维修性手段及时修理或更换。若产品的裕度不足，只有一种结果，即飞行失败。由于箭上设备飞行中没有维修性保障，所以火箭的环境设计更加注重强壮性设计，应该对飞行子样环境进行数据分析统计，得到合理的飞行环境，供各系统、单机设计使用。

环境条件设计是火箭各系统设计、单机产品设计的前提条件。对于新型火箭的设计，可以在参考传统火箭环境条件设计的基础上，结合仿真分析、搭载试验等技术手段，开展环境条件设计。如果新火箭的气动外形、传力路径、结构类型、发动机推力规模等与传统火箭比较接近，则可以参考传统火箭的力、热环境条件，结合环境仿真设计进行适应性修正；如果没有传统火箭型号环境条件可参考，则需要开展一系列的环境搭载测量，如发动机试车、分离试验等，结合环境仿真进行环境预示，并且有计划地分阶段开展专门的系统级环境试验，对仿真预示结果进行验证，作为环境条件设计和修正的依据。在火箭进入到飞行试验阶段后，可以通过遥测系统获取箭上各类环境测量结果，通过遥测数据分析，适当修正环境条件，为后续产品的改进制定更加合理的环境条件。

1.2.3 系统及单机环境适应性研制

环境适应性是指火箭各系统和单机设备对环境条件的适应能力。火箭各系统应根据火箭总体制定的环境条件进行适当剪裁，结合仪器设备的安装位置等相关因素，开展仿真分析，制定相应系统中的单机设备应当遵循的环境条件。

各单机设备按照系统环境条件开展防护设计：如果振动环境条件较高，则单机设备应采取减振措施；如果热环境条件较高，则单机设备应采取热防护措施。这些防护措施的采用会带来一定的重量代价，造成箭上设备重量增大，所以制定合理的环境条件、采取合理的防护措施非常重要，火箭总体、系统、单机之间要进行多轮沟通协调，不断修正环境条件与防护措施，使单机设备的环境适应性设计与结构重量得到合理匹配。

环境试验是对单机设备环境适应性的考核。环境试验包括鉴定级与验收级。一般来说，验收级试验条件是单机设备在生产、运输、测试、飞行等任务期间必须经历的真实使用环境条件；鉴定级试验条件是在验收级试验条件的基础上，通过增加试验时间、提高试验量级等方法，使单机设备在能够承受真实使用环境条件的基础上，还存在一定的余量来抵抗火箭故障等异常工作情况。在火箭研制初期，单机设备需要按照鉴定级试验条件开展研制性试验，通过了鉴定级试验条件后，产品的技术状态才能够确定、固化。对产品完成验收级试验后，可装箭参加飞行试验，但是完成鉴定级试验后，通常不再装箭参与飞行试验。总而言之，鉴定级试验体现了对产品适应性的设计要求，而验收级试验主要检查产品生产质量是否满足设计预期。

环境试验是通过地面试验对火箭完成工作任务能力进行的最真实的考核试验，强调真实性。真实性有两层含义：一是环境条件是正确合理的；二是试验边界条件模拟是尽量接近真实状态的。环境条件是否正确合理可以通过飞行遥测结果进行验证、考核。地面试验边界条件的真实性主要体现为加载设备、试验工装是否真实地模拟了试验条件和试验条件的边界状态。

单机设备等产品交付前需要完成验收试验。由于火箭发射次数较少，单机设备通过组批的方式进行小批量生产，一般通过批抽检的方式进行验收试验。在同一批产品中，随机抽取一件或几件产品，按照鉴定试验条件开展批抽检试验。批抽检试验验证了同一批产品的质量一致性。通过批抽检试验后，除了被抽取的产品由于试验时的消耗不能交付外，其他产品可以用于交付。若一批产品没有通过批抽检试验，则需要加倍抽取该批产品子样重新开展批抽检试验。由于批抽检试验消耗产品，增加了单机设备的研制成本。为了降低成本，一些单机设备采取全样验收的方式进行验收试验。考虑到验收试验环境条件对真实飞行环境条件覆盖的可靠性，全样验收试验条件一般比验收试验条件略高，但又不能太高，否则会损失单机设备的剩余寿命。全样验收试验需要该批产品全部参与试验，只有通过全样验收试验的单机设备方可交付。

1.3 运载火箭环境设计的发展历程及展望

运载火箭环境设计对火箭飞行成败有很大的影响。我国的运载火箭设计源于导弹设计。导弹设计一般采用加强结构，采用短粗的构型，弹性振动等问题不容易暴露出来。环境问题看不到、摸不到，由于设计、分析、验证手段落后，早期的设计对环境问题考虑得很少，导致早期一些飞行试验失败。例如我国自行研制的首枚东风二号导弹由于没有考虑结构弹性振动对姿态控制的影响，在飞行中，弹体的弹性振动与姿态控制系统相互作用发生了耦合，直接影响了控制系统的正常工作，导致导弹飞行失控。1962 年 3 月 21 日对东风二号导弹进行首次飞行试验，起飞后几秒钟，弹体呈现出较大的摆动和滚动，并明显偏离射面，起飞 21 s 后，发动机熄火关机，起飞 69 s 后落地坠毁，发出巨大的爆炸声，地面被炸出一个深 4 m、直径 22 m 的大坑。经过改进后的东风二号导弹在 1964 年 6 月 29 日飞行正常，命中目标区，获得圆满成功。

火箭环境设计与飞机的环境设计比较类似。早期的火箭环境设计分析手段主要依靠工程分析方法，通过理论推导，得到数学模型，对特定问题进行理论求解。这种方法方便有效，所以目前在一些特殊问题分析中仍然可以采用。缺点是只能针对特殊问题进行求解，不具有普遍适应性，对一些较复杂的环境问题得不出比较精确的解答。

运载火箭环境设计受理论和试验技术等基础学科研究发展水平制约，也牵引基础学科进步。地面试验技术的持续发展，促进了运载火箭环境设计的进步。激波风洞、炮风洞、脉冲风洞等试验设备的热流瞬态测量技术为气动加热预示提供了良好的技术支撑。大面积热环境测量的热图技术，如红外热图、色变热图、相变热图、荧光热图等，促进了气动加热精细化设计的进步。大型运载火箭技术的发展，牵引着风洞喷流试验技术、复杂环境防热烧蚀试验技术等的应用与发展。先进防热系统要依靠理论计算、地面试验与飞行试验三种手段，并要求有效地综合分析取得的数据。防热系统离不开各个阶段的地面试验，防热系统的发展很大程度上取决于地面试验设备、试验技术和测试技术的发展。

随着飞行数据的大量积累和计算机水平的迅速发展，运载火箭环境设计过程也出现了翻天覆地的变化。数值模拟能以较高精度预示多种环境类型，可使环境设计更多地采用理论计算方法，减少地面试验次数，实现优化设计，并降低研制费用。如采用有限单元的方法进行低频振动环境分析；采用统计能量分析法和混合法进行中高频振动、噪声分析；采用有限单元法、有限差分法、有限体积法等对冲击环境进行分析；采用计算流体力学方法对气动加热和喷流加热环境进行分析；采用节点热网络法对舱段换热和空间热环境进行分析等。由于计算机的应用，使流固耦合等复杂问题也可以通过数值模拟的方法进行分析解决。运载火箭技术的发展，对数值仿真能力也提出了更高要求，激波-边界层干扰、湍流模型、气体辐射模拟等更多复杂问题的仿真模拟依赖于计算模拟技术的进一步发展。

运载火箭正在向小型化、重型化、可重复使用等方向发展，给环境设计带来了新的问题。箭体小型化带来单机设备安装空间狭小、大过载等问题，所以单机设备也要随箭体趋向小型化，同时还要承受较大的加速度、振动环境、热环境。重型火箭采用大推力发动机、大直径箭体结构。发动机推力越大，振动量级越大，喷流加热也越大。火箭直径越大，整流罩、仪器舱、级间段、箱间段、尾段等有仪器设备安装的结构部段的面积质量比越大，噪声引起的振动环境响应就越大。可重复使用的运载器同样具有大过载、大振动、高热流等问题，由于使用次数较多，还存在高疲劳等环境问题。运载火箭的上面级正在向星际航行的方向发展，随着飞行时间越来越长，飞离地球的距离越来越大，需要考虑热控、空间粒子防护等问题。

未来火箭环境条件设计不仅要考虑到上述因素，还要通过先进的数值分析等仿真手段，提高环境条件设计的准确性，提高单机设备对环境条件的适应性。单机设备采取各类防护措施带来了较大的重量代价，因此需要采用新型轻质化材料，既要满足较高的环境条件要求，又要实现单机设备轻量化要求。

环境设计的发展，是“环境”与“设计”的双重发展，“环境”的发展以改善单机设备环境条件为最终目的，准确预示环境条件，提供更加“舒适”的飞行体验，降低产品的设计难度，提高飞行可靠性；“设计”的发展只有通过更先进的分析和试验手段准确预示环境响应，更深入地认识环境损伤机理，才能合理地制定环境条件和环境试验条件，使产品能适度考核，提高可靠性。

第 2 章　力学环境设计

2.1　基本概念

2.1.1　火箭力学环境条件分类

力学环境是运载火箭环境设计的重要组成部分。工程上习惯将运载火箭发射过程中所经历的力学环境分为振动、噪声、冲击、过载四大类。由于过载环境的作用主要体现在产品结构强度方面，偏重于载荷，因此，本书主要介绍前三类力学环境。

2.1.1.1　振动

振动环境从运输到飞行入轨，贯穿火箭整个发射任务剖面。

（1）运输振动

运载火箭从生产、制造、贮存地点运往发射场，运输期间必然要经受运输力学环境。运输的方式也是多种多样的，运载火箭一般采用铁路或船舶运输。不同的运输方式所诱发的力学环境也存在较大差异。对于关键的产品设备，在运输过程中，一般都配备有专门的运输包装箱。此外运输过程中，偶尔会发生意外事件，如大幅颠簸、跌落、磕碰等，这些也需要纳入运输振动的考量范围。

（2）发动机开关机振动

运载火箭发动机起动和关机时刻通常会产生比较大的瞬态振动环境，瞬态振动环境在火箭力学环境设计评估中占有重要地位。对于液体发动机，燃料耗尽后关机时刻的振动环境最为突出，这是由于最后时刻发动机存在一定的不稳定燃烧或周期性的推力振荡。相对而言，液体发动机在稳定工作期间所产生的振动环境相对比较平缓。尽管发动机的推力主要沿着火箭的轴向，但由于多台发动机之间的推力并不能保证一致且开关机时刻存在一定的时差，因而发动机开关机引起的振动同时存在于火箭轴向和横向，所引起的结构响应频率通常在 50 Hz 以下。

（3）发动机稳定工作段振动

运载火箭发动机在稳定工作段，由于涡轮泵转动、燃烧室内化学反应等原因，也会产生混合了随机特性与固定周期的振动，贯穿于发动机工作全过程。通常情况下，这类结构振动环境只对发动机附近的结构和部件产生重要影响。随着距离的增大，较远处的结构和部件所受影响越来越小。这类振动环境通常采用随机功率谱表示，频带范围一般为 20～2 000 Hz。功率谱的总均方值和谱密度与发动机的特征以及发动机与运载火箭的连接方式密切相关。

（4）声激振动

运载火箭飞行过程中，发动机喷流以及气动引起的噪声声压作用于壳体结构，会激励起与结构相连接设备的随机振动。其振动量级与噪声大小相关，这就是声激振动，其是箭上产品设备高频振动环境最主要的形式之一。频带范围一般为 20～2 000 Hz。通常情况下，薄壁结构对宽频噪声激励更敏感，产生的响应量级也更高。火箭高频振动环境是声激振动与发动机传递的机械振动共同作用的结果，对于距离发动机较远或不与发动机直接相连接的产品设备，声激振动的影响显著高于发动机传递的机械振动。

（5）POGO 振动

POGO 振动特指火箭纵向结构振动与发动机的推力振荡相互耦合产生的振动，在部分文献里，翻译为“跷振”。其在液体运载火箭发射过程中时常出现，本质上是一种不稳定的动力学现象。即由于火箭纵向结构振动响应使推进剂进入燃烧室的过程中产生扰动，从而造成推力振荡，当这种振荡与结构振动发生耦合时就诱发了 POGO 振动。POGO 振动多发生在大型运载火箭的第一阶纵向频率附近，比如 5～20 Hz。POGO 振动的表现形式就像一种缓慢变化的极限环，在数秒至数十秒周期内，振动幅值逐渐增至最大值然后再逐渐衰减。图 2-1 给出了运载火箭 POGO 效应相关部分建模及耦合机理示意图，通常情况下，当火箭的一阶和二阶结构纵向频率穿越推进剂输送管路的固有频率时，会发生不同程度的 POGO 效应。POGO 振动的影响有时会比较严重，若发散至一定程度，会导致发动机意外关机。一般通过设计液体管路谐振频率使之避开箭体纵向谐振频率，从而确保火箭飞行过程中不会由于频率共振激起发动机推力脉动，避免振动发散、结构破坏的悲剧。

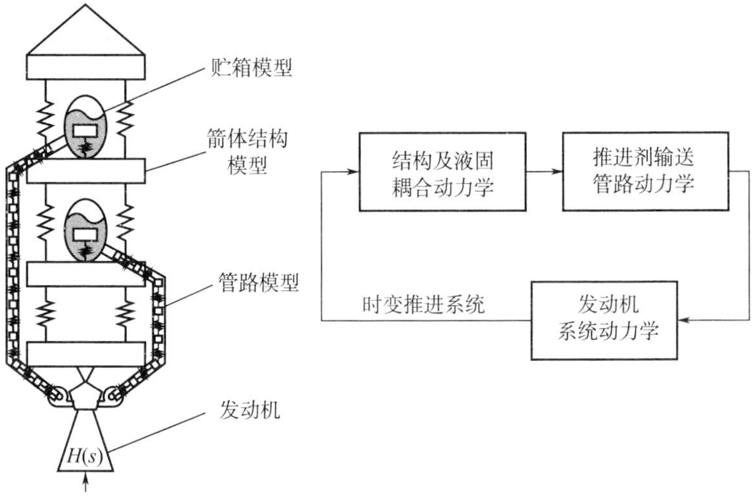

图 2-1 运载火箭 POGO 效应相关部分建模及耦合机理示意图

2.1.1.2 噪声

(1) 发动机喷流噪声

发动机喷流噪声是由发动机喷出的高速气体和周围介质相互作用所形成的噪声环境，这类噪声环境呈现一定的随机性，频带很宽，其能量通常集中在 20～10 000 Hz。喷流噪声的大小与诸多因素有关，如发动机的个数、喷嘴直径、喷出气体的速度、发射平台地面导流槽的设计方式、喷水措施等。这类噪声环境对火箭外部及内部的结构和部件都会产生影响，其大小在火箭的不同部段呈现较大差异，并随火箭的持续飞行发生很大变化。一些大型运载火箭的声压级（表征噪声大小）可以达到 160 dB，但随着运载火箭起飞后逐渐加速，喷流噪声的影响会越来越小。当火箭速度超过音速以后，该影响消失。图 2－2 给出了火箭在点火和起飞阶段因发动机引起的喷流噪声分布示意图，可以看出随着箭上、箭外不同位置与发动机噪声源距离的增大，噪声声压级的分贝值衰减很快。

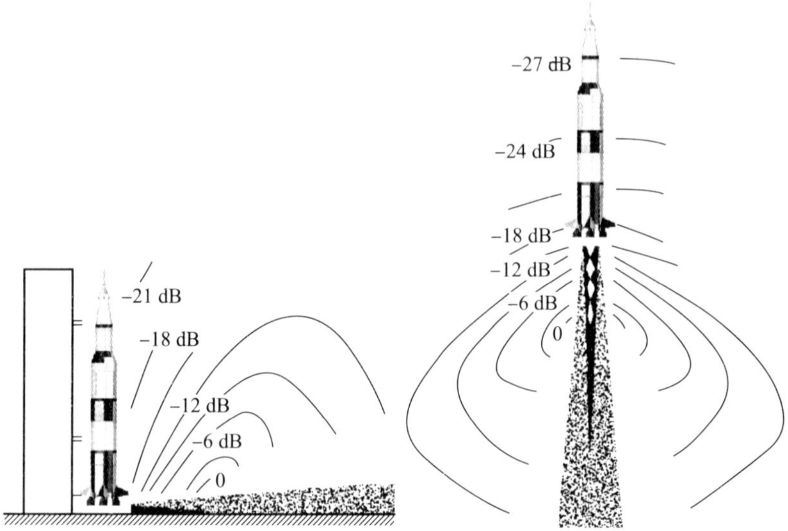

图 2－2　火箭在点火和起飞阶段因发动机引起的喷流噪声分布示意图

（2）气动噪声

运载火箭的气动噪声是在飞行过程中，箭体结构和大气发生相互作用所产生的，气动噪声也就是湍流边界层的脉动压力。气动噪声的形成机理比较复杂，其特征也是随机的，一般用功率谱密度函数表述。它在运载火箭的外表面呈现明显的相关特性，沿周向和飞行方向会存在较大差异。气动噪声的总均方值与结构外形、飞行时的最大动压以及马赫数有关，特别是当两个部段之间的过渡肩角发生变化时，气动噪声的幅值和谱分布都将发生相应变化。当飞行马赫数超过 0.85 时，箭体上所产生的激波使得声压级进一步增大，甚至产生跨音速抖振载荷。

气动噪声的频率范围很宽，一般上限取 10 000 Hz。在运载火箭上升段，随着速度不断提高，气动噪声的幅值也相应提高。由于大气密度迅速降低，当气动噪声达到某个最高值以后，会随着飞行速度的增大逐渐衰减。通常情况下，气动噪声的最大值发生在最大动压段，此时运载火箭的噪声环境达到最大；但对于火箭的某些局部区域，最大值可能发生在跨音速阶段。

2.1.1.3 冲击

冲击环境是由火箭发射过程中结构分离用火工装置解锁引爆产生的，火工品工作时将会产生高频冲击力学环境。高频冲击力学环境只对火工品附近区域的结构和设备产生较大影响。随着距离增大，这类高频冲击环境的影响越来越小。

高频冲击力学环境具有典型的瞬态特征。火工品的类型和性能有很大差异，如用于点解锁的爆炸螺栓、用于线解锁的柔性爆炸锁等。火工品产生的高频冲击力学环境也有较大的差异，有的集中在通过结构传递的高频力学环境，有的则还包括声腔传递的部分。概括起来，高频冲击力学环境的影响区域分为近场、中场和远场。

（1）近场

近场是指爆炸冲击源附近的区域，其响应主要受压缩波控制，响应的峰值可达5 000g，而且频带宽至 100 kHz 以上，频谱成分丰富。对于储能高的火工品装置，近场的范围大致在 15 cm 以内；而对于储能较弱的火工品装置，如爆炸螺栓，近场的范围只有 3 cm 左右。

（2）中场

中场是指离开爆炸冲击源一段距离，既受到爆炸冲击源的压缩波影响，也受到结构响应引起的弯曲波影响的区域。响应的峰值可达（1 000～1 500）g，频谱的范围可达 10 kHz。对于储能高的火工品装置，中场的范围大致为 15～60 cm；而对于储能较弱的火工品装置，中场的范围大致为 3～15 cm。

(3) 远场

远场是指中场以外的区域，响应的峰值已经小于 1 000g，频谱成分也低于 10 kHz。

2.1.1.4　过载

运载火箭发动机稳定工作时，产生的推力将使飞行速度或飞行姿态发生变化，此时所产生的线加速度或角加速度为加速度环境。其中，线加速度的大小通常用过载表示。需要澄清的是，过载是有量纲的，而过载系数是无量纲的。过载系数是过载相对于地面重力加速度做归一化处理后的数值。国内的液体运载火箭，飞行时过载系数一般为−3～7。

2.1.2　环境试验数据分析方法

2.1.2.1　时频转化方法

(1) 快速傅里叶变换

对于连续时间函数 $x(t)$，假设 $x(t)$ 绝对可积，即 $\int_{-\infty}^{\infty}|x(t)|\mathrm{d}t<\infty$，则 $x(t)$ 的傅里叶变换存在

$$X_x(f)=\int_{-\infty}^{\infty}x(t)\mathrm{e}^{-\mathrm{j}2\pi ft}\mathrm{d}t \tag{2-1}$$

工程中，由于只在正的频率范围内进行测量，因而可将负的频率范围内的值折算到正频率范围内，得到所谓的单边傅里叶谱。

假设等时间间隔有限离散时间序列为

$$x_0,x_1,x_2,\cdots,x_{N-1}$$

则它的有限离散傅里叶谱也是一个有限离散序列

$$X_0,X_1,X_2,\cdots,X_{N-1}$$

变换公式为

$$X_k=\sum_{i=0}^{N-1}x_i\mathrm{e}^{-\mathrm{j}2\pi ki/N}\ (k=0,1,2,\cdots,N-1) \tag{2-2}$$

要使有限离散傅里叶变化与连续傅里叶变换等价，必须满足下

列三个条件：

1）采样频率必须大于信号的最大频率分量的两倍。

2）必须精确地在时间函数的整周期上截断。

3）被变换的时间函数必须是周期的和限带宽的，即它的最高频率分量必须是有限的。

当信号中包含有高于奈奎斯特频率的分量时，有限离散傅里叶谱分析的结果会造成频率混淆。消除频率混淆的方法是采用模拟式抗混滤波，或者经过模拟式滤波并采样后再进行一次数字滤波。

当不是整周期采样时，有限离散傅里叶谱分析会出现泄漏。泄漏是难以完全避免的，减少泄漏的方法是进行时间窗处理。最常用的时间窗是汉宁窗。

快速傅里叶变换实质就是有限离散傅里叶变换，只是在计算时，需注意 $e^{-j2\pi ki/N}$ 的周期性及对称性。

$$e^{-j2\pi ki/N}=e^{-j2\pi/N\cdot \mathrm{mod}(ki/N)} \tag{2-3}$$

式中 $\mathrm{mod}(ki/N)$ —— ki 除以 N 的余数。

$$e^{-j2\pi(ki+N/2)/N}=-e^{-j2\pi ki/N} \tag{2-4}$$

（2）功率谱密度

功率谱密度的实质即自相关函数的傅里叶变换，自相关函数的定义是

$$R_x(\tau)=\lim_{T\to\infty}\frac{1}{T}\int_0^T x(t)x(t+\tau)\mathrm{d}t$$

它是乘积 $x(t)x(t+\tau)$ 在足够长的观测时间 T 内的平均值，它是 $x(t)$ 和 $x(t+\tau)$ 之间相关性的数量描述。

假定自相关函数 $R_x(\tau)$ 绝对可积，可以定义它的傅里叶变换

$$S_x(f)=\int_{-\infty}^{\infty}R_x(\tau)e^{-j2\pi f\tau}\mathrm{d}\tau \tag{2-5}$$

$R_x(\tau)$ 为偶函数，$e^{-j2\pi f\tau}=\cos 2\pi f\tau-j\sin 2\pi f\tau$ 中 $\cos 2\pi f\tau$ 是偶函数，$\sin 2\pi f\tau$ 为奇函数，因此

$$S_x(f)=\int_{-\infty}^{\infty}R_x(\tau)\cos 2\pi f\tau\mathrm{d}\tau \tag{2-6}$$

工程中，由于只在正的频率范围内进行测量，因而可将负的频率范围内的值折算到正频率范围内，因此得到所谓的单边功率谱

$$G(f)=\begin{cases}2S(f) & f\geqslant 0\\ 0 & f<0\end{cases} \tag{2-7}$$

式中　$G(f)$——信号在单位频带内的分量的均方值。

（3）冲击响应谱分析方法

冲击响应谱分析是根据一定形式的外激励（通常为基础加速度激励），给出最大响应与固有频率的关系曲线。对于单自由度系统，可以直接从响应谱曲线得到对应于该激励类型响应的最大值。因此，如果具备足够多激励形式的响应谱曲线，一旦系统的刚度和质量等参数确定后，就可由这些响应谱曲线获得系统的最大响应值。对于多自由度系统，结合模态叠加法，利用响应谱曲线可得到各阶模态响应最大值，再通过一定的叠加方法，即可得到近似的最大响应估计值。冲击响应谱提供了一种快捷获取结构响应最大值的分析方法。

假设一个单自由度系统受基础加速度 $\ddot{u}_b(t)$ 作用，定义相对位移为

$$z(t)=x(t)-u_b(t) \tag{2-8}$$

则相对运动方程为

$$\ddot{z}(t)+2\xi\omega_n\dot{z}(t)+\omega_n^2 z(t)=-\ddot{u}_b(t) \tag{2-9}$$

对于一定的初始运动条件（通常无初始运动），对式（2－9）应用杜阿梅尔积分并将 ξ 看作参变量，于是可得

$$x(t,\omega_n)=u_b(t)-\int_{t_1}^{t_2}\ddot{u}_b(\tau)h(t-\tau)\mathrm{d}\tau \tag{2-10}$$

式中　$h(t-\tau)$——单位脉冲响应函数。

上式为在一固有圆频率 ω_n 下的响应时间历程曲线。针对不同的 ω_n，均可作出一条响应时间历程曲线。于是可定义

$$S_{x,\ddot{u}_b}=\max|x(t,\omega_n)| \tag{2-11}$$

为该激励函数 $\ddot{u}_b(t)$ 的响应谱。响应谱曲线是在给定载荷作用下，单自由度系统最大响应随固有频率变化的曲线。对于任意冲击载荷

函数，均可按照上述方法得到不同激励的响应谱。改变阻尼比 ξ 或者放大因子 $Q[Q=1/(2\xi)]$，会得到一系列响应谱曲线。一般来说，通常 Q 取为 20 或 10。

从数学变换的角度看，响应谱就是一种特殊的数学变换。在工程中常用这种变换替代传统的傅里叶变换（FFT）。由于运载火箭飞行过程中，瞬态振动持续时间非常短，如果希望把瞬态响应分析得到的时域结果变换至频域下，受时间步长等因素所限，傅里叶变换可能得不到合理的频谱分布。此时，工程上往往利用响应谱变换技术得到频谱。借助响应谱可以快速估算出结构受冲击载荷作用的最大响应。

对于单自由度系统，首先确定一系列随阻尼比变化的响应谱曲线，然后选择其中对应该系统阻尼比的响应谱曲线，查得横坐标取固有频率时对应的纵坐标值，即为响应的最大值。

2.1.2.2 振动数据的处理方法

（1）低频振动处理方法

低频振动信号的处理对象主要包含低频周期信号和瞬态信号的振动加速度时间历程。通常，只对飞行过程中低频振动信号较大的几个典型特征段（如起飞、跨音速飞行、发动机开关机、结构分离等）进行处理，每个特征段的低频振动信号应分别进行处理，如图 2-3 所示。

目前，低频信号的处理主要有两种方法：傅里叶谱分析方法和冲击响应谱分析方法。

1）对于稳态信号，国内外均采用傅里叶谱分析方法进行处理，采用 FFT（快速傅里叶变换）可提高分析效率。

2）对发动机关机、助推器分离和级间分离等瞬态响应采用冲击响应谱分析方法。利用冲击响应谱方法分析时阻尼比 ξ 一般取 2.5%，即放大因子 $Q=20$。

随着计算技术的发展，三维谱分析、小波分析等数据处理技术逐渐在火箭低频振动数据处理中得到应用。这些新技术的引进，可

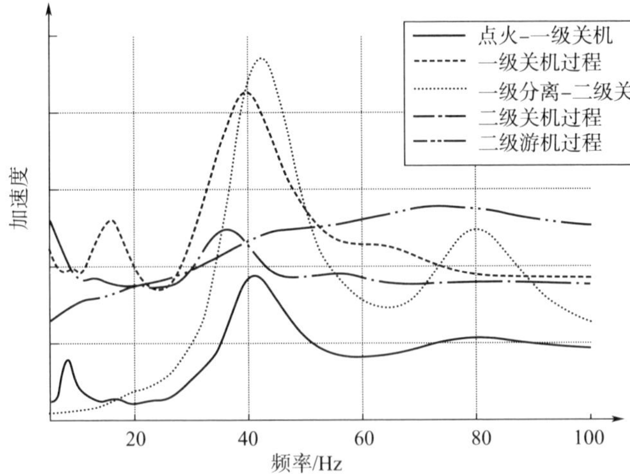

图 2-3　低频振动典型特征

以全面展现振动的时频特性。典型低频振动三维谱分析与传统 FFT 分析比较，如图 2-4 所示。

（2）高频振动的处理方法

高频信号的处理对象主要是包含随机信号的振动加速度时间历程。通常，只对飞行过程中随机振动信号较大的几个典型特征段（如起飞段、跨音速段、最大动压段等）进行处理，每个特征段的高频振动信号应分别进行处理，如图 2-5 所示。高频信号的处理主要采用自谱密度分析（功率谱分析）方法，主要参数如下：

分析频率范围：一般为 20～2 000 Hz。

分析带宽：采用等带宽分析，最大分析带宽应小于或等于 5 Hz，一般选用 400 线分辨率（分析带宽 5 Hz）。

数据窗：一般采用汉宁窗。

平均：采用频域算术平均，平均帧数宜大于或等于 10 帧。

如果信号长度不足以选取 10 帧样本，可按局部平稳信号的处理方法，用多段信号进行自谱密度分析，并对分析结果进行适当的修正。

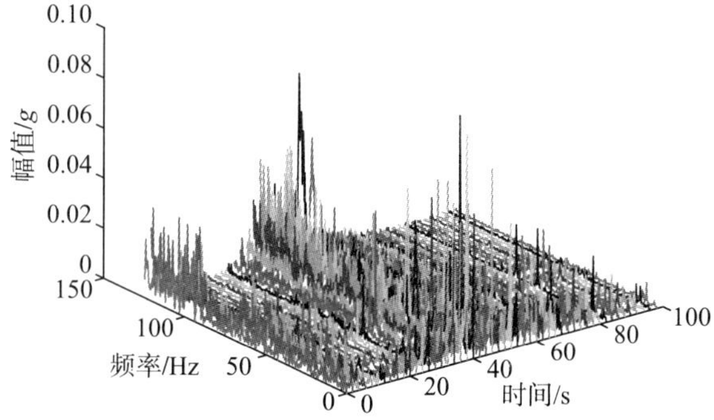

（a）三维谱分析

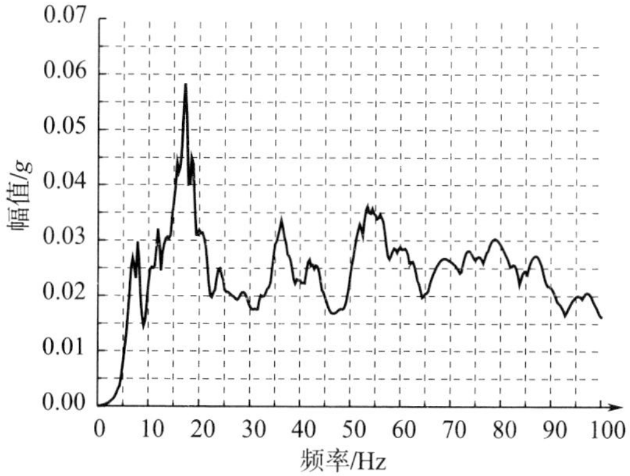

（b）传统FFT分析

图 2-4 典型低频振动三维谱分析与传统 FFT 分析比较

2.1.2.3 噪声数据的处理方法

噪声信号处理的对象主要是声压的时间历程信号（随机信号）。通常，只对飞行过程中噪声信号较大的几个典型特征段（如起飞段、穿越大风区段等）进行处理，每个特征段的噪声信号应分别进行处理，如图 2-6 所示。噪声信号一般处理为 1/3 倍频程声压级谱，有时也可处理为倍频程声压级谱。目前大多数标准采用 1/3 倍频程声压级谱。1/3 倍频程或倍频程的中心频率及其上下限频率应符合国际

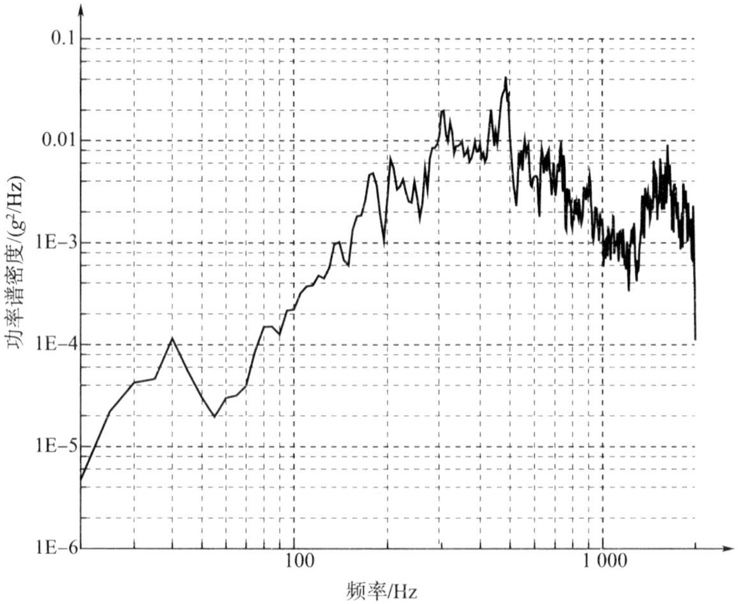

图 2-5　高频振动典型特征曲线

标准 ISO 266—1997 的规定。1/3 倍频程或倍频程声压级谱一般用 dB 表示（参考声压 $p_0=2\times10^{-5}$ Pa）。

目前，声压级谱的计算一般采用数字式谱分析方法，但具体的谱分析计算方法在有关标准中并没有统一的规定。在进行谱分析之前，一般需要将测量的噪声时间历程数据按噪声传感器的绝对灵敏度系数进行标定。声压级谱计算的主要步骤如下：

1）将噪声测量的脉动压力随机信号进行功率谱密度分析，主要参数如下：

分析频率范围：一般为 20～10 000 Hz，如果噪声测量的上限频率小于 10 000 Hz，则分析频率上限按实际值；

分析带宽：目前没有统一的规定，为了保证计算精度，通常在 1/3 倍频程或倍频程谱线最少的频带内至少有 3 条谱线，这往往需要分频段进行计算；

数据窗：一般采用汉宁窗或矩形窗；

平均：采用频域算术平均，平均帧数宜大于或等于10帧。

2）对1/3倍频程或倍频程的每个频带，计算均方根压力值。

3）将每个频带内的均方根压力按参考声压（2×10^{-5} Pa）转换为dB值。

声压级谱分析的结果为信号的1/3倍频程或倍频程声压级谱(每个频带内的声压级与中心频率的直方图)。对于不同特征段噪声信号处理所得到的声压级谱，应采用统计包络方法，得到整个飞行过程的噪声环境的最大声压级谱，并从中计算出总声压级。

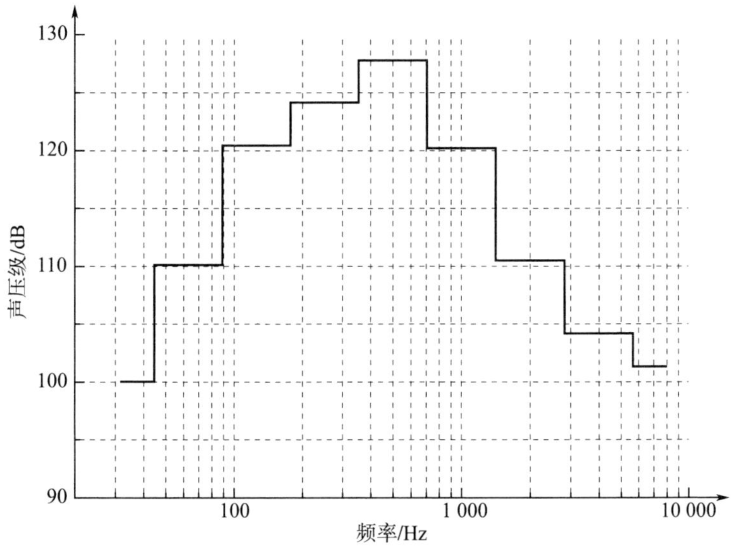

图2-6　噪声典型特征曲线

2.1.2.4　冲击数据的处理方法

冲击信号的处理对象主要包含高频冲击响应的瞬态加速度时间历程。通常，只对飞行过程中产生火工品爆炸分离冲击的几个典型特征秒（如助推分离、级间分离、整流罩分离、星箭分离等）进行处理，每个特征秒的冲击信号应单独进行处理，如图2-7所示。冲击信号的处理主要采用冲击响应谱分析方法。绝大多数情况下，采用最大绝对加速度冲击响应谱。冲击响应谱分析的主要参数如下：

分析频率范围：一般为 100～10 000 Hz，如果冲击测量的上限频率小于 10 000 Hz，则分析频率上限按实际值。

采样频率：一般为分析上限频率的 4 倍。

样本长度：只允许对数据进行时间历程尾部截断，舍弃部分的峰值宜小于信号峰值的 10%。

分析模型：绝对加速度模型。

分析带宽：一般为 1/12 倍频程或 1/24 倍频程。

阻尼比：一般为 5%（$Q=10$）。

对于不同特征段冲击信号处理所得到的冲击响应谱，应采用统计包络方法，得到整个飞行过程中冲击环境的最大冲击响应谱。

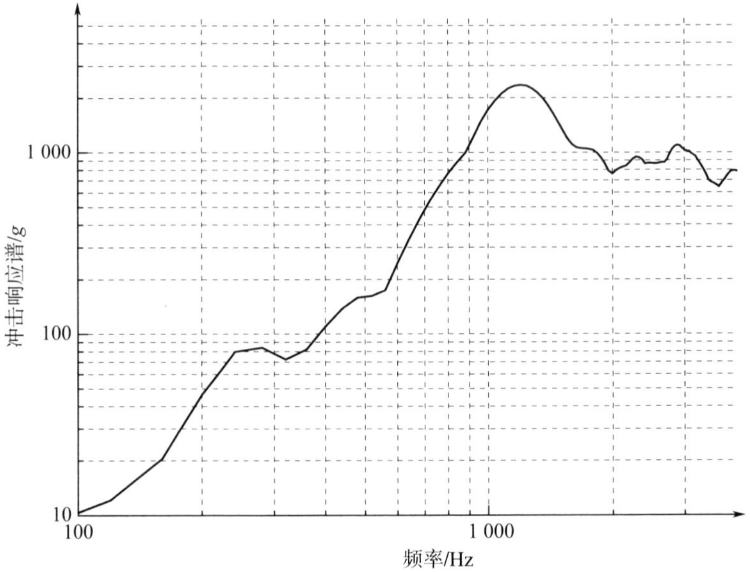

图 2-7　典型冲击特征曲线

2.1.2.5　过载数据的处理方法

火箭飞行过载属于缓变参数，采样频率较低，无特殊要求时过载参数的采样频率一般在 20 Hz 以下。过载随时间的变化比较缓慢，除了发动机点火、关机，发动机推力急剧变化以及助推器分离、级间分离、整流罩分离等质量突变阶段轴向过载有较大变化外，其他时段过载随时间的变化比较缓慢。

2.1.3 火箭力学环境设计的主要任务

2.1.3.1 试验条件设计

为了保证运载火箭上的产品设备（包括电子产品、机电产品、电缆网、支架、导管、阀门、火工品等）能够承受可能遇到的力学环境，在运载火箭研制阶段要进行相应的力学环境试验。试验条件合理与否直接决定运载火箭设计水平和试验的有效性。

力学环境试验条件过低会导致欠试验，不能充分暴露设计和工艺上的缺陷以及材料和元器件的缺陷，产品得不到充分的可靠性考验，运载火箭有可能会带着隐患飞行，在实际恶劣的动力学环境条件下可能出现破坏或失效，甚至造成整个飞行任务的失败。

若力学环境条件过高，则可能会使原本设计合理的产品不能通过力学环境试验，而通过过高试验条件验证的产品设计必然是“过设计”，这种过设计必然会造成运载火箭的重量增大，成本增加。

因此，为了在地面力学环境试验中充分暴露运载火箭及其部组件的潜在缺陷，验证产品设计的合理性，同时又不对产品造成应力损伤，要求产品的力学环境试验条件既充分又适度。

设计部门通常对运载火箭的全寿命周期进行力学环境分析，并进行相应的力学环境预示，再进一步结合工程实际情况合理确定力学环境试验条件，以此试验条件对箭上产品设备进行设计分析和试验验证。在后续相似构型火箭的研制过程中，也会根据前期地面试验结果和飞行遥测数据不断修正完善力学环境试验条件。

2.1.3.2 环境改善

火箭发射过程中复杂且严酷的力学环境通常是运载火箭研制的

主要风险点之一。尤其是对于新研制的火箭，箭上设备需要进行反复的试验改进，以适应飞行过程中的力学环境。除了运载火箭本身需要适应性以外，其所发射的航天器也同样受到发射力学环境的影响。美国国家航空航天局对航天器发射失败原因的调查报告显示：45%的失败是发射阶段的结构振动或声激振动引起的。因此针对力学环境采取改善措施，既可降低研制难度，减少成本，又可提高发射可靠性，缓解风险。

为达到适应环境的目的，运载火箭在单机或系统设计上，会采取减振、减冲、降噪等措施，切实改善全箭力学环境，以提高可靠性。对于火箭所要发射的航天器，目前主要采取减、隔振技术，实现对发射过程中低频振动环境的改善，采用高降噪能效的整流罩实现对发射过程中高频声激振动环境的改善。

2.2　振动环境

2.2.1　振动环境预示

2.2.1.1　有限元分析

有限单元法（FEM）模型广泛应用于预示受低频动力载荷（通常小于 50 Hz）的结构响应问题，所预示范围可达到第 50 阶标准模态的频率，如果模型有足够的自由度，预示范围会更高。如同统计能量法（SEA），FEM 既可预示在某点施加运动载荷（结构振动）时另一点的结构振动响应，也可预示压力载荷下结构的振动响应。对一个随机压力场激励，任一向量位置 $\underline{x}$ 处的 FEM 模型结构振动响应自谱计算，可通过在 q 个模型节点处施加离散输入求得，公式表述如下

$$G_r(\underline{x},f)=\sum_{i=1}^{q}\sum_{k=1}^{q}H_{i\underline{x}}^{*}(f)\frac{A_x}{A_i}H_{k\underline{x}}(f)\frac{A_x}{A_k}G_{ik}(f) \tag{2-12}$$

式中　$H_{i\underline{x}}(f)$——第 i 阶输入与响应位置间的频率响应函数；

$H_{k\underline{x}}(f)$——第 k 阶输入与响应位置间的频率响应函数；

$G_{ik}(f)$ ——第 i 阶和第 k 阶输入位置间的交叉谱；

A_x ——响应位置的节点面积；

A_i ——第 i 阶输入位置的节点面积；

A_k ——第 k 阶输入位置的节点面积；

* ——共轭复数。

方程式（2-12）中的交叉谱反映了施加在结构面上的压力场的空间交叉谱的离散形式表述。

FEM 预示压力场下结构响应的优点在于，如果必要的压力场和结构采纳数是合理的，并且 FEM 有足够多的自由度，那么该方法就可得到合理且准确的结果，如关于频率和空间位置的函数等。其主要缺点如下：该方法要求有结构面上振动压力场空间交叉谱的准确信息，但这种交叉谱信息通常仅能近似得到；当结构频率超过第 50 阶标准模态频率时，FEM 模型就不能正确模拟了。

2.2.1.2　相似外推

相似外推方法即“基于现有参数的试验数据推测新参数的响应情况”。尤其是当两者存在一定关联性和近似性时，该方法的预示精度是比较令人满意的。运载火箭振动环境设计过程中，通常用相似外推来预示同为薄壁结构的声激高频振动环境。

高频振动响应的外插处理通常包括两个基本的缩放操作：振动源水平的缩放和结构表面重量密度的缩放。在某些情况下，柱形火箭的直径也是可以缩放的。基于这些研究和最近的经验，振动源水平和结构表面重量密度遵循如下规则：

1）定义 $G_r(f)$ 和 $G_n(f)$ 分别代表已有试验数据的对象和预示对象各自高频振动响应的自谱，那么对两者的振动源水平，所有频率的自谱按照如下关系缩放

$$G_n(f)=\frac{G_{pn}(f)}{G_{pr}(f)}G_r(f) \tag{2-13}$$

式中　$G_{pr}(f)$，$G_{pn}(f)$ ——两者外部的压力激励的自谱。

2）仍然定义 $G_r(f)$ 和 $G_n(f)$ 分别代表已有试验数据的对象和

预示对象各自高频振动响应的自谱，那么对两者的结构表面重量密度，所有频率的自谱按照如下关系缩放

$$G_n(f)=\frac{w_r^2}{w_n^2}G_r(f) \tag{2-14}$$

式中　w_r，w_n——参考航天器和新型航天器的结构表面重量密度，结构表面重量密度是包括需关注结构面内附属装置在内的总质量（kg）与表面面积（m^2）的比值。

用上述所描述的外插法预示压力场的结构响应的优点在于，它很容易应用到所有的频段内，包括频率超过 100 Hz 的频率范围，而在这个范围内经典正则模态分析和 FEM 均不能使用。另外，它还不需要结构和激励的详细描述。

2.2.2　减、隔振设计

隔振是振动控制的主要方法之一，该方法通过一个包含了特殊装置的辅助系统将振源和被保护物体隔离开来。这种特殊装置称为隔振器或隔振装置。隔振的作用是减小振源和被隔振物体之间的动态耦合，从而减少传递给被保护物体的或从物体传出的不良振动。减少这种动态耦合的同时也会产生一些“负面”影响，例如，增加振源和被保护物体之间的静态位移，增加他们之间的低频和瞬时相对位移，以及增大安装的尺寸、重量和成本等。在柔性隔振器上安装一些相互连接着的部件时，会增大他们之间的不对中误差，这通常是具有危害性的。在许多情况下，需要采用一种多参数优化方法来获得合适的隔振效果并满足其他约束条件。

隔振系统包括被隔振物体、支撑结构（地面、基础）和安装在两者之间的隔振器（装置）。图 2-8 所示为最简单的“单轴向”隔振系统。由于环境的影响，必须对被隔振物体进行保护，从而避免受到振动结构产生的不利影响，或者必须对支撑结构进行保护以免受到被隔振物体产生的动态载荷影响。有些时候，上述两种情况必

须同时考虑。图 2－8 中表示出的 3 个子系统（被隔振物体、隔振器、支撑结构）在一般情况下都是具有多个或者无穷多个自由分布参数的动力系统。

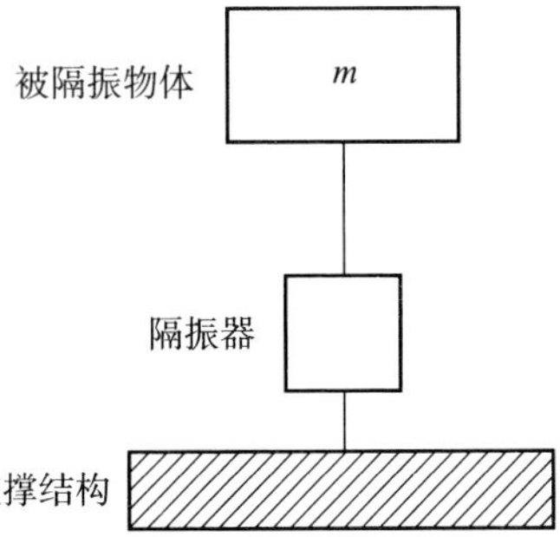

图 2－8　单轴向隔振系统

被隔振物体（如机器）通常由许多连接在一起的元件组成。如果将每个元件近似看作绝对的刚体，连接部分近似看作一个集总参数弹簧系统，那么每个元件具有 6 个自由度。在更高的频率时，每个元件则应当作具有无穷多自由度的分布参数动力学系统，此时基础结构也应当作具有无穷多自由度的分布参数系统。对隔振器的描述也应与此相同，同时，图 2－8 所示的子系统内部和子系统之间的许多连接件具有非线性特性，因此不难想象隔振系统的动态特性有多复杂。幸运的是，在绝大多数的实际隔振系统中，我们只对低频范围内的振动感兴趣。并且，在许多情况下，被隔振物体和支撑结构的最低自然频率比隔振系统的自然频率高得多。通常情况下隔振器弹性元件的质量比被隔振物体的质量要小得多，因此，在低频情况下，该质量可以忽略不计，这样隔振器便可当作无质量的弹簧。在高频时，这种假设不成立，因为此时必须考虑弹性元件中的波共振效应。在许多实际情况中，隔振效果在低频范围约 5～100 Hz 时特别明显。这是由于通常只有被隔振物体、隔振器和支撑结构的最低结构模态处于这一频率范围内，而更高的模态被忽略掉了。当被隔振物体和支撑结构被当作理想刚体且隔振器被看作无质量时，可以得到许多具有实用价值的解析结论。

对隔振系统进行正确设计可以得到具有良好隔振性能且刚度较大的隔振器，这样可以最大限度地防止系统产生剧烈的摇动。前面提到，隔振系统相当复杂，因而从整体上对整个系统和它的子系统进行分析是非常有意义的。

2.2.2.1 减振材料

目前应用于工程中的常见的减振材料有金属橡胶、减振合金等。

金属橡胶材料是一种均质的弹性多孔材料，它是用一定的方法将质量配好的螺旋状态金属丝堆好，然后用冲压成形工艺制造的金属丝，制造金属丝的材料为各种牌号的细金属线。丝线牌号由金属橡胶工作条件、温度状况、侵蚀性介质的存在情况和载荷特征决定。金属橡胶既具有橡胶高分子缠绕结构，又具有金属丝的本质特征，因而与黏弹性材料和橡胶材料相比具有以下突出优点：

1）阻尼性能好，由于金属橡胶刚度的非线性而具有很好的抗冲击减振效果，最大阻尼比可达 0.23 左右，且加工方便，可制成各种复杂形状。

2）适应环境能力强，耐高低温、大温差、腐蚀、油污、疲劳、潮湿、老化、高压、高真空、超低温及剧烈振动等环境，不怕空间辐射和粒子撞击，使用寿命高。

3）可用于复杂载荷作用的减振器，能够承受二维载荷甚至空间载荷作用，结构、性能具有可设计性。金属橡胶不仅刚度可设计，而且孔隙度可调，毛细作用易于控制，为其广泛应用提供了基础。

金属橡胶减振器（MRD）是由各种直径和材质的不锈钢钢丝经绕丝、缠绕制坯、冷压而成的全金属构件。MRD 即具有天然或人工合成高分子橡胶材料的弹性和阻尼性能，又具有耐腐蚀、抗辐射、耐受高低温作用、在真空环境下不蒸发、能承受辐射和粒子撞击、不老化等一系列优点，因此，很适合在特殊环境条件下使用。

资料表明，俄罗斯在金属橡胶技术研究领域处于国际领先地位，其研制出的金属橡胶零件在空间飞行器上的应用获得了巨大的成功。萨马拉国立航空航天大学在20世纪60年代研究出金属橡胶材料，目前该校在金属橡胶领域的大部分发明属于金属橡胶的制取发明和隔振结构与弹性结构的研究制取发明，出现了许多实际的应用成果，如航空发动机中的金属橡胶阻尼及大型水利发电站中采用的金属橡胶滑动支座。

金属橡胶构件在航空航天器件中的应用很普遍，由于它具有阻尼特性，因而其在隔振器中被当作阻尼元件来使用。金属橡胶构件由许多相连、随机排列的金属丝和金属丝间的毛细孔组成，当外界载荷发生突变时，这些细丝和毛细孔能起到缓冲作用。同时因为金属橡胶具有弹性，当通过材料的介质压力增加时，金属橡胶能承受附加变形，其内部毛细管和细孔能够起到缓冲作用。而且金属橡胶中金属丝滑动后导致接触面积增大，因此金属橡胶弹性阻尼能消耗大量的振动能量。在俄罗斯HK－89型火箭发动机的转子弹簧阻尼支撑结构中，应用了金属橡胶构件，在火箭发动机压力型信号发生器以及控制室仪表板的减振装置中，这种构件也得到了很好的应用。金属橡胶材料的许多固有特性决定了它可以应用在过滤、端面密封、热管、催化器等机构中。在俄罗斯SU－27飞机发动机上的外部管路隔振装置也是由金属橡胶材料制成的。资料表明，美国U－2飞机上已经使用了类似金属橡胶的材料。德国Hutchinson集团生产的Vibra－Choc型系列隔振器，Stop－Choc公司生产的系列全金属隔振器中，都采用了类似金属橡胶构件的阻尼元件。

减振合金是减振防噪最积极、最根本且简便的措施之一。它优于以往的传统减振方法，通过减小或消除振动源来有效地控制声源，达到减振防噪的目的。根据阻尼机制的不同，目前的阻尼合金主要可分为铁磁型（Fe－Cr、Fe－Al等）、孪晶型（Mn－Cu、Ni－Ti、Cu－Zn－Al等）、复相型（灰铸铁、Zn－Al）、位错型（Mg－Zr）。相对而言，复相型阻尼合金阻尼性能偏低，加工性能差；位错型阻尼合金力学性能太差，尤其是强度较低，其应用受到限制；而孪晶型阻尼合金使用温度较低，成本太高。

研究试验表明，与运载火箭工程中常用的 0Cr18Ni9Ti 不锈钢相比，减振合金构件自由振动产生的加速度随着时间的增加衰减显著，可以在较短的时间内将振动迅速降低，并且随着激振力增大，合金加速度响应峰值几乎没有变化。

2.2.2.2　阻尼减振技术

在各种结构振动控制技术中，阻尼减振技术针对桥梁与高塔等结构阻尼极低的特点，能成倍甚至几十倍地提高结构阻尼，因而抑振效果极佳，且强壮性好，从而得到了较为广泛的应用。各种阻尼减振技术按原理与方式的不同可大致分为：

- 阻尼减振技术
  - 附加质量型
    - 动力调谐式
      - 固体运动式，如 TMD、MTMD
      - 液体运动式，如 TLD、MTLD、TLCD
    - 碰撞耗能式，如 ID、PID
  - 附加阻尼型
    - 利用材料的塑性变形耗能，如铅芯阻尼器（LD）
    - 利用摩擦耗能
    - 利用油阻尼或黏性阻尼耗能，如油阻尼器（OD）、VSD

对各种阻尼减振技术的原理与性能进行比较：

当动力调谐式 TMD（Tuned Mass Damper）的结构参数满足动力调谐条件，即 TMD 的固有频率等于激振频率时，TMD 与主结构的作用力与激振力大小相等、方向相反、彼此平衡，从而完全抑制了主结构的振动，使主结构振动消失。但一旦激振频率偏离 TMD 的固有频率，TMD 减振效果即急剧降低，因此，无阻尼 TMD 只适用于激振频率很稳定的情况。

单个 TMD（即 STMD）的减振机理如图 2－9 所示，在主振动系统上附加一个小质量动力消振系统（M，K，C），通过调谐使主振动系统的振动能量最大限度地转移到附加的消振系统——TMD 上，并由其阻尼加以耗散，从而最大限度地降低主振动系统的振动。

TLD（Tuned Liquid Damper）是利用容器内液体的晃动来吸收并耗散振动能量，从而抑制受控结构水平振动的调谐式阻尼器。

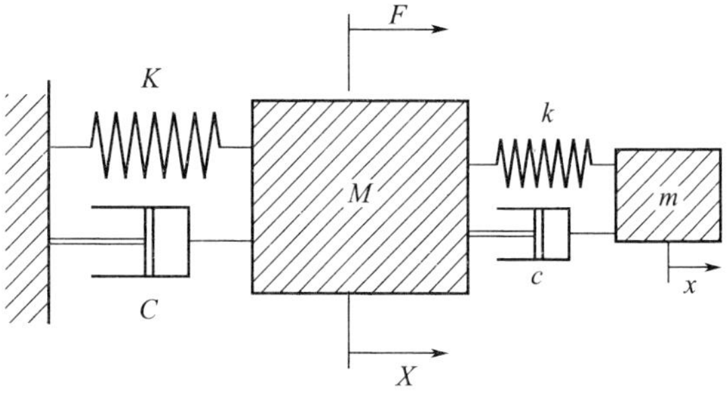

图 2-9　TMD 减振机理

TLD 减振机理如图 2-10 所示，通过调整容器尺寸与容器内液体深度等，可以调整液体晃动频率与结构自振频率一致，从而最大限度地吸收结构振动能量。对于浅液型 TLD，可通过液体晃动时表面波的破碎及与容器壁的碰撞来耗散振动能量，而对于深液型 TLD，则可通过加阻塞器来耗散振动能量。

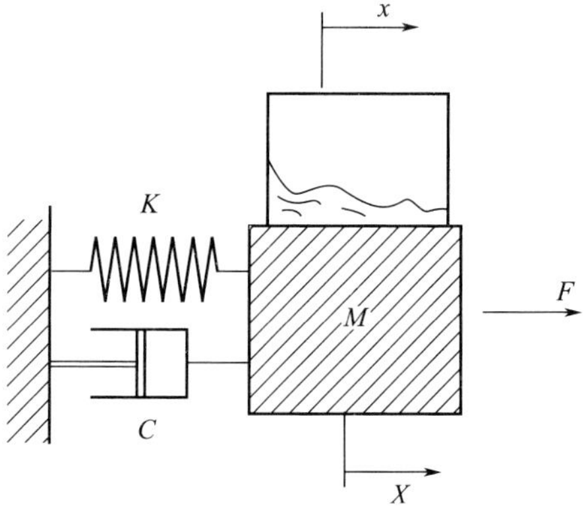

图 2-10　TLD 减振机理

TLCD（Tuned Liquid Column Dampers）是一种利用管状容器中液体的运动来吸收并耗散能量的动力减振器。TLCD 减振机理如图 2-11 所示，通过调整液柱的总长度 L，来调整其自振频率与受控结构的自振频率一致，从而最大限度地吸收结构的振动能量，通过调整阻尼孔的开孔比，可使 TLCD 耗散的能量达到最大，从而使其减振效果达到最佳。

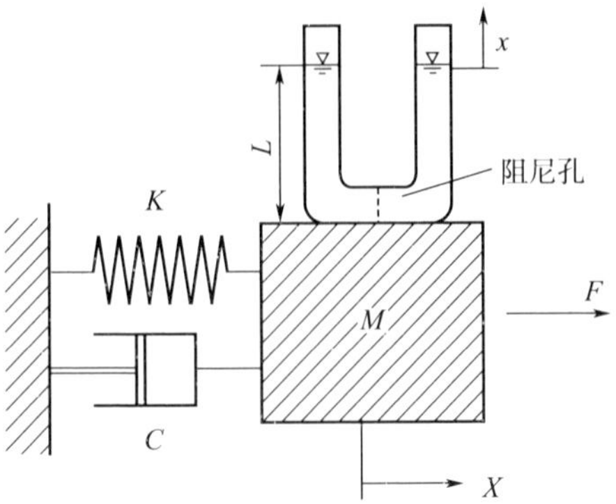

图 2－11　TLCD 减振机理

碰撞耗能式 ID（Impact Damper）是利用减振器运动部件与受控结构之间的非弹性碰撞来耗散结构振动能量从而抑制受控结构振动的动力消振器。通过调节冲击间隙及垫层的弹性与阻尼特性，可以使其减振效果达到最优。

PID（Pendulous Impact Damper）则是一种利用悬挂摆与受控结构之间的碰撞来耗散能量的动力消振器。通过使悬挂摆的自振频率与结构振动相协调，可吸收更多的振动能量，而通过调整冲击间隙及垫层刚度、阻尼等参数可使耗散能量达到最大，从而使减振效果达到最优。

附加阻尼型 VSD（Viscous Shearing Damper）是一种拉索减振装置。其原理为：在容器中注入高黏性的阻尼材料，而将固定于拉索上的插板插入黏性体中，利用插板运动时插板与容器侧壁间黏性体产生的剪切变形，吸收并耗散拉索振动能量，从而抑制拉索振动。

阻尼减振技术针对结构阻尼极低的特性，采用不同的方法大幅提高结构阻尼，从而有效抑制结构振动，具有非常广阔的应用前景。

2.2.2.3　整星隔振技术

结构振动控制技术从概念提出到工程应用已经有上百年的历史，在航空、航天、船舶、精密机床、高精度隔振平台等领域均有广泛的应用。随着工程控制理论和方法的发展、传感元件和伺服机构的日趋完善以及计算机技术的迅猛发展和广泛应用，某些领域振动控制的效果已经达到很高的水平，如采用主动隔振的伺服平台可以将振动加速度控制在10～9的水平上；美国飞行员座椅的主动隔振系统能隔绝90%以上的振动。从控制策略看，结构振动控制分为三类：主动控制、被动控制和主被动一体化控制。从控制效果看，主动控制有利于控制低频振动，被动控制适用于控制高频振动，而主被动一体化控制则有利于实现低频和高频振动的同步控制。

星箭适配器通常设计得比较刚硬，对卫星发射段力学环境的影响比较突出。消除这一影响的传统做法是对卫星结构加固或对卫星上的关键设备、部件采取局部隔振措施，该方法增加了卫星的研制成本和冗余重量。如果直接在星箭适配器上增加隔振装置，就可以克服上述方法带来的弊端。

随着国际运载火箭发射服务市场竞争的日益激烈，采用卫星减、隔振技术和卫星结构的阻尼化处理技术，改善卫星的振动环境，提高卫星和火箭的可靠性已成为大势所趋。美国CSA工程公司自1993年起就开始进行整星隔振器的研究，至今已研制出两种被动隔振器，即单向和多向被动隔振系统，并成功地应用于6次卫星发射任务中，获得了很好的隔振效果。飞行遥测数据表明，整星隔振系统将卫星在火箭主动段的振动水平降低了50%，同时对0～2 000 Hz范围内的振动有不同程度的抑制作用。美国空军研究实验室（AFRL）研究了杂交和非线性整星隔振系统，提出了一种利用主动阻尼的杂交系统，融合了主动和被动振动控制技术。Honeywell公司在2003年研制出ELVIS样机，与传统适配器相比，这种主、被动一体化振动控制系统具有明显的减振效果，同时大大提高了系统的阻尼，可有效衰减5～50 Hz频率范围内卫星的振动响应幅值。

在卫星本体结构的减振方面，约束层阻尼结构是目前国外航天器上应用相对普遍的形式。加拿大的SAR卫星和日本的MUSES-A小卫星都曾经应用约束层阻尼来实现仪器安装板的减振。此外，随着卫星结构大量采用复合材料和蜂窝夹层结构形式，国外在 20 世纪 80 年代又进一步提出了在复合材料内部添加阻尼层的复合材料结构设计概念，即所谓的阻尼夹层复合材料。这种概念借用了整体阻尼减振和胶层增韧的思想，可以充分发挥复合材料可设计性的优点，使结构的阻尼提高 5～50 倍。国外在阻尼材料的研究以及在复合材料结构杆件、壳体结构件的应用方面做了大量工作，并早已在卫星结构中使用。

从 1993 年起，在美国空军研究实验室和美国空间运载部的要求下，CSA 工程公司开始对整星系统减振和抗冲进行研究。最初的研究对象主要是小型运载火箭和小卫星，同时也针对大型液体燃料助推火箭（德尔它Ⅱ火箭）探索整星隔振的可行性，并进行整星隔振器的设计和性能分析。在第一阶段研究中，CSA 工程公司是以轴向振动隔离为目标，耦合动力分析计算时的环境载荷也只考虑星箭界面反作用力、主发动机推力和固体助推器推力载荷等，得到的初步结论是：对于大卫星模型，轴向载荷主要作用在 15 Hz 以下，设计的具有隔振效能的新型适配器，轴向隔振的截断频率为 8 Hz，轴向刚度小，卫星的摇晃空间过大；轴向稳态峰值载荷引起卫星轴向振动的行程大。在星箭界面和适配器之间增加轴向隔振系统，将带来系统轴向适应性问题，即引入较低的系统摇晃频率，卫星摇晃空间过大和轴向位移过大。所以，德尔它Ⅱ火箭的隔振系统必须设计到轴向振动模态频率在35 Hz 以上，侧向振动模态频率在 15 Hz 以上。最终的分析结果为：对于大中型火箭和大卫星，尤其是小底座的大卫星，不适合使用低频率的被动隔振系统，但侧向被动隔振系统可以引入，它能保护具有 25～35 Hz 模态频率的卫星二级结构。

1994 年，CSA 工程公司对德尔它Ⅱ火箭开展第二阶段的研究，设计了一种侧向隔振系统，保持原轴向刚度，不引起过大的摇晃，以取代目前所用的适配器。这种新适配器的侧向隔振截断频率为 15 Hz。在耦合载荷分析中，这种具有隔振效能的适配器能在宽频带内，尤其是在主火箭发动机停机时，大大衰减卫星的结构响应。它是由铝合金件焊接而成的，在原型号适配器的基础上增加了阻尼器和弹簧元件。

1996 年，MDA 公司、Honeywell 公司和 CSA 工程公司共同组成一个研究小组，为德尔它Ⅱ运载火箭设计、制造和测试新型的整星隔振系统，目的是研制一种主、被动杂交隔振系统，弥补在第二阶段所设计的被动式侧向隔振系统的不足，隔离 80%左右的轴向结构振动。Don Edberg 提出的基本设计构想是应用数个液压-空气式压杆和金属管网组成主、被动一体的振动控制系统，增加摇晃刚度，提高整星的摇晃模态频率，同时降低整星的轴向振动频率。

1998 年 Taurus Ⅱ火箭发射卫星时首次使用了由 58 个 Uniflex 减振器组成的整星隔振系统。20 世纪 50 年代，CSA 工程公司研制的整星隔振系统是在 Minuteman 火箭中加入数十个多向减振器，隔离卫星轴向和横向的振动，并分别对起飞、一级燃尽二级点火和二级终止的三个发射阶段进行了动态耦合分析。遥测数据的时域和频域分析显示，整星隔振系统不仅能有效地抑制卫星的瞬态振动，对抑制卫星的随机振动和冲击也有较好的效果：在低频段，整星隔振系统表现出良好的减振效果，在较宽的低频段范围内，卫星振动幅值有不同程度的降低；卫星结构对高频冲击的响应峰值也有明显下降；在二级点火阶段，环境载荷以横向为主时，多向隔振器能有效地隔离卫星的横向振动；但在以轴向载荷为主的起飞阶段，与单向隔振器相比，隔振效果并不明显。

2003 年研制出的 ELVIS 样机实现了 1996 年整星主、被动一体化振动控制的设计构想，以此取代传统的“硬”适配器，进行振动台侧向激励的动态测试。试验数据显示，ELVIS 样机对于整星的摇晃具有“自锁”功能，轴向和侧向的刚度较软，在这两个方向上具有隔振效果，同时系统的阻尼大大增加，能够衰减 5～50 Hz 频带内卫星的振动响应幅值。但该系统结构复杂，质量大，可靠性较低，离实际应用阶段还有一定距离。

我国目前在该领域的工程应用主要集中在对关键部件的局部减

振上，如惯性平台减振器、仪器舱设备安装环形板的约束阻尼层减振器等。近几年已开始进行整星隔振、结构减振问题的研究，以减、隔振舱段及减振支架为代表的卫星减、隔振技术攻关已由原理样机阶段逐渐向工程样机阶段过渡，而以航天结构主、被动一体化振动控制技术为代表的前沿减、隔振技术已经有多家高校开展了基础性研究。在 VEM 阻尼减振技术和应用方面，航天工程单位针对航天器上的振动控制问题，研制了约束层阻尼结构和黏弹性阻尼夹层结构，成功应用于航天器的捷联惯导系统、火工品的冲击隔离结构和推进控制系统中。

我国星箭适配器隔振技术工程应用研究起步较晚。目前，已有高校和航天企业合作研制出整星隔振器，完成了地面对比试验，试验数据表明，这种隔振器能够有效隔离卫星在宽频带上的横向和纵向振动。

2.2.3　振动试验条件设计

振动试验条件包括正弦扫描试验条件、随机振动试验条件和运输试验条件。

2.2.3.1　设计标准

（1）美军标 MIL - STD - 1540 系列

美军标 MIL - STD - 1540 是国外最有影响的航天器试验标准之一。它的最初一版《航天器试验要求》是在 1974 年 4 月由美国空军颁布的，但一个月后即被 MIL - STD - 1540A 替代。该标准由美国航空航天公司主持制定，是美国军方第一个航天器试验标准，但是主要的内容是有关环境试验的。该标准不是简单的试验方法标准，而是结合航天器的研制过程规定了航天器各个研制阶段的组件、分系统和系统级的试验项目及试验要求，为制定各型号的试验计划提供了一个统一的依据和指导，指出应如何制定试验计划，不同阶段应进行哪些项目的试验，试验的主要技术要求等，目的是提高和保证军用航天器的可靠性。标准中还包括了在发射场地的联试等。

MIL－STD－1540A 颁布后，在 1975 年召开的美国第二届宇航试验会议上人们对它进行了介绍并展开了热烈讨论。它受到了有关各方的高度重视并用于各个型号航天器的研制中。人们普遍的看法是，这是一个要求较严格的标准，按此标准来对研制的卫星制定环境试验计划和进行试验，基本上能排除潜在的缺陷，保证卫星的低风险性及高可靠性，这对军用卫星是十分必要的。

1982 年 10 月美国军方颁布了 MIL－STD－1540B。1994 年 10 月颁布了 MIL－STD－1540C，并将标准名称变更为《运载器、上面级和航天器试验要求》。该标准与前面两版（1540A、1540B）相比在应用范围上有所扩大，不仅适用于航天器，而且也适用于运载器和上面级飞行器。系统级的试验项目对三种飞行器略有差别，组件级的项目则是一致的。

美军标 MIL－STD－1540 和军用手册 MIL－HDBK－340/340A 总结了美国在航天器研制和试验方面的丰富经验和研究成果，在全世界都有很大的影响，对航天器研制过程中如何通过环境试验来保证航天器的可靠性，以及试验计划的制定等有很大的指导作用。世界各国在各类航天器研制中，包括试验计划的制定和项目的确定，基本上都是按这样的思路和要求进行的。因此，这一套标准已成为其他国家制定航天器试验标准的重要依据和参考文件。当然，各个国家也在自己的标准中充分考虑了自身的情况和实践经验。因此，这一套美军标值得好好研究和了解，并可以根据自己的实践经验和研究工作吸收有价值的部分来为自研型号航天器的试验计划和要求服务。同时，美军标对各项环境试验的要求、方法和技术都进行了阐述，因此对正确实施这些试验也有很大的指导意义。

（2）GJB 150 军用设备环境试验方法

GJB 150 于 1986 年正式颁布执行，是运载器力学环境试验的主要参考标准之一。该标准主要参考 MIL－STD－810 的相关内容。经过 1992 年的补充完善，标准包括总则、高温、低温、低气压、盐雾、加速度、振动、冲击、噪声等环境系列试验方法共 25 项。该标准规定了系列试验方法的使用范围、通用要求、推荐的试验顺序、模拟环境试验方法，目的是提供统一的、具有在现行通用环境下试验的方法，以评估军用设备适应自然环境（如高温、低温、低气压、盐雾等）和诱导环境（加速度、振动、冲击、噪声等）的能力。

（3）QJ 3135 — 2001《导弹武器系统、运载火箭和航天器环境工程大纲》

QJ 3135 于 2001 年颁布执行，是第一个将环境作为工程管理的标准。该标准规定了导弹武器、运载火箭和航天器环境工程大纲的通用要求、工作项目和实施要求。该标准明确了环境工程、环境条件、环境试验和环境适应性的概念。颁布该标准的目的是通过规范化的工程计划和管理，使产品在研制生产过程中能够系统全面、合理有效地进行环境设计、试验和评估工作，从而保证产品在寿命期内预期经历的各种环境条件下具有完成规定工作的能力。

环境工程是将工程实践应用于影响产品有效性的各种环境的学科，主要包括环境预示、测试与评估、环境效应分析、环境条件制定、环境适应性设计、环境试验、环境适应性评定和环境管理等八项内容。环境条件是指施加于产品，并对其设计、使用寿命或工作能力产生影响的环境应力。环境适应性是指产品在规定的环境下完成规定功能的能力。

（4）QJ 1011—1986《地空导弹武器系统环境条件设计规范》

QJ 1011 于 1986 年颁布执行，该标准明确了环境条件设计程序与武器型号研制程序的关系，该标准将环境条件设计程序分为环境条件预示、环境条件初步设计、环境条件验证和环境条件修正四个环节。其中环境条件预示的主要任务是根据武器系统环境的总体要求，产品在使用寿命期间进行力学环境任务的剖面分析，预示对产品有危害的主要环境及影响程度，并形成力学环境要求可行性论证报告；环境条件初步设计的主要任务是制定型号的初步力学环境条件和力学环境研制大纲；环境条件验证的主要任务是根据力学环境研制大纲，提出力学环境参数测量要求，通过地面和飞行力学环境测量数据的分析处理，编写力学环境验证报告，并为验证和修订初步力学环境条件提供依据；环境条件修正是在环境条件验证的基础上，结合设备环境试验暴露的问题进行环境条件的修订和补充。

QJ 1011—1986 标准根据产品的重要程度分为三个等级，并根据不同的等级制定相应的试验条件。对运载器等航天产品，力学环境试验是十分重要的试验内容，主要包括加速度、振动、声和冲击试验。而要使试验有效，首先要具备合理的试验条件，同时要有正确的试验方法和技术。

2.2.3.2 鉴定和验收

验收试验条件是以产品在全寿命周期内可能遇到的最高环境要求为基础，经过平滑处理得到的试验条件。验收试验的目的在于检验产品的工艺、材料和质量缺陷，验证产品对预期使用环境的适应性。验收试验通过的产品，方可装箭执行飞行任务。

鉴定试验条件是在验收条件的基础上，为减少产品失效风险而对试验量级的增加和持续时间的延长，即考虑环境设计余量后得到的试验条件。鉴定试验的目的在于验证产品在设计及其实现中是否存在适当的坚固性，经鉴定试验的产品不再用于飞行。

鉴定试验和验收试验是以统计期望谱值为依据的。用于鉴定试验的极限期望环境值是指该值在至少 99%的飞行中，用 90% 置信度估计（$P$99/90 值）不会被超过，而用于验收试验的最高期望环境值是指该值在至少 95%的飞行中，用 50%置信度估计（$P$95/50 值）不会被超过。进行统计估计时假定了各次飞行之间的变化为对数正态分布，且有 3 dB 的标准偏差，除非能够证明它符合其他假设。因此，$P$95/50 估计值高于估计的均值（即由所有飞行数据得到的谱值取对数后的平均值）5 dB。在使用 N 次飞行的数据来进行估计时，$P$99/90 估计值比 $P$95/50 高（$2.0+3.9/N^{0.5}$）dB（N 为样品个数）。如果只有一次飞行数据，则假定这些数据就代表均值，$P$95/50 估计值将比样本均值高出 5 dB，而 $P$99/90 值比样本均值高出 11 dB。

验收试验是按 $P95/50$ 确定的最高期望值来进行的，$P95/50$ 定义为至少 95％的飞行不会超过该量值，而该估计值是具有 50％置信度的概率统计值。对鉴定试验，极限期望值定义为 $P99/90$ 量值。该统计基础替代了过去的固定余量，以便能更好地考虑到环境数据只有有限个独立样本的情况。$P99/90$ 值与动力学载荷统计估计的做法是一致的。假定各次飞行之间的变化是对数正态分布的，则不超高 c 百分位置信度下 P 百分位概率的估计值按下式计算

$$E_x(P/c)=X_m+(Z_P+Z_c/\sqrt{N})\sigma_x \tag{2-15}$$

式中 E_x ——P 百分位概率和 c 百分位置信度下的估计谱值；

X_m ——由 N 个独立样本（不同次飞行或地面试验）得到的对数均值；

σ_x ——以 dB 表示 x 的标准偏差，当数据样本很少时，σ_x 的估计往往十分不可靠甚至有可能误导，假设对数正态分布有 3 dB 的标准偏差；

Z_P，Z_c ——不超过 P 百分位概率和 c 百分位置信度的标准化正态变量。

对标准要求的大多数情况，置信度 50％、90％对应的 Z_c 分别为 0、1.282；概率 95、99 对应的 Z_P 分别为 1.645 和 2.322。将以上数据代入式（2－15），则 $E_x(95/50)$ 和 $E_x(99/90)$ 分别为

$$E_x(95/50)=X_m+(1.645+0/\sqrt{N})\times 3\ \text{dB}=X_m+4.9\ \text{dB} \tag{2-16}$$

$$\begin{aligned}E_x(99/90)&=X_m+(2.322+1.282/\sqrt{N})\times 3\ \text{dB}\\&\approx X_m+(7.0+3.9/\sqrt{N})\text{dB}\end{aligned} \tag{2-17}$$

如果 X_m 是一个子样（$N=1$）的均值，则

$$E_x(95/50)=X_m+4.9\ \text{dB},\ E_x(99/90)=X_m+10.9\ \text{dB}$$

鉴定试验所取的鉴定余量考虑了多种因素，例如在 MIL－STD－1540 C 中指出：环境鉴定余量是用来在一件鉴定产品上验证它能满

足所有以下要求的能力：

1）能允许由于在零件、材料性质、尺寸、工艺及制造方面的合理差异而造成飞行件与鉴定件之间在坚固性及工作能力方面的差别。

2）飞行产品在工作使用前经受规定的验收试验最高量值后不会产生过分的性能下降（如疲劳、磨损、材料性能或功能的损失）。

3）能满足在极端飞行条件下的要求，这种条件用统计方法表示为 $P99/90$ 的估计值，而 $P99/90$ 与 $P95/50$ 最多相差 6 dB（即 $N=1$ 的情况）。MIL-STD-1540C 就取这个数值作为鉴定余量，可以说是比较严格的，MIL-STD-1540C 中鉴定试验余量规定见表 2-1。

表 2-1　典型鉴定试验余量和持续时间

试验	组件	飞行器
冲击	最高期望环境上加 6 dB，三个轴上两个方向各加 3 次	对所有冲击产生事件触发 1 次，若为获得组件的最大和极限期望冲击环境，应触发 3 次
噪声	验收级上加 6 dB，持续 3 min	验收级上加 6 dB，持续 2 min
振动	验收级上加 6 dB，3 个轴的每一轴各持续 3 min	验收级上加 6 dB，3 个轴的每一轴各持续 3 min

但是，不是所有的标准都是这样取。例如欧洲 ECSS 标准，鉴定和验收试验量值和持续时间见表 2-2 和表 2-3。

表 2-2　欧洲 ECSS 标准鉴定试验量值与持续时间

试验	量值		持续时间	
	设备	系统	设备	系统
冲击	+6 dB	无规定	3 个轴的两个方向各 3 次冲击	火工品 3 次点火
噪声	+4 dB	+3 dB	2 min	2 min
振动	随机/正弦 +4 dB	随机/正弦 +3 dB	随机：2.5 min/轴 正弦：2 oct/min，上扫和回扫各一次，5～100 Hz	随机：2 min/轴 正弦：2 oct/min，5～100 Hz

表 2－3　欧洲 ECSS 验收试验量值与持续时间

试验	量值		持续时间	
	设备	系统	设备	系统
冲击	最高预示冲击超级谱	无规定	3 个轴的两个方向各 1 次冲击＋保持和脉冲试验	火工品 1 次点火
噪声	最高预示声谱包络		2 min	1 min
振动	随机：最高和最低预示谱包络		2 min/轴	1 min/轴

由上面所列的表可以看出，不同标准要求不一样，但是验收试验条件都是以最高预示环境为基础，而鉴定余量则取法不同，因为要考虑的因素很多，不能一概而论，一般鉴定余量在 3～6 dB 之间。

2.2.3.3　振动试验方法

（1）传统单自由度振动试验

通过电或液压驱动的振动台模拟飞行过程中的振动环境是最为常见的振动试验方式。随着航天结构尺寸、重量和复杂性的增加，大推力、多台激振是振动试验的发展趋势。图 2－12 为德国 IABG 公司空间试验中心多台液压振动试验系统。

图 2－12　IABG 公司空间试验中心多台液压振动试验系统

尽管火箭飞行过程中的实际振动是空间三方面耦合交联的，但是在地面试验模拟时，还是主要以单向振动试验为主，即各方向分别独立进行试验。目前国内单台振动台推力最大已经达到 35～40 t（350～400 kN）。通过多台并联，已经建成 140 t 级振动台。

（2）多维振动试验

为了模拟真实飞行过程的多方向同时振动，美军哈利钻石（Harry Diamond）实验室、NASA 戈达德航天飞行中心和圣地亚哥实验室都配备了多维振动试验系统（图 2-13），美国“爱国者”导弹采用了多轴振动环境试验技术，大大提高了命中精度，有海湾战争实战为证。欧洲、日本等近十几年也进行了多种产品包括导弹的多维振动试验研究。日本 JAXA 的大型航天器试验中心和 LDS 公司合作，安装了一台由 10 个电磁振动台组成的六自由度振动试验系统（图 2-14），最大试验能力达到正弦试验 320 kN，随机试验 200 kN。

图 2-13　美军哈利钻石实验室多维振动试验系统

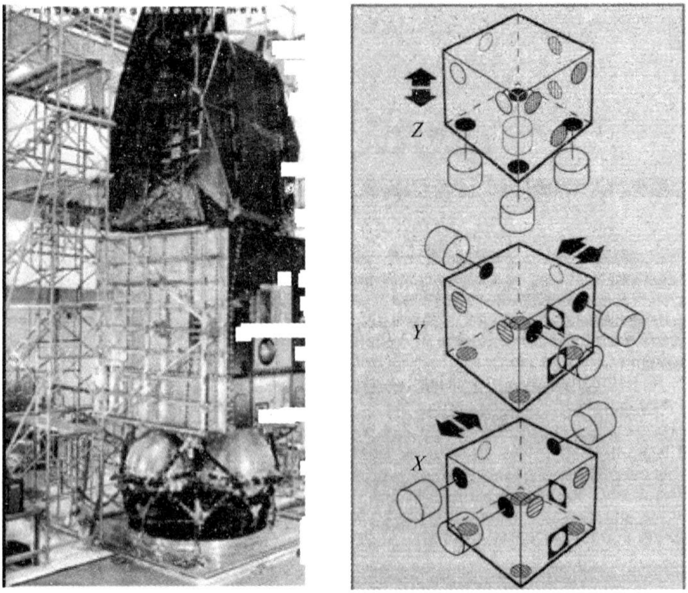

图 2 - 14　日本 10 个电磁振动台组成的六自由度振动试验系统

国外振动环境试验技术呈现出如下的应用发展趋势：中高频多维振动试验技术，以多个电磁振动台和球形液压轴承组合形成能够进行 2 000 Hz 以下的多维振动试验。采用多个液压振动台，实现整车的低频大位移运输振动模拟。我国国内于 20 世纪 80 年代开始开展了各种单机（部件）、分系统和系统级产品的多维振动试验与分析研究，已经能够实现惯性导航、末制导系统的六自由度振动环境模拟，能够进行从两个振动台、三个振动台直至六个振动台的多维振动环境试验（图 2 - 15）。

（3）力限振动试验

为解决大型设备（如航天器）在振动试验中，单纯通过加速度反馈控制而引起“过试验”，导致结构发生强度破坏的问题，力限振动试验作为传统试验方法的补充得以应用。自 20 世纪 50 年代以来，美国对力限振动试验技术进行了深入的理论和应用研究，并取得了

图 2-15　我国运动激励六自由度振动试验系统

一定的成果。2000 年 5 月，NASA 发布了技术手册 NASA-HDBK-7004 作为研究力限振动试验的标准。力限振动试验技术在美国 NASA 各中心已经应用了 20 年，并且在很大程度上缓解了振动“过试验”问题，获得了成功推广，如图 2-16 所示。近年来，除美国外，力限振动技术受到世界其他航天机构的重视并得到了广泛的应用和发展，如加拿大、日本、韩国的航空航天组织和欧洲空间局（ESA）等也都对力限振动试验方法进行了应用研究。

目前，我国国内对于力限振动试验技术的研究方向主要有两个：力限振动试验条件的制定方法和振动试验中的力反馈控制技术。前者在试验期间仍以加速度作为控制参量，但是要求在加速度试验条件设计时，将结构的强度承载能力作为制定条件的要素之一，在必要的频段进行加速度量级的限制，就“力限”而言，属于开环性质。后者主要是通过在加速度振动试验系统中加入力传感器实现反馈控制，类似于“响应监测”，就“力限”而言，属于闭环性质。但是由于闭环“力限”的效果取决于反馈控制系统的响应速度，因此在“欠试验”的风险上，后者高于前者。

图 2－16　卡西尼飞行器力限振动试验

2.3　噪声环境设计

火箭在整个主动飞行段会受到各种噪声的影响，其中发动机喷流噪声和气动噪声是最主要的两类噪声。在不同阶段中，两类噪声的主次地位有所不同：火箭发射最初几秒内，喷流噪声影响很大；当火箭具有一定的速度且未达到音速时，两类噪声都需要考虑；超音速阶段，喷流噪声传播速度（音速）已经小于火箭本身的速度，对火箭基本无影响，故主要考虑气动噪声。

火箭飞行中高频随机振动主要是由噪声引起的。宽频带随机噪声作用在火箭箭体上，会产生高量级的结构响应，整流罩及仪器舱处于高量级的振动和高声压级的恶劣力学环境中，可能导致有效载荷、设备和整体结构产生破坏，特别是太阳电池板、高增益蝶形天线易产生疲劳破坏。另外，在电路中产生的电噪声，是电子设备失效的重要原因之一。

噪声环境设计是火箭仪器设备力学环境适应性及可靠性设计的基础和依据之一，准确地预示噪声环境并采取有效的防护措施是确保运载火箭成功完成任务的前提和基础，在运载火箭的设计中有十分重要的意义。此外，通过噪声环境预示，找出关键参数，进行参数和结构的优化，还能够很好地实现减振降噪。由于火箭系统非常复杂，且航天发射任务对系统可靠性的要求极高，因此开展部段级噪声试验以验证单机设备乃至箭体对噪声环境的适应性是必不可少的。

2.3.1 噪声环境预示

火箭噪声环境预示包括两部分内容：外噪声场预示和舱内声振环境预示。外噪声场预示主要包括发动机喷流噪声和气动噪声预示；舱内声振环境预示即将外噪声作为激励，预示舱内的结构响应与噪声量级。

2.3.1.1 喷流噪声

火箭发动机喷流噪声预示方法大致可分为两类：理论分析和数值模拟法；试验及半试验（经验）法。两类方法各有优缺点，运载火箭进行喷流噪声预示时两种方法配合使用：即以单台发动机搭载测量的试验结果为依据，通过理论分析和数值模拟法预示多台发动机情况下的声场分布规律。

基于计算流体动力学及气动声学的理论分析和数值模拟法一种是声类比，主要思想是在基本的流体 N－S 方程基础上，通过大涡模拟或者雷诺平均法进行简化，求解得到流体近场特性，然后采用等效源法结合波动方程求解远声场；另一种是直接模拟法，即忽略流体黏性和非线性的影响，基于线性欧拉方程直接求解噪声场，或者利用大涡模拟或者雷诺平均法得到流体近场特性，再通过外推积分法（基尔霍夫法和 FW－H 法）或者线性欧拉方程得到远声场。声学类比法相对直接模拟法较简单，对其研究较多，但也存在许多问题：

1）利用声学类比法对喷流噪声进行预示时，大涡模拟一般适用于流速较小的可压缩流体。当流体马赫数大于 3 时，声学类比法很难给出较合理的预示结果。

2）利用声学类比法进行预示时，发动机喷流参数十分复杂，因此计算费时费力，且精度不一定很高。

3）以上都是基于单一喷流的预示，多喷流预估理论分析还较少，如何考虑各喷流间的相互耦合作用还需进一步研究。

4）利用声学类比法进行噪声预示的过程中，一般假设喷流为自由喷流，忽略了很多对噪声影响较大的因素，如发射台、导流槽等，这也会导致结果和实际有一定差别。

从基本的流体方程出发分析喷流噪声产生的机理，它们是喷流噪声预示的理论和数值模拟方法的基础。喷流的连续性方程为

$$\frac{\partial \rho}{\partial t}+\frac{\partial(\rho v_i)}{\partial x_i}=Q \tag{2-18}$$

式中　ρ ——喷流介质的密度；

$x_i(i=1,2,3)$ ——三个正交坐标；

v_i —— x_i 坐标对应的速度分量；

Q ——单位体积、单位时间的喷流量。

运动方程为

$$\frac{\partial(\rho v_i)}{\partial t}+\frac{\partial(\rho v_i v_j)}{\partial x_j}+\frac{\partial p}{\partial x_i}-\frac{\partial \sigma_{ij}}{\partial x_j}=F_i \tag{2-19}$$

式中　$\rho v_i v_j$ ——切应力张量；

F_i ——作用在单位体积喷流上的外力；

σ_{ij} ——黏滞应力张量，表达式为

$$\sigma_{ij}=\varepsilon\left(\frac{\partial v_i}{\partial x_j}+\frac{\partial v_j}{\partial x_i}-\frac{2}{3}\frac{\partial v_k}{\partial x_k}\delta_{ij}\right) \tag{2-20}$$

式中，ε 为喷流黏滞系数；δ_{ij} 当 i，j 相等时取 1，不相等时取 0。

将式（2－18）对时间微分，式（2－19）对空间坐标微分，然后相减，可得到

$$\frac{\partial^2 \rho}{\partial t^2}-\frac{\partial^2(\rho v_i v_j)}{\partial x_i \partial x_j}-\frac{\partial^2 p}{\partial x_i^2}+\frac{\partial^2 \sigma_{ij}}{\partial x_i \partial x_j}=\frac{\partial Q}{\partial t}-\frac{\partial F_i}{\partial x_i} \tag{2-21}$$

两边减去 $c_a^2 \frac{\partial^2 \rho}{\partial x_i^2}$ 即可得到关于密度的波动方程，即

$$\frac{\partial^2 \rho}{\partial t^2}-c_a^2 \frac{\partial^2 \rho}{\partial x_i^2}=\frac{\partial Q}{\partial t}-\frac{\partial F_i}{\partial x_i}+\frac{\partial^2 [\rho v_i v_j+(p-c_a^2 \rho)\delta_{ij}-\sigma_{ij}]}{\partial x_i \partial x_j} \tag{2-22}$$

令 $T_{ij}=\rho v_i v_j+(p-c_a^2\rho)\delta_{ij}-\sigma_{ij}$ ，称为综合应力张量（其中 c_a 为环境音速），则式（2－22）又可写为

$$\frac{\partial^2 \rho}{\partial t^2}-c_a^2 \frac{\partial^2 \rho}{\partial x_i^2}=\frac{\partial Q}{\partial t}-\frac{\partial F_i}{\partial x_i}+\frac{\partial^2 T_{ij}}{\partial x_i \partial x_j} \tag{2-23}$$

由式（2－23）可以看出，当 Q 对时间微分，F_i 对空间坐标微分和 T_{ij} 对空间坐标二次微分发生变化时，即可产生空气动力噪声。式（2－23）揭示了噪声产生的机理。

$\frac{\partial Q}{\partial t}$ 表示流体不稳定喷射时通过喷口的脉动质量流，这是一个单源型辐射。

$\frac{\partial F_i}{\partial x_i}$ 为外力的空间变化，它表示一个脉动推力，是一个耦极子型辐射。

$\frac{\partial^2(\rho v_i v_j)}{\partial x_i \partial x_j}$ 为涉及雷诺剪力的动量波动引起的噪声，这一项是喷流的主要噪声源，并可表示为一个四极子型辐射。

$\frac{\partial^2 \sigma_{ij}}{\partial x_i \partial x_j}$ 为由黏滞应力波动引起的噪声，也表示为一个四极子型辐射，用来抵消波动噪声辐射。由于 σ_{ij} 远小于 $\rho v_i v_j$ ，因此对喷流噪声进行研究时，这一项可以忽略不计。

$\frac{\partial^2(p-c_a^2\rho)}{\partial x_i \partial x_j}$ 表示熵和温度的影响，它表示为单源或四极子源辐

射，这依赖于对流特性。

到目前为止，对这些声源的研究还是不够充分，未能得到定量的认识。因此，还不能导出噪声场声功率和声压的表达式。对于一个正常工作的火箭发动机，由 $\frac{\partial^2(\rho v_i v_j)}{\partial x_i \partial x_j}$ 所引起的辐射是最重要的，这时可忽略其他声源引起的辐射，式（2-23）又可简化为

$$\frac{\partial^2 \rho}{\partial t^2} - c_a^2 \frac{\partial^2 \rho}{\partial x_i^2} = \frac{\partial^2 T_{ij}}{\partial x_i \partial x_j} \tag{2-24}$$

式中，$T_{ij} = \rho v_i v_j + (p - c_a^2 \rho)\delta_{ij}$。对于远场而言，式（2-24）的解是

$$\rho(s_0, t) - \rho_a = \frac{x_i x_j}{4\pi c_a^4 r^3} \oint_V \frac{\partial^2 T_{ij}(g, t - r/c_a)}{\partial t^2} \mathrm{d}V \tag{2-25}$$

坐标 s_0 代表声场中某观察点的空间位置；g 代表喷流中某个点声源的空间位置；r 是声源到观察点的距离。应用远场条件，还可以把 $\frac{x_i x_j}{r^2}$ 与 T_{ij} 组合在一起，略去源强度中的交叉项，式（2-25）又可写成另一种形式，即

$$\rho(s_0, t) - \rho_a = \frac{1}{4\pi c_a^4 r} \oint_V \frac{\partial^2 T_{rr}(g, t - r/c_a)}{\partial t^2} \mathrm{d}V \tag{2-26}$$

式中，$T_{rr} = \rho v_r^2 + (p - c_a^2 \rho)$，因在声场中满足关系式 $p - p_a = c_a^2(\rho - \rho_a)$，故代入式（2-25）又可求得远场声压为

$$p(s_0, t) - p_a = \frac{1}{4\pi c_a^2 r} \oint_V \frac{\partial^2 T_{rr}(g, t - r/c_a)}{\partial t^2} \mathrm{d}V \tag{2-27}$$

总声功率为

$$w_{oa} = \oint_S \frac{(p - p_a)^2}{\rho_a c_a} \mathrm{d}S \tag{2-28}$$

式中　S——包围喷流的封闭面积；

$(p - p_a)^2$——该面积上的均方声压。

另外，这里再给出几个基本的声学理论公式。平面行波声功率可写为

$$w_{oa}=\frac{\bar{p}^2}{\rho_a c_a}S \tag{2-29}$$

式中　S——面积；

$\bar{p}^2$——该面积上的均方声压。

声功率级

$$L_w=10\lg\left(\frac{w_{oa}}{w_{ref}}\right)\quad (w_{ref}=10^{-12}\ \mathrm{W}) \tag{2-30}$$

声压级

$$SPL_p=20\lg\frac{p}{p_{ref}}\quad (p_{ref}=2\times 10^{-5}\ \mathrm{Pa}) \tag{2-31}$$

上面阐述的发动机喷流噪声理论，有助于定性理解喷流噪声的机理和规律。由于声源的复杂性，目前很难给出声压及声功率的解析解，这使噪声预示理论与数值模拟方法的应用存在困难。试验与半试验（经验）方法为解决此问题提供了途径。

试验法针对不同参数的发动机，需分别进行试验，费时费力，且对于由等效法得到的无具体实物的发动机，很难直接利用试验得到其噪声场，本书对直接试验法不做过多介绍。半试验（经验）法的基本思想是以所有（不同型号发动机）的试验数据为对象，结合理论方法，进行合理统计与归一化处理，建立统计的发动机噪声源模型进行噪声预示。进行统计时需要合理分类，一般将常规低比冲推进剂发动机试验数据归在一起统计，低温高比冲则归为另一类。当然如果要求统计噪声源模型更精确，可只对使用同类推进剂的发动机进行统计（局限性：可能由于相关试验次数少，数据不充分）。采用缩放比例试验正是应用了这一点。

Eldred 在 NASA SP-8072 报告中提出了经典的火箭发动机外噪声场预示方法。基本思想是基于所有的数据，对总声功率、声效率系数、声功率谱、等效声源分布、方向特性等进行统计及某些特殊处理（如归一化），得到相关的经验公式及归一化曲线图，掌握它们的规律及相互关系，了解哪些参数对外噪声影响较大。在已知发动机各参数的情况下，利用经验公式及归一化曲线图，可以对发动机外近场噪声（噪声源）进行模拟，再结合近场噪声源和方向特性得到远场噪声的估计。

Eldred 提出的上述发动机外噪声场的预示方法主要适用于单台发动机。多台发动机的噪声预示方法如下：当发动机间距较大时，总声压可近似等于单台发动机引起声压的总叠加；当间距较小时，可等效成一台发动机。而当发动机间距适中时，将噪声源分为两个部分。一部分是没有完全混合前的喷流段，其产生的声压可通过简单叠加得到；另一部分是完全混合后的喷流段，计算声压时可等效为一台发动机，忽略过渡阶段的影响，总声压等于两部分声压和。对于涉及某些参数的计算，Potter 已经详细给出；若简单使用叠加法或等效法得到的声压谱仅有一个峰值，而结合两者使用将出现两个峰值，与实际试验数据较接近。谱峰值是我们关注的重要参数，经常会引起结构的共振，所以应该将喷流分成两段。

NASA 早在 20 世纪 70 年代就在 Eldred 理论的基础上建立了发动机喷流噪声模型去模拟外噪声场，现在的阿里安-5 运载火箭发动机自由外噪声场预示也是基于 NASA 这一模型。

针对喷流噪声源模型的相关研究很多，Christophe Bailly 统计了各种经典的喷流噪声源模型，特别说明了 Goldstein - Howes 模型在超音速喷流反方向预示效果较其他模型要好。对于运载火箭，由于仪器舱等均在反方向，因此反方向预示精度需重点关注。

导流槽对于火箭发动机噪声影响较大。Eldred 和 Potter 分别进行了详细分析，在自由喷流噪声源模型的基础上，推导出考虑导流效果的噪声源模型，得到更加符合火箭发射实际状态的噪声源模型。在此基础上，Valerio Ferrara 进行了 P80 FW 发动机噪声预示，并通过统计能量法预示各级结构响应与声压级；Jared Haynes 对模型进行了三点改进（减小了喷流核长度系数，考虑导流对核心区末端的影响，结合试验数据进行必要修正），较好地预示了阿瑞斯 I 火箭的发动机噪声。

基于等效直径法建立多台火箭发动机的噪声源模型较简单，但预示精度不够高。为提高精度，可将叠加法和等效法相结合，即将喷流噪声源分为两部分，具体思想上面已经提到。Kandula 做了大量相关研究，分析了多台发动机在发射状态下产生的近场噪声特性，同时还考虑了地面和箭体表面反射的影响，具有较好的预示精度。

国内部分学者也对喷流噪声的试验预示方法做了相关研究。相似结构外推法是一种常用的火箭发动机噪声经验预示方法。基本原理是若新火箭在相似的发射台上发射，而且所用的发动机与以往火箭所用的发动机相似，出口参数近似相等，那么即可用以往火箭发射时的噪声测量数据，经归一化处理后，来预示新火箭的发动机噪声数据。张维纲做过相关研究，其具体思想是用发动机等效出口直径作为特征尺寸，并假设出口参数相同（实际上，对同一类型火箭发动机，其出口参数很相似）。用出口直径对观测点位置进行归一化，用出口直径和推力对声压级归一化。考虑到在声传播过程中，大气衰减与频率的二次方成比例，高频声波比低频声波衰减快，在喷口附近频谱的谱峰频率较高，在远离喷口处谱峰频率移向低频，因此引出了一个归一化谱形修正因子，连同出口直径一起对频率进行归一化。最后他根据以往火箭的实测数据得出了几条曲线，还对误差进行了分析，并对部分误差提出了修正方法。基于这套方法可给出新火箭任意位置的总声压级和 1/3 倍频程频谱。

半试验（经验）法也存在一些问题。常温发动机噪声数据归一化处理后能够很好地落在一条曲线上，而低温发动机归一化曲线是否存在，呈现何种规律，尚需统计多次试验数据进行验证。最好将具有同类推进剂的发动机归为一类统计，如果试验次数不够，再考虑具有相近推进剂的发动机数据。

三种典型的发动机噪声场预示方法如下：

（1）Eldred 第一种方法

假设沿喷流轴线方向分布一系列具有单一频率的噪声源，噪声源相对位置、声功率、扩散声场方向特性均通过统计和归一化处理给出，将各噪声源产生声压叠加便得到总声压。具体步骤如下：

1）确定总的声功率 w_{oa}

$$w_{oa}=\frac{1}{2}n\eta FU_e=\frac{1}{2}n\eta\dot{m}U_e^2 \tag{2-32}$$

式中　n ——发动机个数；

F ——推力；

$\dot{m}$ ——秒耗量；

U_e ——出口流速；

η ——声效率，通常取值为 0.1%～1%。

Sutherland 给出了 η 的一个经验计算公式

$$\eta=0.001\,2(\gamma_j/\gamma_a)(c_t/c_a)^3(c_t/U_e)^2 \tag{2-33}$$

式中　γ_j ——燃气比热比；

γ_a ——环境比热比；

c_t ——喉部音速；

c_a ——环境音速。

2）计算总的声功率级

$$L_w=(10\lg w_{oa}+120)\text{ dB (re. }10^{-12}\text{ W)} \tag{2-34}$$

3）针对多台发动机，计算出口喷嘴的直径

$$d_e=\sqrt{n}\,d_{ei} \tag{2-35}$$

式中　d_{ei} ——单台发动机喷嘴直径。

4）根据喷流噪声归一化相对声功率谱 $\left\{10\lg\left[\frac{w(f)}{w_{oa}}\frac{U_e}{d_e}\right]\right\}$ 随斯特劳哈尔数 $Sr\left(\frac{fd_e}{U_e}\right)$ 变化的规律（图 2-17），计算中心频率 b 处的声功率级

$$L_{w,b}=10\lg\left[\frac{w(f)}{w_{oa}}\frac{U_e}{d_e}\right]+L_w-10\lg\frac{U_e}{d_e}+10\lg\Delta f_b \tag{2-36}$$

式中　Δf_b ——频带宽。

5）如图 2-18 所示，确定每段频率对应噪声源的相对位置，x 为喷流轴线方向距发动机喷口的距离。

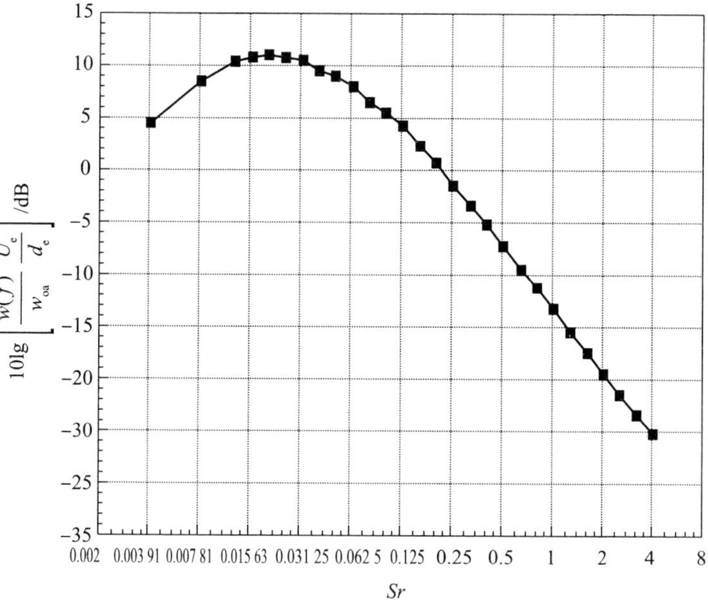

图 2-17　归一化相对声功率谱随 Sr 变化曲线

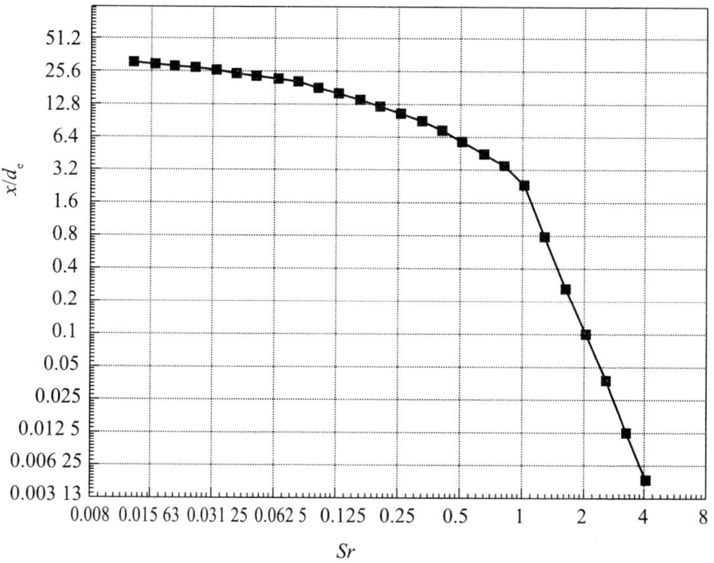

图 2-18　噪声源轴线位置随 Sr 变化曲线

6）根据扩散声场理论且考虑传播方向特性，计算与中心频率 b 对应的噪声源在预测点 p 处产生的声压

$$SPL_{b,p}=L_{w,b}-10\lg r^2-10\lg(4\pi)+DI(b,\theta) \qquad (2-37)$$

式中，r 和 θ 如图 2－19 所示，$DI(b,\theta)$ 如图 2－20 所示。

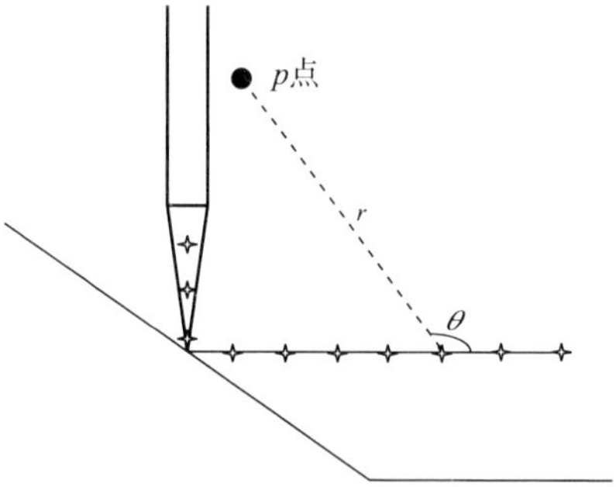

图 2－19 噪声源位置和喷流几何示意图

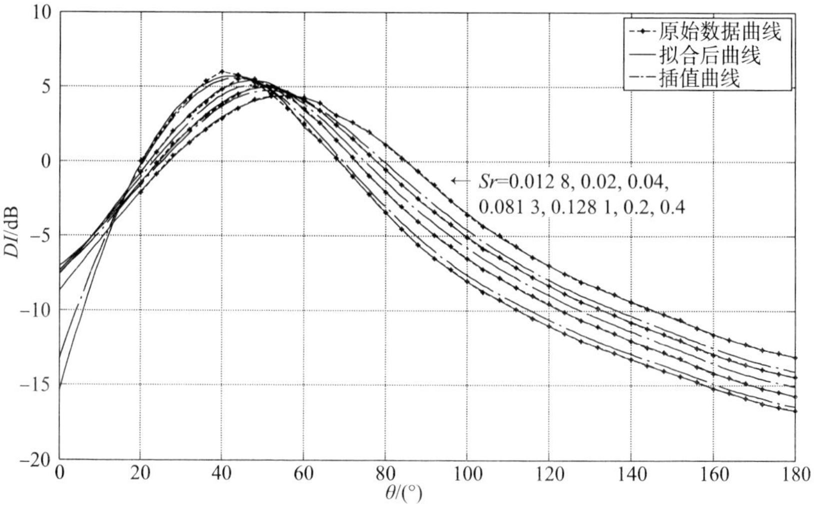

图 2－20 典型火箭不同 Sr 下的远场方向系数（见彩插）

7）将各噪声源产生的声压叠加，得到 p 处的总声压为

$$SPL_{\mathrm{oa,p}} = 10\lg \sum_{b} 10^{\frac{SPL_{\mathrm{b,p}}}{10}} \tag{2-38}$$

（2）Eldred 第二种方法

将喷流沿轴向分割成一个个小区间，每一个小区间看成一个噪声源，此时的噪声源不再是单一频率源，它在整个分析频带上都具有能量。通过核长（层流核心的长度）计算每个区间的声功率，然后考虑相对声功率谱及方向特性，得到各个区间噪声源在各个频带段内产生的声压，最后通过两次叠加得到总声压。具体步骤如下：

1）前三步与 Eldred 第一种方法一致。

2）喷流核长采用更符合火箭喷流的 Varnie 核长计算公式，即

$$X_{\mathrm{t}} = 1.75\,(1 + 0.38M_{\mathrm{e}})^2 d_{\mathrm{e}} \tag{2-39}$$

式中　X_{t} ——核长；

M_{e} ——发动机喷流出口马赫数。

此外，Jared Haynes 在研究阿瑞斯 Ⅰ 火箭喷流噪声时，发现导流槽对核长也有较大的影响，得出结论：实际喷流核长取理论计算值和导流槽距发动机喷口高度中的小值。

3）将喷流分成许多小区间，每个小区间可看成一个独立宽频噪声源，噪声源 s 声功率 $L_{\mathrm{w,s}}$ 可以根据单位核长归一化相对声功率（即 $10\lg[X_{\mathrm{t}}w(x)/w_{\mathrm{oa}}]$ ）随喷流轴线相对位置的变化规律（图 2-21）求得

$$L_{\mathrm{w,s}} = 10\lg\left[\frac{X_{\mathrm{t}}w(x)}{w_{\mathrm{oa}}}\right] + L_{\mathrm{w}} + 10\lg\frac{\Delta x}{X_{\mathrm{t}}} \tag{2-40}$$

式中　x ——沿喷射流体的轴线方向喷口到小区间中心处的距离；

$w(x)$ —— x 处单位轴长的声功率；

Δx ——区间长度。

4）根据喷流噪声归一化相对声功率谱 $10\lg\left[\frac{w(f,x)}{w(x)}\,\frac{U_{\mathrm{e}}c_{\mathrm{a}}}{xc_{\mathrm{e}}}\right]$ 随修正 $Sr\left(\frac{fxc_{\mathrm{e}}}{U_{\mathrm{e}}c_{\mathrm{a}}}\right)$ 的变化规律（图 2-22），求得每区间噪声源在各频段上的声功率 $L_{\mathrm{w,s,b}}$

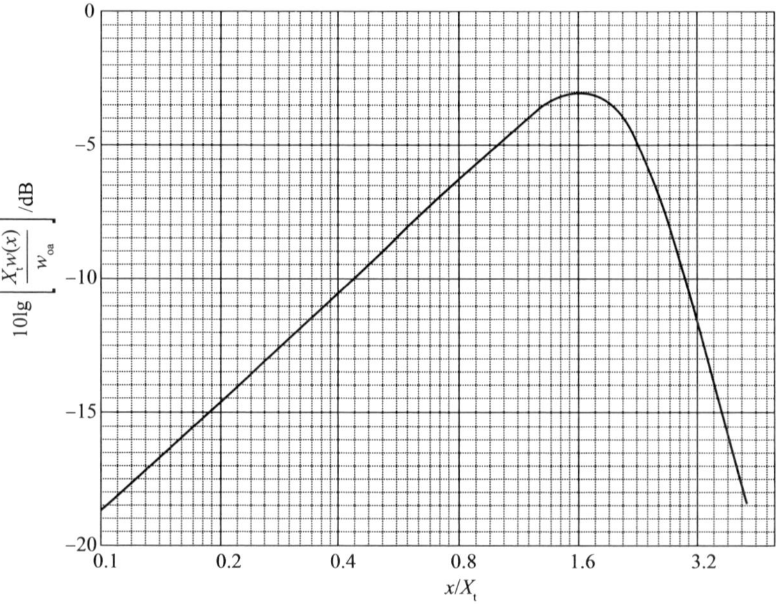

图 2-21　单位核长归一化相对声功率随轴线相对位置变化曲线

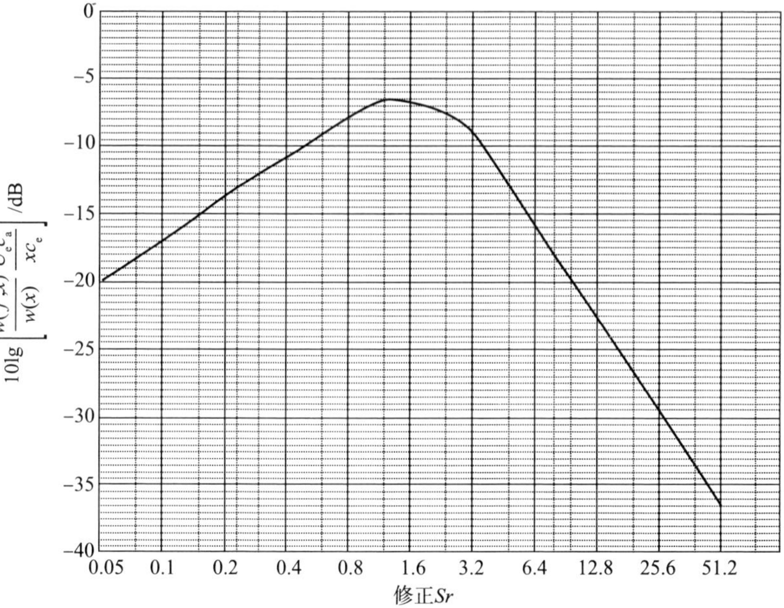

图 2-22　归一化相对声功率谱随修正 Sr 变化曲线

$$L_{w,s,b} = 10\lg\left[\frac{w(f,x)}{w(x)}\frac{U_e c_a}{x c_e}\right] + L_{w,s} - 10\lg\frac{U_e c_a}{x c_e} + 10\lg\Delta f_b \tag{2-41}$$

式中 c_a——环境音速；

c_e——喷口处音速。

5）根据扩散声场理论及方向特性（与 Eldred 第一种方法相同），求得单个区间噪声源在预示点 p 处各频段上的声压 $SPL_{s,b,p}$

$$SPL_{s,b,p} = L_{w,s,b} - 10\lg r^2 - 10\lg(4\pi) + DI(b,\theta) \tag{2-42}$$

6）计算所有区间噪声源引起 p 点的 b 频带内声压

$$SPL_{b,p} = 10\lg\sum_s 10^{\frac{SPL_{s,b,p}}{10}} \tag{2-43}$$

7）将各频段声压叠加得到 p 点总声压

$$SPL_{oa,p} = 10\lg\sum_b 10^{\frac{SPL_{b,p}}{10}} \tag{2-44}$$

（3）Potter 方法

根据喷流特征参数及外部边界条件将喷流的流场分为几个部分，分别计算各部分喷流产生的噪声，最后叠加得到总的噪声。该方法主要针对多台发动机噪声预示问题，前面两种方法进行多台发动机噪声预示时，采用直径 $d_e = \sqrt{n} d_{ei}$ 的单台发动机去模拟，和实际情况有一定的差距。Potter 方法针对飞行和发射这两种工况分为两种情况：自由喷流噪声（对应飞行工况）和发射状态喷流噪声。

1）自由喷流将噪声源分成两个部分：充分混合前部分和充分混合后部分。

混合前部分可看成多个单台发动机噪声的独立叠加，而单台发动机噪声通过 Eldred 第二种方法得到。叠加时需要考虑喷流间遮蔽效应的影响，考虑遮蔽效应时，发动机实际作用个数 n_1 取为

$$n_1 = \frac{R_2}{R_1} + 0.18 n_p - 1 \tag{2-45}$$

式中 R_1——单台发动机喷口半径；

R_2——多台发动机外切圆半径；

n_p ——外围发动机个数。

混合后部分等效看成一台发动机产生的喷流。基本假设包括：

等效截面方程

$$A_1=\frac{n\pi(R_2-R_1)^2}{(n^{0.5}-1)^2} \tag{2-46}$$

热平衡方程

$$\rho_1U_1A_1\left(C_1T_1+\frac{U_1^2}{2}-c_aT_a\right)=n\rho_eU_eA_e\times\left(c_eT_e+\frac{U_e^2}{2}-c_aT_a\right) \tag{2-47}$$

动量方程

$$\rho_1U_1^2A_1-n\rho_eU_e^2A_e=nA(p_e-p_a) \tag{2-48}$$

比热容计算

$$c_1=c_a+(c_e-c_a)n\rho_eU_eA_e/(\rho_1U_1A_1) \tag{2-49}$$

相对分子质量计算

$$\mu_1=\frac{\rho_1U_1A_1\mu_a\mu_e}{n\rho_eU_eA_e\mu_e+(\rho_1U_1A_1-n\rho_eU_eA_e)\mu_e} \tag{2-50}$$

气体方程：

$$p_1=\frac{\rho_1RT_1}{\mu_1}\quad（假设\ p_1=p_a） \tag{2-51}$$

上述式中，A，ρ，p，U，c，T，μ 分别为截面面积、密度、压强、速度、比热容、温度、相对分子质量，下标 1、a、e 分别代表等效发动机喷口参数、环境参数、单台发动机喷口参数，R 为气体常数。

确定混合前部分的喷流长度 l，及混合后部分等效发动机的喷口位置 x_1（沿喷流轴线方向实际喷口到等效喷口的距离）

$$l=\left[\frac{2(R_2/R_1-1)}{n^{0.5}-1}-1\right]X_t$$
$$x_1=l-X_{t1} \tag{2-52}$$

式中　X_t ——实际单台发动机喷流核长；

X_{t1} ——等效发动机喷流核长。

2）发射状态下喷流噪声根据导流状态（图 2－23）可分为三部分，将每部分喷流起始端参数作为对应等效发动机的喷口参数。

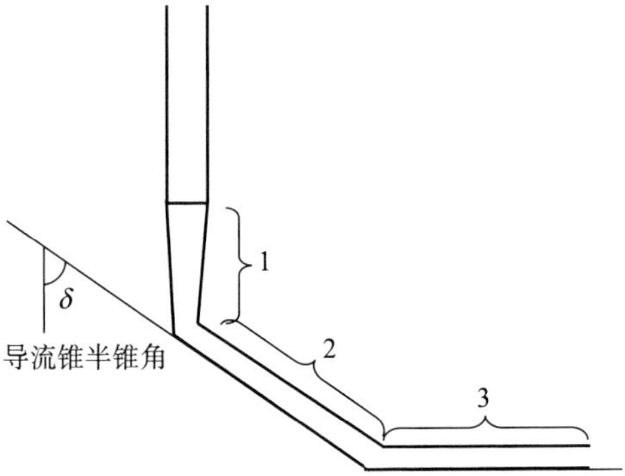

图 2－23　发射状态下喷流示意图

为求各部分起始端的喷流参数。需将方程式（2－46）替换为质量流量方程得到第一部分起始端参数

$$\rho_1 U_1 A_1 - n\rho_e U_e A_e = \frac{hn\rho_e U_e A_e}{2X_t} \tag{2-53}$$

式中　h——导流槽距喷口的高度。

根据碰撞理论可通过下面方程组得到第二部分起始端参数

$$U_{20} = U_1 \cos\delta \tag{2-54}$$

$$\rho_{20} = \frac{\rho_1}{1 + \frac{\rho_1 U_1^2}{2p_1} \frac{\gamma_1 - 1}{\gamma_1}(1 - \cos^2\delta)} \tag{2-55}$$

式中　γ_1——比热比，可通过比热容 c_1 求得。

$$A_{20} = \frac{\rho_1 U_1 A_1}{\rho_{20} U_{20}} \tag{2-56}$$

其余参数 c_{20}，T_{20}，p，μ_{20} 为第二部分起始端参数，与第一部分末端相同。第三部分起始端参数同样可得。由此可单独计算各部分产生的噪声（应用 Eldred 第二种方法），最后叠加得到总声压。

2.3.1.2　气动噪声

运载火箭飞行过程中需要跨越亚音速、跨音速、超音速以至高超音速速度段，其推进装置使用拉瓦尔喷管。因此不论火箭外部绕流还是发动机喷流都面临着分离流动、激波振荡、波涡干扰以及激波与附面层的相互作用，而这些作用最终都会产生气动噪声。气动噪声是决定火箭结构疲劳强度和仪器舱噪声振动环境的主要因素。对于运载火箭，气动噪声研究的主要内容涉及产生机制、理论和数值预测、试验研究、主动与被动控制技术、噪声抑制机制和降噪原理等。

在气动声学的研究中，最经典的莫过于 Lighthill 理论。表明流体介质中变化的应力可以成为噪声的激发源；当声场的存在不对流体运动产生可察觉的影响时，激发的噪声可用与古典声学理论相似的方法确定。由于完整的描述运动流体噪声激发过程的基本方程不仅都是非线性的，而且其形式也复杂到使人们难以完全理解其物理意义，因而也就难以用常规的方法求解方程。

Lighthill 理论已被许多学者所采用。该理论将整个声场分为近场和远场两个部分，近场是声源区域，远场为声音的传播区域。Lighthill 理论认为除了偶极子和单极子外，远场的气动声场还可由近场的四极子声源产生。在给出近场的声源分布后，Lighthill 理论可以对远场进行预测，但该理论没有给出如何确定近场声源分布的方法。

为了进一步解决噪声问题，20 世纪 80 年代后期出现了新的分支——计算气动声学（Computational Aeroacoustics，CAA），CAA 是近十几年来迅速发展起来的以气动声学和计算流体力学为基础的新兴学科，其首要任务就是设计适合气动声学问题的先进数值方法，并用于流动噪声产生、传播过程的数值模拟，获得气动噪声的产生机理与传播特性。与传统的计算流体动力学（CFD）不同，CAA 所涉及的声学问题是非定常、小量级、具有大空间尺度分布的，而且计算区域远大于流场计算域。因此，采用数值方法直接模拟气动噪声面临以下几个问题：

1）首先，流场内存在三种物理波：声波、涡波以及熵波。声波以音速向全场各方向辐射，而熵波和涡波具有较强的方向性，以与平均流相同的速度向下游传播，但三者均以无耗散、无色散的方式传播。为了准确模拟上述物理波的特性，仅仅使用相容且稳定的高精度格式并不能满足要求，数值格式还必须低耗散、无色散、各向同性。

2）其次，声场脉动量级与平均场物理参数的量级相差十分悬殊，有时甚至比湍流脉动的还要小 3～4 个量级。为此，许多研究者在获得平均场的解的基础上再求解线性化欧拉方程以获得声场的数值解。然而，对于某些流场致声问题，声源产生的一个重要机制就是非线性，比如未充分膨胀的超声气流离开拉瓦尔喷管后将出现复杂的波系结构和啸叫噪声。对于这类问题，必须直接求解非线性的欧拉方程或者 N-S 方程才能获得正确的声场。这对计算机的计算能力，空间与时间离散格式的数值精度均提出了严格的要求，否则，计算误差噪声完全可能掩盖物理噪声。

3）声场的另一个特点就是空间尺度、时间尺度都有较宽的分布范围。众所周知，流动本身就包括大尺度涡以及各种小尺度黏性涡，涡的尺度基本小于流场特征长度，因此流场数值模拟所需要的计算域不大。而声波波长 K 一般大于流场特征长度，相比之下声场的计算域要大得多。例如，为计算射流直径为 D 的超声射流噪声，计算域在每个方向上的范围至少为 $(25 \sim 45)D$。庞大的计算域对数值格式的耗散、色散以及计算机资源提出了很高的要求。

为了解决上述问题，人们首先基于 CFD 技术发展各种高精度格式来用于声的模拟，如传统的高阶空间中心差分，四阶 MacCormack 格式和 ENO 格式；后来又发展了更适于描述波状解的高精度格式，如谱方法、Lele 紧致格式、Tam & Webb 色散关系保持（Dispersion Relation Preserving，DRP）格式。CAA 作为一门研究气动噪声的技术，正受到越来越广泛的关注，计算机的快速发展为 CAA 提供了强有力的工具，而 CFD 的新方法也为发展新的 CAA 数值方法提供了良好的起点，如格式的构造及边界条件的处理等。

以上只是对一些理论和 CAA 数值算法进行了概述，怎样运用理论和算法解决气动噪声问题才是真正应该关注的内容。大量试验证明，Lighthill 定律与实际符合得很好，在过去半个世纪中对航空航天技术发挥了很大的指导作用。CAA 当下的任务是需要进一步深入到运载火箭等大型复杂结构涡、声及激波相互作用物理过程的预测工作之中。同时，可通过补充适当的试验对 CAA 数值结果进行分析与修正，以达到预示复杂气动噪声的目的。

2.3.1.3　舱内噪声环境

目前，解决结构中高频振动噪声问题的两个有代表性的方法是：统计能量分析（SEA）法和混合（FE－SEA）法。

20 世纪 60 年代初期，声振环境预示的分析研究主要从三方面进行：一是相似结构外推法，在美国有比例法和频率响应法等十余种；二是传统的模态方法和有限元方法；三是 SEA 法。相似结构外推法可应用于整个频域的声振环境预示，其优点是能快速提供预示数据，其主要缺点是相似参数和质量载荷影响等都很粗略，误差较大；传统的有限元方法在解决复杂结构低频振动响应问题时是非常有效的，但在解决诸如航天器中、高频响应及声振耦合等问题时精度很差；SEA 法特别适用于解决航天器中、高频响应及声振耦合问题，精度相对较高。

“统计能量分析”的概念是在 1962 年由 Lyon 提出的，其应用统计模态的概念，把振动能量作为描述振动的基本参数，使用功率流平衡方程描述耦合子系统之间的相互作用关系。此后相继出版了 Lyon 撰写的《Statistical Energy Analysis of Dynamical Systems: Theory and Applications》（1975 年）、美国 NASA 的戈达德航天飞行中心与洛克希德公司等几家单位合作撰写的《声振有效载荷环境预示系统（VEPEPS）》、ESA 撰写的《通用 SEA 预示程序（GENSTEP）》，以及我国姚德源撰写的《振动系统的统计能量分析方法》和王其政撰写的《结构耦合动力学的统计能量分析与应用》等。历经 30 年的发展，SEA 逐渐为公众所熟知。

经典 SEA 法存在许多的不足，它是在不相关激励、保守弱耦合和自然频率服从泊松分布等假设下建立的。即使满足了以上假设条件，成功应用 SEA 法的条件还需要满足模态重叠因子大于 1 和分析频段模态数大于 5 的条件。这些基本假设限制了它的应用，研究如何放宽经典 SEA 法的基本假设是目前研究的热点。

SEA 法在理论上的发展主要包括以下三个方面：瞬态响应、非保守耦合以及强耦合研究。这三个方面都与经典统计能量分析法所做的假设有关，因为许多工程实际问题并不能完全满足这些假设条件，导致预示精度偏低。

瞬态响应：经典 SEA 法主要局限在稳态随机激励下的稳态振动分析；但当激励是冲击或瞬态的情况下，经典方法建立的稳态随机激励下的方程就不再成立，方程中应当包含时变参数。Iadevaia M. 研究了瞬态脉冲下的统计能量分析法，聂旭涛、熊飞峤基于冲击响应谱的瞬态统计能量分析法预示导弹设备舱内的高频冲击环境。

非保守耦合：在经典 SEA 法中，基本假设是认为系统的耦合元是无阻尼的，即保守系统；可是在许多实际结构中，结构相互连接的耦合阻尼的影响必须考虑，这样原来建立的功率流方程就需要额外增加两项。在保守耦合损耗因子已知的情况下，通过非保守总体耦合损耗因子和有效损耗因子的测量，可确定等效损耗因子和等效耦合损耗因子或比例参数，通过非保守统计能量分析法和保守统计能量分析法的对比，研究耦合系数对系统能量比的影响。

强耦合：在经典 SEA 法中，另一个基本假设就是弱耦合系统假设；但在实际中，很多情况并不符合这一假设，这一问题较早得到统计能量分析法研究人员的注意。Heron 通过研究认为统计能量分析对于弱耦合系统和强耦合系统得出的结果都是一样的，这样就可以把统计能量理论应用于强耦合系统的分析。

此外，经典 SEA 法的外激励假设为平稳随机白噪声，但是实际结构的激励可能是瞬态激励或相关激励。相关输入时保守或非保守耦合系统的统计能量分析结果表明，输入形式对耦合系统的能量分布和功率流的总体特征有着显著的影响。

SEA 法目前已经成功应用于运载火箭、导弹、卫星、轮船等领域。SEA 法与有限元法的对比结果表明：有限元法适用于低频范围，此范围内与试验测量值间的相对误差小，SEA 法适用于中高频域。试验验证表明：在 300 Hz 以上频段，仿真与试验结果吻合较好，误差均控制在 3 dB 以内，满足工程需求。

SEA 法是建立在“室内声学”和“统计力学”基础上的一门学科。他从“室内声学”中引入“模态密度”的概念，从“统计力学”中引入了“能量均分”的概念。“室内声学”研究具有相当多自由度的系统激励和其间的相互作用，因此对单个模态进行分析是不现实的，必须分析模态群；“统计力学”研究多自由度系统的随机运动，其中一个很特殊的运动称为“最大无规”运动。在这种运动中，不管模态间的频率间隔大或小，各阶模态都趋向于具有相等的振动能量和互不相干的运动。这种相等模态能量的状态称为“能量均分”。在统计能量分析中，认为某一频带内的模态能量均分，但并不是对频带以外的所有模态均分。

SEA 法中“统计”的意义是允许有较粗略的系统模型参数，即所研究的系统对象是从随机参数描述的总体中抽取出来的。这样便可以快速地进行复杂系统的声振环境预示，这也是统计能量分析方法能得到较快发展的一个重要原因。统计能量分析把复杂结构动力学系统的模态参数（频率、振型、阻尼等）处理成随机变量，因此要考虑预示结果的平均值和标准差。统计能量分析虽不能预示子系统某局部位置的精确响应，但能从统计意义上较精确地预示整个子系统的响应级，这是统计能量分析的局限性及其固有的一个特点。

SEA 法中“能量”的意义是用能量描述各种子系统的状态。使用功率流（单位时间的能量）平衡方程描述子系统间的耦合关系，将能量作为独立的动力学变量，这样可以统一处理固体结构和流体声场间的耦合动力学问题，从而加强了传统机械振动与声学间的联系。因此在统计能量分析中先要进行子系统的能量预示，然后再将其转化成计算所需的振动级、声压级、应力和压力等动力学参数。

SEA法中“分析”的意义在于分析模型参数，如模态密度(Modal Density，MD)、内损耗因子（Damping Loss Factor，DLF)、耦合损耗因子（Coupling Loss Factor，CLF）及输入功率(Input Powers）等。这些都是该动力学系统的几何与材料特性的函数，统计能量分析是解决复杂结构噪声响应问题的一种分析方法。

概括起来说，统计能量分析将整个结构按照一定原则划分成不同的子系统，以子系统能量为基本变量，研究耦合子系统间的相互作用关系。通过计算各子系统振动响应能量，从统计意义上表征出描述各子系统整体响应大小的物理量，如速度、加速度等。能量的时间变化率就是功率，因此也常用功率代替能量作为基本变量。

应用经典统计能量法进行声振环境预示时，必须满足的基本假设与前提条件如下：

1）保守耦合假设：相互耦合子系统间的连接元件是无阻尼、不消耗能量的，亦不产生能量，这样能量都在子系统内部被消耗或在子系统间传递。

2）弱耦合假设：两耦合子系统间耦合损耗因子在数值上远小于每个子系统内损耗因子的情况。

3）稳态不相关激励假设：输入激励为稳态随机激励，且互不相关。

4）各子系统每个分析频带内模态密度大于5，模态重叠因子大于1。

应用SEA法解决工程声振问题时应做的工作和步骤如图2-24所示。

统计能量分析建模问题换句话说就是复杂耦合系统的离散问题。统计能量分析之所以适用于分析高频、高模态密度的复杂结构（含声子系统和结构子系统）的动力学问题，就是因为它能将复杂结构划分为不同的模态群，并从统计意义上把大系统分解成若干个便于分析的独立子系统，而不是逐个地精确确定每个模态的响应。所以

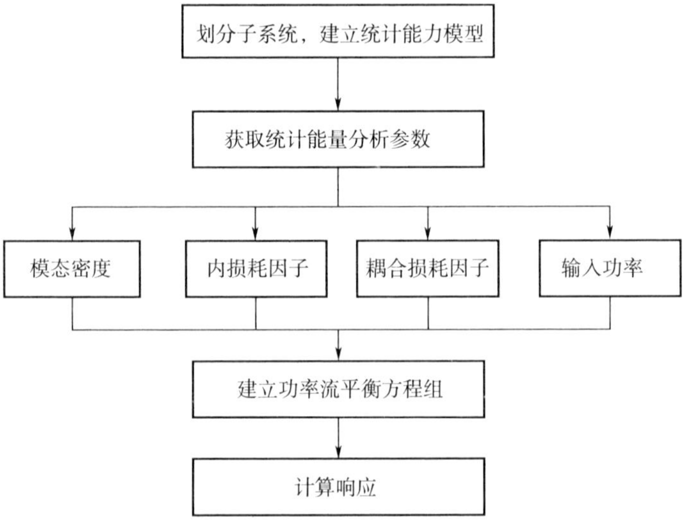

图 2-24　SEA 法的一般步骤

运用统计能量分析方法的第一步就是定义出模态群构成的子系统。

判定子系统的依据是模态相似性，模态（振型）相似就是要求模态有相同的动力学特性（即相同的阻尼、相同的模态能量和相同的耦合损耗因子等），因为只有由一些相似共振模态组成的一群共振运动的子系统才能储存振动能量。通常将复杂结构系统中具有相同的自然几何边界条件与动力学边界条件，具有相同的材料介质特征且符合上述原则的结构或系统划分为统计能量分析中的一个子系统。同时还要根据实际情况、任务阶段及经验来建立统计能量分析模型。

划分子系统的具体原则和步骤为：识别出外界的激励源；划分出待求解动力响应的独立子系统；根据模态相似原则划分出其余子系统，可以把一些模态能量相同及模态阻尼相等的模态划分为一个模态群；确定出各模态群之间的耦合性质以及功率流的传递路线。

对子系统划分需要具备一定的经验。在了解系统能量主要传递路线的基础上，尽量保证主要传递路线上子系统划分的合理性，即满足 SEA 法的基本假设与前提条件。对于影响不大的结构子系统，并不做严格要求。另外，子系统的数量应适中，不宜过多或过少。合理划分子系统能够降低问题的复杂度、减少计算量，还能够提高预示精度。

统计能量分析法的功率流平衡方程组直接涉及的四个参数有模态密度、内损耗因子、耦合损耗因子和输入功率，参数的准确性对预示结果精度影响重大。如何确定这四个参数，是统计能量分析法应用的重点和难点。

(1) 模态密度

模态密度 $n(f)$ 在统计能量分析中的作用类似于热力学中的热容量，定义为单位频率（Hz）中的模态数目，是描述振动系统储存能量能力的物理量。对于比较简单的子系统，如杆、梁、平板、薄壁筒体和声容积等可以通过理论分析得到其模态密度的表达式。理论确定模态密度的方法是：首先从系统振动方程得到频率方程，然后找到用频率表示的共振频率的数学表达式，再将数学表达式对频率求微分得到模态密度的计算公式。

$$\begin{cases} n(f)=\dfrac{N(f)}{\Delta f} \\ n(\omega)=\dfrac{N(\omega)}{\Delta\omega} \end{cases} \tag{2-57}$$

由上式可得

$$n(f)=2\pi n(\omega) \tag{2-58}$$

文献［59、60］给出了纵向振动的均匀杆、弯曲振动均匀梁以及弯曲振动平板的模态密度估算公式，该公式如下所示：

纵向振动均匀杆的模态密度为

$$n(f)=\frac{2L}{c_{\mathrm{L}}} \tag{2-59}$$

其中

$$c_{\mathrm{L}}=\left(\frac{E}{\rho}\right)^{\frac{1}{2}}$$

式中　E ——弹性模量；

ρ ——密度；

L ——杆长。

弯曲振动均匀梁的模态密度为

$$n(f)=\frac{L}{(2\pi f)^{1/2}}\left(\frac{\rho A}{EI}\right)^{1/4} \tag{2-60}$$

式中　A ——梁的截面面积；

EI ——梁的弯曲刚度；

I ——截面惯性矩。

弯曲振动平板的模态密度为

$$n(f)=\frac{S\sqrt{12}}{2c_{\mathrm{L}}t} \tag{2-61}$$

其中

$$c_{\mathrm{L}}=\left[\frac{E}{\rho(1-\nu^2)}\right]^{\frac{1}{2}}$$

式中　S ——平板的表面积；

t ——厚度；

ν ——泊松比。

薄壁筒壳的模态密度估算有些困难，因为它不仅依赖于频率，而且其频率依从性不是线性函数。通常，用环频率区分低频筒壳动态特性和高频平板动态特性

$$f_{\mathrm{r}}=\frac{c_{\mathrm{L}}}{2\pi r}=\frac{1}{2\pi r}\left[\frac{E}{\rho(1-\nu^2)}\right]^{1/2} \tag{2-62}$$

式中　r ——筒壳的半径。

在环频率以下，薄膜应力影响筒壳模态密度及其他振动特性，而在临界频率以上，筒壳的模态密度和动态特性与平板相同。

Clarkson 与 Pope 给出了估算筒壳在低于和高于环频率时的平均模态密度，如下所示：

当 $f/f_{\mathrm{r}}\leqslant 0.48$ 时

$$n(f)=\frac{5S}{\pi ct}\left(\frac{f}{f_r}\right)^{\frac{1}{2}} \tag{2-63}$$

当 $0.48 < f/f_r \leqslant 0.83$ 时

$$n(f)=\frac{5S}{\pi ct}\left(\frac{f}{f_r}\right)^{\frac{1}{2}} \tag{2-64}$$

当 $f/f_r > 0.83$ 时

$$n(f)=\frac{2S}{\pi ct}\left\{2+\frac{0.596}{F-1/F}\left[F\cos\left(\frac{1.745f_r^2}{F^2f^2}\right)-\frac{1}{F}\cos\left(\frac{1.745F^2f_r^2}{f^2}\right)\right]\right\} \tag{2-65}$$

式中　S，t ——筒体的表面积、壁厚；

F ——带宽因子（等于上限频率与下限频率比开方），对于 1/3 倍频程，$F=1.122$，对于倍频程，$F=1.414$。

三维声容积的模态密度估算公式为

$$n(f)=\frac{4\pi f^2V}{c_V^3}+\frac{\pi fA}{2c_V^2}+\frac{P}{8c_V} \tag{2-66}$$

式中　V ——声容积的体积；

A ——表面面积；

P ——总边长。

蜂窝夹层结构目前已广泛应用在航空航天工业技术中，以减轻重量，Clarkson 和 Ranky、Ferguson 和 Clarkson 为许多蜂窝结构元件推导了理论关系式。具有薄面板的蜂窝壁板的弯曲刚度通常忽略不计，则其模态密度为

$$n(f)=\frac{\pi abm}{gB}f\{1+[m\omega^2+2g^2B(1-\nu^2)][m^2\omega^4+4m\omega^2g^2B(1-m^2)]^{-1/2}\} \tag{2-67}$$

式中　a，b ——壁板尺寸；

m ——单位面积总质量；

g ——蜂窝芯刚度参数；

B ——面板纵向刚度参数；

f ——单位为 Hz 的频率；

ω——角频率；

ν——泊松比。

分布质量、加强筋、闭合边、连接件和波纹等均会对模态密度产生一定的影响。当要简化的子系统不是理想的结构元件时，试验技术比理论分析更合理。因此，对于几何结构比较复杂的系统，其模态密度的理论估算变得十分困难，需通过试验方法测定。试验测量结构模态密度的方法主要有模态计数法和导纳法。但如果模态密度较大，无法保证模态重叠的试验测量精度时，可采取理论与试验相结合的处理办法。

（2）内损耗因子

结构内损耗因子主要取决于其阻尼大小，故内损耗因子也称为阻尼损耗因子。形成阻尼的机理有很多，如界面摩擦、流体黏性、声辐射等。组合结构中一个结构子系统 i 的内部损耗因子由三种彼此独立的阻尼机理构成

$$\eta_i = \eta_{is} + \eta_{ir} + \eta_{ib} \tag{2-68}$$

式中　η_{is}——结构子系统本身材料内摩擦构成的结构损耗因子；

η_{ir}——结构子系统振动声辐射阻尼形成的损耗因子；

η_{ib}——结构子系统边界连接阻尼构成的损耗因子。

η_{is} 为子系统结构材料特性（内摩擦、滞后或黏弹性）的函数，可在真空中测得，见表 2-4。由于振动能量与阻尼损耗因子成反比，因此通常希望增大结构损耗因子以降低振动幅值。

表 2-4　一些典型材料的结构损耗因子

材料	结构损耗因子 η_{is}	材料	结构损耗因子 η_{is}
铝	1.0×10^{-4}	镁	10^{-4}
黄铜、青铜	2.0×10^{-3}	松木	$(0.8\sim1)\times10^{-2}$
钢、铁	$(1\sim6)\times10^{-4}$	有机玻璃	$(2\sim4)\times10^{-2}$
铸铁	1.0×10^{-3}	石膏	5.0×10^{-3}
砖、混凝土	1.5×10^{-2}	胶合板	$(0.6\sim2)\times10^{-3}$

续表

材料	结构损耗因子 η_{is}	材料	结构损耗因子 η_{is}
软木	0.13～0.17	玻璃	$(1\sim1.3)\times10^{-2}$
石棉板	$(0.6\sim3)\times10^{-3}$	木纤维板	$(1\sim3)\times10^{-2}$
铅	$(0.5\sim2)\times10^{-3}$	PVC(聚氯乙烯)	0.3

结构元件的声辐射损耗因子 η_{ir} 为

$$\eta_{ir}=\frac{\rho_0 c\sigma}{\omega\rho_s} \tag{2-69}$$

式中 σ ——结构的辐射比；

ρ_s ——结构的面积质量；

ρ_0 ——流体密度；

c ——音速。

关于 η_{ib} 的机理成因，目前有两种理论：一种理论认为两个连接结构边界表面滑动和塑性变形是结构间边界损耗因子 η_{ib} 的成因，并且是非线性的，它随着振级增大而增加；另一种理论假定两个连接结构边界表面间存在黏性流动区，当结构表面振动时，也使间隙里的流体（空气或液体）随振动一进一出，形成黏性损耗。至于计算 η_{ib} 的理论公式还有待进一步的研究，目前大多数采用估计或试验的方法。

在 SEA 模型中子结构系统的内部损耗因子描述为 η_{is} 、η_{ir} 、η_{ib} 的线性和。在具体情况中，有如下的简化估计形式：

1）当子系统结构间为刚性连接时，$\eta_{ib}\ll\eta_{is}$ ，此时 $\eta_i=\eta_{is}+\eta_{ir}$ ；当子结构间为非刚性连接时，η_{ib} 不可忽略。

2）当子系统为具有高辐射比的孤立单个轻质结构时，即 $\eta_{is}\ll\eta_{ir}$ ，此时 $\eta_i\approx\eta_{ir}$ ；当不是轻质结构时，$\eta_i\approx\eta_{is}$。

子声场系统的内损耗因子可以从声场的混响时间 T_R 得到

$$\eta=\frac{2.2}{fT_R}=\frac{13.82}{\omega T_R} \tag{2-70}$$

为了获得较大的阻尼损耗系数，通常在结构表面贴上阻尼层，常用的结构有自由阻尼层和约束阻尼层。

对于自由阻尼层，其结构阻尼可表示为

$$\eta_{is}=\frac{\beta_2 E_2 h_2 b_2 H_{21}^2}{E_1 I_1 \omega^2 M} \tag{2-71}$$

对于约束阻尼层，其结构阻尼可表示为

$$\eta_{is}=\frac{\beta\gamma\left\{2+\gamma+2\left[(1+\gamma)(1+\beta^2)\right]^{1/2}\right\}^{-1}}{\omega^2 M} \tag{2-72}$$

式中　E_1，I_1——基本层结构的弹性模量、截面惯性矩；

β_2，E_2，h_2，b_2——阻尼层结构损耗因子、弹性模量、厚度和宽度；

H_{21}——两者中性轴的距离；

β——阻尼层材料剪切结构损耗因子；

γ——结构系数；

ω——研究频段中心频率；

M——结构质量。

各种常见材料、结构形式的阻尼损耗数据均有相应的数据库可查，但是最常用、最可靠的获得内损耗因子的方法是通过试验来测量。常用的测量内损耗因子的方法主要有模态内损耗因子测量方法、频带内平均内损耗因子测量方法及现场测量方法。

(3) 耦合损耗因子

耦合损耗因子在统计能量分析中有着十分重要的地位，代表着子系统之间耦合作用的强弱。由于工程上结构连接形式的多样性和连接工艺的复杂性，对耦合损耗因子的全面研究是非常困难的。耦合损耗因子通常可通过计算和试验测量获得。由于耦合损耗因子很小，使试验测量非常困难，因此常通过计算获得。

为了便于分析和讨论结构间耦合损耗因子，通常将子系统间的耦合简化成点、线、面三种典型的连接接触形式。

①两结构之间点连接的耦合损耗因子

$$\eta_{12}=\frac{2R_1 R_2}{\pi\omega n_1(\omega)\left|Z_1+Z_2\right|^2} \tag{2-73}$$

式中 Z_1，Z_2 ——结构点输入阻抗；

R_1，R_2 ——结构点输入阻抗实部；

$n_1(\omega)$ ——子系统的模态密度。

②线连接结构之间耦合损耗因子

$$\eta_{12}=\frac{2c_{\mathrm{B}}L\tau_{12}}{\pi\omega S_1} \tag{2-74}$$

式中 c_{B} ——第一块板弯曲波的波速；

L ——直线长度；

ω ——所研究频带的中心频率；

S_1 ——第一个子系统的表面面积；

τ_{12} ——从子系统 1 到子系统 2 直线连接的波传播系数，其可以从波传播分析中的波阻抗得到。

③面连接子系统之间耦合损耗因子

结构与声容积之间的耦合损耗因子为

$$\eta_{\mathrm{sv}}=\frac{\rho_0 c\sigma}{\omega\rho_{\mathrm{s}}} \tag{2-75}$$

式中 下标 s、v——结构与容积；

ρ_0，ρ_{s} ——声容积和结构的密度；

σ ——结构的声辐射系数；

c ——音速。

声容积之间的耦合损耗因子为

$$\eta_{12}=\frac{cS}{4\pi V_1}\tau_{12} \tag{2-76}$$

式中 V_1 ——声容积 1 的体积。

（4）输入功率

输入功率可通过计算和试验测量的方法来确定，通常用某种规定的频率带宽（如倍频程或 1/3 倍频程）进行试验测试或分析计算输入功率。为计算和测试统计能量分析模型中子系统的输入功率，需要知道以下条件：

1）激励源的激励级及其在空间和时间域上的分布。

2）激励源系统的输出阻抗（或其他动力学条件）。

3）接受系统的输入阻抗（或其他动力学条件）。

4）输入功率对统计能量分析模型子系统之间的耦合状态是不敏感的。

由于难以满足上述条件，所以精确计算或试验测量输入功率都是相当困难的。在实际计算时，需将激励简化为理想点源、均匀线源或均匀面源等。

在火箭工程中的激励可以考虑成面源，并用下面的公式进行估算。

声场对板壳元件的输入功率为

$$P_{\text{in}}=\frac{2\pi^2 c_a^2 n_s(\omega)}{\omega^2\rho_s}\sigma_{\text{rad}}\langle\overline{p_a^2}\rangle\langle D(\Omega)\rangle_{\text{inc}} \tag{2-77}$$

式中　c_a ——声场的音速；

$n_s(\omega)$ ——板的模态密度；

ρ_s ——板的密度；

σ_{rad} ——板的辐射率；

$\langle\overline{p_a^2}\rangle$ ——声场的均方压强；

$\langle D(\Omega)\rangle_{\text{inc}}$ ——方向函数，对于混响声场而言，$\langle D(\Omega)\rangle_{\text{inc}}=1$。

由功率流平衡方程组求得的子系统振动能量是子系统在频带 $\Delta\omega$ 内的模态群振动能量，还应把计算出的子系统振动能量转化成常用的加速度、位移、速度、应变、应力、压力、加速度功率谱密度、压力谱密度、声压级、位移级、速度级、加速度级、应力级和能量级等响应量。这样的表示方式比较直观，而且便于与测量数据进行对比。

数据转换时常用的公式如下：

①加速度形式

均方加速度为

$$\langle\overline{a^2}\rangle=\frac{E\omega^2}{M} \tag{2-78}$$

式中　M ——子系统质量。

加速度功率谱密度为

$$S_a(f)=\frac{\langle\overline{a^2}\rangle}{\Delta f} \tag{2-79}$$

式中　Δf ——分析频带带宽。

加速度级为

$$L_a=20\lg\left(\frac{a_{rms}}{a_{ref}}\right) \tag{2-80}$$

式中，加速度参考值取为 $a_{ref}=10\ \mathrm{m/s^2}\approx 1g$。

②速度形式

均方速度为

$$\langle\overline{v^2}\rangle=\frac{E}{M} \tag{2-81}$$

速度功率谱密度为

$$S_v(f)=\frac{\langle\overline{v^2}\rangle}{\Delta f} \tag{2-82}$$

速度级为

$$L_v=20\lg\left(\frac{v_{rms}}{v_{ref}}\right) \tag{2-83}$$

式中，速度参考值取为 $v_{ref}=1\ \mathrm{m/s}$。

③位移形式

均方位移为

$$\langle\overline{d^2}\rangle=\frac{E}{M\omega^2} \tag{2-84}$$

位移功率谱密度为

$$S_d(f)=\frac{\langle\overline{d^2}\rangle}{\Delta f} \tag{2-85}$$

位移级为

$$L_d=20\lg\left(\frac{d_{rms}}{d_{ref}}\right) \tag{2-86}$$

式中，位移参考值取为 $d_{ref}=1\text{m}$。

④应变形式

均方应变为

$$\langle\overline{\zeta^2}\rangle=\frac{K_S\langle\overline{v^2}\rangle}{C_l^2} \tag{2-87}$$

式中　K_S——取决于变形类型和系统几何参数的常数，但是它的变化范围非常小，可认为 $K_S\approx 1$。

应变功率谱密度为

$$S_\zeta(f)=\frac{\langle\overline{\zeta^2}\rangle}{\Delta f} \tag{2-88}$$

应变级为

$$L_\zeta=10\lg\left(\frac{\langle\zeta_{rms}^2\rangle}{\zeta_{ref}^2}\right)=L_V-20\lg C_l+120 \tag{2-89}$$

式中，应变参考值取为 $\zeta_{ref}=10^{-6}$。

⑤应力形式

均方应力为

$$\langle\overline{\sigma^2}\rangle=\frac{D_S^2K_S\langle\overline{v^2}\rangle}{C_l^2} \tag{2-90}$$

式中，$D_S=\rho C_l^2$。

应力功率谱密度为

$$S_\sigma(f)=\frac{\langle\overline{\sigma^2}\rangle}{\Delta f} \tag{2-91}$$

应力级为

$$\begin{aligned}L_\sigma&=10\lg\left(\frac{\langle\sigma_{rms}^2\rangle}{\sigma_{ref}^2}\right)=L_\sigma+20\lg D_s-120\\&=L_V+20\lg D_s-20\lg C_l=L_V+20\lg\rho C_l\end{aligned} \tag{2-92}$$

式中，应力参考值取为 $\sigma_{ref}=106\ \text{N/m}^2$。

⑥能量形式

能量级为

$$L_E=10\lg\left(\frac{E}{E_{ref}}\right)=L_V+10\lg M+120 \tag{2-93}$$

式中，能量参考值取为 $E_{ref}=10^{-12}$ J。

⑦声压级形式

声场均方压强为

$$\langle\overline{p^2}\rangle=\frac{E}{D_a} \tag{2-94}$$

其中

$$D_a=\frac{V_a}{\rho_a c_a^2}$$

式中 V_a ——声场的容积；

ρ_a ——声场的质量密度；

c_a ——声场的音速。

声压级为

$$L(f)=10\lg\left(\frac{\langle\overline{p^2}\rangle}{p_{ref}^2}\right) \tag{2-95}$$

总声压级为

$$SPL=20\lg\left(\frac{p_{rms}}{p_{ref}}\right) \tag{2-96}$$

式中，参考压强一般取为 $p_{ref}=2\times10^{-5}$ Pa。

基于波动理论的混合法的基本思想是：依据结构的特征尺寸与波长的关系，将整体结构划分为若干个子结构。对于刚性较大的子结构，其特征尺寸通常与其结构中的波长相当，称其为“确定性子结构”，并采用 FEM 建模；对于柔性结构，其特征尺寸远大于其结构中的波长，称其为“随机子结构”，采用 SEA 建模。建模完成后，通过确定性子结构与随机子结构间的连接边界上的直接场和混响场之间的互易原理将子结构重新连接，从而得到整体结构的响应。假设整体结构中一个确定性子结构与 m 个随机子结构相连，则结构的动力学方程为

$$D_{tot}q=f+\sum_m f_{rev}^{(m)} \tag{2-97}$$

其中

$$D_{\text{tot}} = D_{\text{d}} + \sum_{m} D_{\text{dir}}^{(m)} \tag{2-98}$$

式中　D_{tot} ——结构的总刚度阵；

q ——确定性子结构的自由度；

$D_{\text{dir}}^{(m)}$ ——第 m 个 SEA 子系统的直接场动刚度阵；

D_{d} ——确定子结构动刚度阵；

f ——作用在确定性子结构上的外力；

$f_{\text{rev}}^{(m)}$ ——第 m 个 SEA 子系统在混响场中的受挡力。

由于随机子系统不确定信息的存在，类比统计能量分析中求集合平均的概念，将方程式（2－97）写成功率谱形式并求集合平均得

$$\langle S_{\text{qq}} \rangle = D_{\text{tot}}^{-1} \langle S_{\text{ff}} \rangle D_{\text{tot}}^{-H} \tag{2-99}$$

$$\langle S_{\text{ff}} \rangle = S_{\text{ff}}^{\text{ext}} + \sum_{m} (f \langle f_{\text{rev}}^{(m),H} \rangle + \langle \langle f_{\text{rev}}^{(m)} \rangle f^{H} \rangle) + \sum_{m,n} \langle f_{\text{rev}}^{(m)} f_{\text{rev}}^{(n),H} \rangle \tag{2-100}$$

式中　$\langle S_{\text{qq}} \rangle$ ——响应功率谱；

$\langle S_{\text{ff}} \rangle$ ——激励功率谱；

$S_{\text{ff}}^{\text{ext}}$ ——外激励的功率谱；

$S_{\text{ff}}^{(m),\text{rev}}$ ——第 m 个 SEA 子系统附加激励的功率谱。

根据直接场与混响场的互易关系，随机子系统在混响场中的受挡力 $f_{\text{rev}}^{(m)}$ 趋近于下面的极限值

$$\langle f_{\text{rev}}^{(m)} \rangle = 0, \quad \langle f_{\text{rev}}^{(m)} f_{\text{rev}}^{(m),H} \rangle = \left(\frac{4E_m}{\omega \pi n_m} \right) \text{Im}\{ D_{\text{dir}}^{(m)} \} \tag{2-101}$$

式中　E_m，n_m ——第 m 个 SEA 子系统所对应的能量和模态密度。

所以，确定子结构的响应为

$$\langle S_{\text{qq}} \rangle = D_{\text{tot}}^{-1} \langle S_{\text{ff}}^{\text{ext}} + \sum_{k} \left(\frac{4E_k}{\omega \pi n_k} \right) \text{Im}\{ D_{\text{dir}}^{(k)} \} \rangle D_{\text{tot}}^{-H} \tag{2-102}$$

于是，第 j 个 SEA 子系统的功率平衡方程可写为

$$P_{\text{in,dir}}^{j} = P_{\text{out,rev}}^{j} + P_{\text{diss},j} \tag{2-103}$$

式中　$P_{\text{in,dir}}^{j}$ ——输入到混响场的功率；

$P_{\text{out,rev}}^{j}$ ——混响场输出的功率；

$P_{\text{diss},j}$ ——第 j 个子系统消耗的功率。

第 j 个 SEA 子系统的直接场的时间和整体平均输入功率为

$$P_{\text{in,dir}}^{j}=(\omega/2)\sum_{rs}\mathrm{Im}\{D_{\text{dir},rs}^{(j)}\}S_{\text{qq},rs} \tag{2-104}$$

将式（2-102）代入式（2-104）可以得到

$$P_{\text{in,dir}}^{j}=P_{\text{in},0}^{j}+\sum_{k}\omega h_{kj}E_{k} \tag{2-105}$$

其中

$$P_{\text{in},0}^{j}=(\omega/2)\sum_{rs}\mathrm{Im}\{D_{\text{dir},rs}^{(j)}\}\ (D_{\text{tot}}^{-1}S_{\text{ff}}^{\text{ext}}D_{\text{tot}}^{-H})_{rs} \tag{2-106}$$

$$h_{kj}=[2/(\omega\pi n_{k})]\sum_{rs}\mathrm{Im}\{D_{\text{dir},rs}^{(j)}\}\ (D_{\text{tot}}^{-1}\mathrm{Im}\{D_{\text{dir}}^{(k)}\}D_{\text{tot}}^{-H})_{rs} \tag{2-107}$$

式中，h_{kj} 为 SEA 子系统 k 与 j 间的耦合损耗因子，用于计算 SEA 子系统间的耦合关系，刚度阵是对称的。这正符合前述统计能量分析的互易原理。第 j 个 SEA 子系统中混响场的输出功率为

$$P_{\text{out,rev}}^{j}=(\omega/2)\sum_{rs}\mathrm{Im}\{D_{\text{tot},rs}\}\langle S_{\text{qq},rs}^{(j),\text{rev}}\rangle=\omega h_{\text{tot},j}E_{j} \tag{2-108}$$

式中，$h_{\text{tot},j}$ 表示第 j 个子系统在混响场中的能量损耗，且有

$$h_{\text{tot},j}=(\frac{2}{\pi\omega n_{j}})\sum_{rs}\mathrm{Im}\{D_{\text{tot},rs}\}\ (D_{\text{tot}}^{-1}\mathrm{Im}\{D_{\text{dir}}^{(j)}\}D_{\text{tot}}^{-H})_{rs} \tag{2-109}$$

另外，$P_{\text{diss},j}$ 的表达式为

$$P_{\text{diss},j}=\omega\eta_{j}E_{j} \tag{2-110}$$

式中 η_{j} ——第 j 个子系统的内损耗因子。

由式（2-105）、式（2-108）、式（2-110）可以推导出第 j 个子系统的功率平衡方程

$$\omega(\eta_{j}+h_{\text{tot},j})E_{j}-\sum_{k}\omega h_{kj}E_{k}=P_{\text{in},0}^{j} \tag{2-111}$$

方程式（2-102）和式（2-111）即为混合法的两个主要方程。方程式（2-102）相对于一般的有限元方程，仅是增加了第二项，即与统计能量子系统连接处的混响场产生的受挡力的作用；方程式

（2－111）和统计能量分析的功率流平衡方程形式也相同，只增加了由于有限元结构而产生的附加内损耗因子。

2.3.2　降噪设计

在工程实际应用中，噪声控制主要有三种途径：对声源的控制；在噪声传播途径上降低噪声；在接收点采取保护措施。运载火箭噪声控制方法通常也是围绕这三种途径而开展的。

2.3.2.1　气动外形降噪设计

火箭气动外形对噪声环境的影响主要体现在两个方面：一方面是整流罩及助推头锥等几何外形对外噪声场的影响；另一方面是箭体表面凸起物对气动噪声的影响。通过气动外形设计的降噪途径实际是一种噪声源控制方法。动力段飞行中的气动噪声主要是由湍流边界层、分离流、激波振荡等产生的压力脉动造成的。气动噪声主要出现在 $Ma=1$ 附近和最大动压时刻。其总声压级与飞行姿态、马赫数、动压值、头部外形、火箭表面状况等因素有关。通过对头部气动外形及飞行器表面状况的控制，气动噪声一般可以下降 15～25 dB。

当已知脉动压力时，可用下式估算气动噪声的总声压级

$$SPL=20\lg\left(\frac{\Delta p}{p_0}\right)$$

式中　p_0 ——参考声压，取 2×10^{-5} Pa；

Δp ——均方根脉动压强，取 $\Delta C_{P_{\mathrm{rms}}}q$ ；

$\Delta C_{P_{\mathrm{rms}}}$ ——均方根脉动压力系数；

q ——动压头。

噪声源是决定整流罩内噪声环境的主导因素。如果能够降低声源声压级，罩内声压级必随之降低。在起飞段，发动机喷流噪声起主导作用，要研究发动机流场与声场的相互作用，降低喷流噪声向整流罩的传递；在飞行期间，气动噪声起主导作用，期间整流罩气动压力的典型分布如图 2－25 所示，端头帽是压力作用最严重的部

位。要获得理想的罩内噪声环境，除了被动的防护措施外，优化整流罩的气动外形也是必要的。

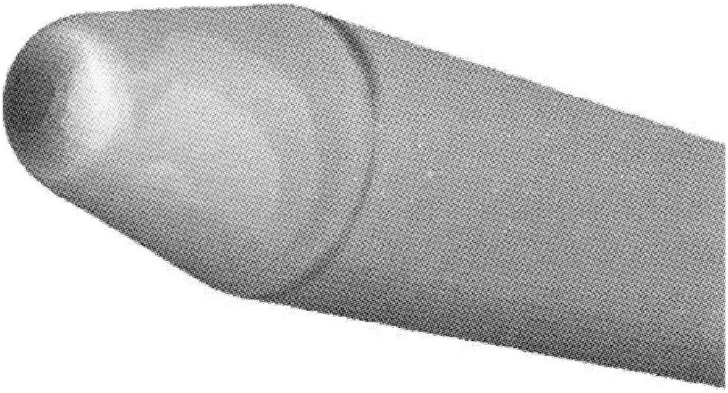

图 2-25　整流罩气动压力分布（见彩插）

对于一般外形的火箭，其头部半锥角小于 10°时，$\Delta C_{P_{rms}}$ 可取 0.006。气流绕几何形状剧烈变化的外形会产生激波振荡，$\Delta C_{P_{rms}}$ 可以增加到 0.1 以上。表 2-5 列出了不同外形锥柱肩部的 $\Delta C_{P_{rms}}$ 值的风洞试验结果。

表 2-5　不同外形锥柱肩部 $\Delta C_{P_{rms}}$ 值

外形	攻角/(°)	$\Delta C_{P_{rms}}$	
		迎风面	背风面
15°锥-柱	4	—	0.057 0
20°锥-柱	4	—	0.137 0
30°锥-柱	4	0.142 0	—
15°锥-柱[①]	4	—	0.070 0
20°锥-柱	4	—	0.170 0
22°尖锥-柱	4	0.065 6	0.125 0
17°尖锥-柱	4	0.064 0	0.090 0
22°尖锥柱加凸块	4	0.113 5	0.198 0
22°钝头锥-柱	4	0.084 5	0.107 0
17°钝头锥-柱	4	0.038 0	0.065 0

整流罩和外界连通的开口和缝隙的密封性也是影响内噪声环境的另一个重要因素，称为声漏问题。该问题解决方案是否合适将直接影响降噪效果。在整流罩结构设计中，降噪和开口是互相矛盾的。整流罩的分离是在真空环境中，如果罩内的空气没有完全排出，内外压差会影响整流罩的正常分离，所以在整流罩上须开有调整压差的透气孔。

在整流罩实际设计中，声漏问题是整流罩降噪设计中的关键点。为了兼顾降噪和透气的需求，透气孔可设计成一种弯管或者螺旋管方案，如图 2－26 所示。图示结构可使声波有所阻隔和吸收，同时能实现透气。在低频段，隔片相当于阻尼片，管道内部粘贴吸声材料，能降低传入罩内的噪声。

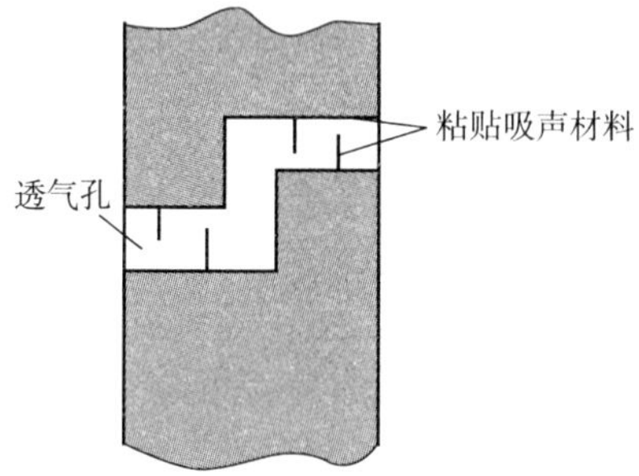

图 2－26　透气孔的防噪措施简图

箭体表面凸起物对绕流流场的干扰是导致气动噪声的另一个主要因素。如图 2－27 所示的运载火箭飞行时的 7 种典型气体流动形态均可产生气动噪声。第一种流动形态为箭体外表面流动，表面粗糙度会产生流动摩擦噪声；第二种流动形态为箭体鼓包附近的流动，前台阶气体分离会产生噪声；第三种流动形态为箭体楔角附近的流动，前楔角气体分离会产生噪声；第四种流动形态也为箭体鼓包附近的流动，后台阶气体分离会产生噪声；第五种流动形态为入射激波流动，激波诱发附面层分离会产生噪声；第六种流动形态为跨音速抖振流动，抖振激波诱发附面层分离会产生噪声；第七种流动形态为助推器干扰流动，助推器与芯级之间的气流相互作用也会产生噪声。

上述这些噪声源均会产生强度不同的气动噪声。大量的飞行试验遥测结果表明，运载火箭气动噪声幅值一般在 130～170 dB 的范围内，频率覆盖了低、中、高频。如果不能正确预示气动噪声的大小和形式并对其加以抑制，一方面会使箭体表面出现较大局部载荷，诱导金属蒙皮产生抖振响应，破坏箭体结构；另一方面倘若产生严重的噪声环境，势必会严重损坏箭上仪器设备，使其无法正常工作，造成飞行失败。对于载人火箭，甚至可能危及航天员的健康，造成无法挽回的损失。所以，正确理解气动噪声产生的机理及其辐射特性、预测噪声环境并最终控制运载火箭气动噪声具有十分重要的意义。

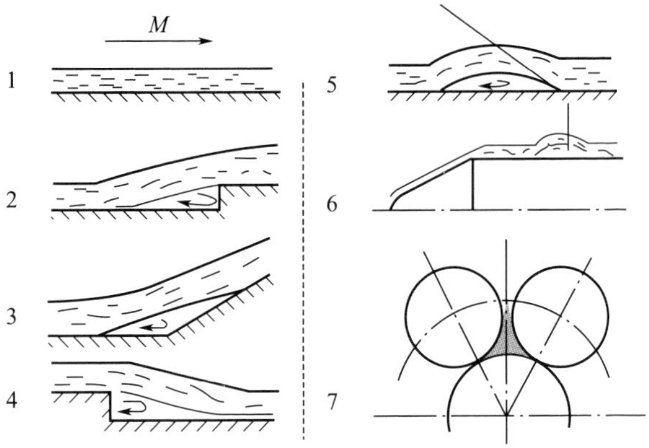

图 2-27 发生气动噪声的基本流动形态

2.3.2.2 吸声设计

目前，航空航天中许多研究都试图采用新型吸声材料、吸声结构以及多种阻性和抗性的消声器等手段以达到降噪的目的，这一类降噪设计方法也可统称为被动控制或无源控制。

有效载荷整流罩周围恶劣的声环境有可能使有效载荷、设备和整体结构产生破坏，特别是太阳电池板、天线在这样恶劣的环境下可产生疲劳破坏。为了防止噪声损坏有效载荷，整流罩的某些部位必须采取降噪措施。国外运载火箭有效载荷整流罩的噪声防护措施大都采用被动控制技术，避免了有效载荷敏感元件在运载火箭起飞期间遭受破坏。根据对国内外整流罩降噪技术的跟踪研究和分析，通常采用的降噪措施有复合隔声毯、分布式振动吸收器、嵌入声散射多孔材料等。

许多吸声性能比较好的材料，其吸声系数比铝板或蜂窝夹层结构大许多。其中，劈尖构型（图 2－28）与波纹构型（图 2－29）对声波的吸收效果较好，劈尖长度或波纹形状的设计与所要求的截止频率有关。一般截止频率越低，劈尖长度就越大，需满足 1/4 波长理论。由于原理比较复杂，这里不加以详细讨论。本书意在介绍在整流罩内壁贴加吸声材料的降噪效果，具体采取哪种材料与采取何种构型，可待真正应用时具体研究。几种材料的吸声系数列于表 2－6 中，可作为降噪材料使用。

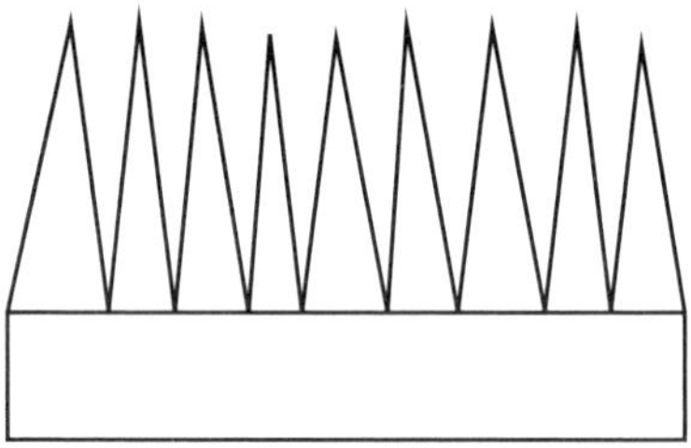

图 2－28　劈尖构型

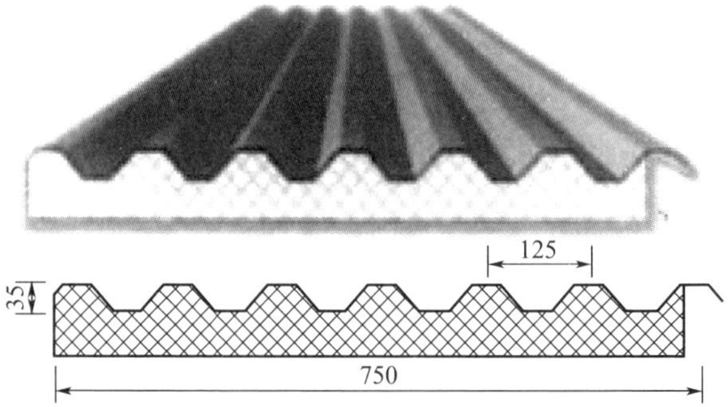

图 2－29　波纹构型

表 2-6　吸声系数表

材料/结构	厚度/cm	密度/(kg/m³)	各频段的吸声系数					
			125 Hz	250 Hz	500 Hz	1 000 Hz	2 000 Hz	4 000 Hz
腈纶棉	5.0	20	0.14	0.37	0.68	0.75	0.78	0.82
木丝板	5.0		0.15	0.23	0.64	0.78	0.87	0.92
矿棉吸声板	1.7	150	0.09	0.18	0.5	0.71	0.76	0.81
脲醛泡沫塑料	5	14	0.11	0.30	0.52	0.86	0.91	0.96
脲醛泡沫塑料	10	12	0.47	0.70	0.87	0.86	0.96	0.97
草垫	3		0.3	0.41	0.63	0.72	0.90	0.97
脲醛米波罗	3	20	0.10	0.17	0.45	0.67	0.65	0.85
邦达半穿孔面板	5		0.19	0.72	1.01	1.01	1.10	1.29

在工程应用实例方面，德尔它Ⅳ运载火箭整流罩采取了附加降噪毯包层的降噪防护措施。降噪毯包层应用在整流罩上不同的具体部位，规格也不同。在内径较小（3.75 m）整流罩的鼻锥帽和直筒段采用了厚度为 76.2 mm 的降噪毯包层；在内径较大（4.572 m）整流罩的鼻锥帽和直筒段则采用了厚度为 114.3 mm 的降噪毯包层。

大力神Ⅳ运载火箭在点火、起飞和主动飞行阶段要承受恶劣的噪声环境（大约 150 dB）。因此，大力神Ⅳ运载火箭整流罩在内壁采用了由隔声层和吸声层组成的复合防声毯的噪声防护措施。大力神Ⅳ运载火箭在其整流罩噪声防护研究阶段分别对具有不同结构设计的复合防声毯（厚度分别为 76.2 mm、127 mm、152.4 mm）及不加复合防声毯的降噪效果进行了试验。试验结果表明在复合防声毯结构设计合理的情况下，127 mm 厚的复合防声毯与 152.4 mm 厚的降噪效果基本相同，与不采取降噪措施相比降噪能力可增加 9 dB。

阿里安-5 运载火箭整流罩的噪声防护措施包括两个方面：

1）采用氦气隔离有效载荷部件。用氦气隔离方式可改变封闭在有效载荷密封舱结构空腔内的气体特性。因为氦气密度比空气小，而且氦气中的音速为空气中音速的3倍，由此而产生了声阻抗差异，这就有效阻隔了整流罩外部噪声向充了氦气的整流罩内部的传递，并且会在宽频带内大大改善降噪能力。

2）整流罩内壁采取吸声设计，包括粘贴各种泡沫材料和排列使用专用吸声器两项措施。由于专用吸声器（SAA）增加了有效载荷密封舱结构表面内部的吸声能力，增加了内部声能被结构吸收的量级，因而可减少内部声压级。专用吸声器对低频范围的噪声防护有效，通过结合泡沫防护材料可以取得全频段的降噪效果。

2.3.2.3　主动降噪设计

主动降噪控制（又称有源控制）是另一种常用的工程降噪方法，其对低频段降噪比较容易实现。主要是根据两个声波相消性干涉的原理，通过次级声源产生与初级（原）声源的声波幅值相等、相位相反的声波辐射，使两者相互抵消而达到降噪效果。有源噪声控制发展很快，在某些领域很适用，而且效果也很显著，最高可以降噪27 dB。但在航天领域，由于实际飞行器噪声是宽带的和三维的，若要达到一定的降噪效果，需要解决以下几方面困难：

1）需要上百个传声器、几十个加速度计、几十个次级声源，主动控制系统十分庞大，降噪系统的质量可观。

2）因降噪区域的一些不确定性非可控参数（如温度、介质流速等），使此声反馈系统设计的难度增大。

3）主动控制系统的复杂电路还将引入信号幅值相位失真，限制了降噪量的提高。

4）要在消除噪声干扰的同时，尽量不影响语音信号的传播等。

为了解决上述问题，目前已出现了自适应和智能控制动力学环境技术。自适应控制有间接法和直接法两种，在结构控制中各有优缺点。间接法的优点是可以应用于非最小相位系统，这种系统对应于结构控制中传感器与执行器不同位的情况，但为保证估计参数的收敛性，需要有持续的激励；直接法的优点是不要求持续激励，但其缺点是只适用于最小相位系统，因此直接自适应通常只适用于传感器与执行器同位的情况。智能控制将神经元网络用于结构控制，使用 BP 算法及随机优化搜索算法训练神经元网络，可逼近多自由度结构的逆动态，从而控制结构响应。

基于被动声振衰减装置适应环境能力差的缺点，美国空军研究实验室和波音-SVS 公司研发了安装在整流罩头锥处的自适应声振衰减装置（Adaptive Vibro - Acoustic Attenuation Device，AVAD），可根据发射环境自适应调谐结构共振和声学共振来减小整流罩内的低频噪声，如图 2 - 30 所示。在 VALPE - 2 探空火箭飞行试验中采用的 AVAD 装置实际上是一个主动吸声器，使整流罩内 20～300 Hz 噪声声级的均方根减小了 8.8 dB，第一声学共振频率处噪声幅值减小约一个数量级。

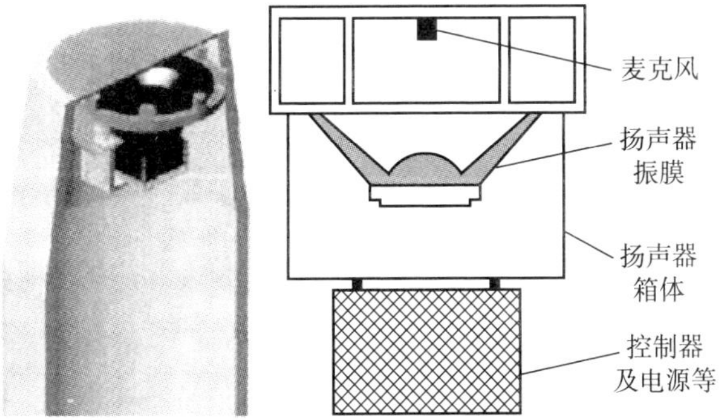

图 2 - 30　安装在空腔夹芯复合整流罩头锥的 AVAD 模型

美国空军研究实验室的 Steven A. 和弗吉尼亚理工大学的 Marty Johnson 在 2.4 m 的德尔它整流罩模型中设计了能够在高声压级下工作的新型结构作动器——分布式主动吸振器（Distributed Active Vibration Absorber，DAVA），其具有小型、轻质、功耗小、宽带、高输出力等优点。DAVA 是由两个单自由度弹簧质量系统相互耦合的多谐振装置，如图2 - 31 所示。蜂窝板和三聚氰胺泡沫构成一个弹簧质量系统，稀土永磁铁、支架板、电线圈和外套构成主动作动单元，可上下运动的稀土永磁铁和支架板构成另外一个弹簧质量系统。研究表明，在 70～200 Hz 频段内 DAVA 可使整流罩（图 2－32）的内噪声减小 5 dB，在共振频率处衰减可达 10 dB。

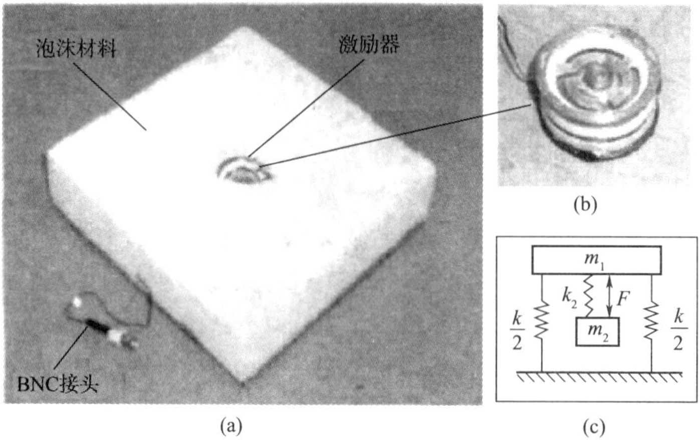

图 2－31　DAVA 原理和实物照

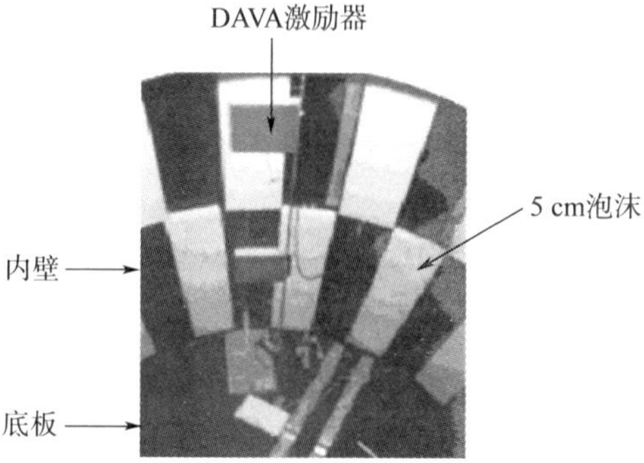

图 2－32　DAVA 应用于整流罩内部

2.3.3　噪声试验方法

产品在高声强噪声环境激励下的环境效应（声疲劳寿命、失效模式和工艺故障）相当复杂，难以用理论分析的方法预估，一般应通过噪声环境模拟试验考核产品结构强度和工作可靠性，鉴定产品对噪声环境的适应性。以下两种噪声环境模拟方式可提供具有指定总声压级（Overall Sound Pressure Level，OSPL）和声压级（Sound Pressure Level，SPL）谱的噪声环境。

1）用实际的噪声源（如喷气发动机）作为声源，对产品进行环境模拟试验。这种试验方法所提供的环境比较接近实际环境，模拟的效果较可靠，但试验设备庞大，投资和试验费用较高。

2）用模拟的噪声源（如气流调制器），在专门的噪声实验室内进行噪声环境试验。虽然这种试验方法所提供的环境与实际环境有一定差距，但试验简便，试验条件可调和且试验费用低，因而为工程试验广泛采用。

按声场的特点区分，高声强噪声环境实验室主要有混响室和行波管两种。前者可模拟混响声场（或扩散场），例如湍流边界层脉动压力和飞行器整流罩内的内声场；而后者主要模拟行波声场，例如喷气发动机喷口后的局部声场以及整流罩的外声场。

2.3.3.1 混响室

（1）试验系统配置

混响室试验系统（图 2－33）的基本工作原理是具有一定压力的气源（液氮汽化的气体或空气）经气流调制器（电声换能器）调制而产生高声强、宽频带的噪声源；噪声源经喇叭辐射激励混响噪声空间，形成模拟的扩散声场；扩散声场的压力脉动各向均匀分布地激励试验件；混响场的总声压级和声压级谱可通过传声器测量，且可按试验条件要求由控制系统对试验系统进行闭环控制。

（2）混响室的声学特性

混响室是由钢筋混凝土或钢壁板构成的四周封闭空间。该室具有下列固有声学特性（以长方体为例）：

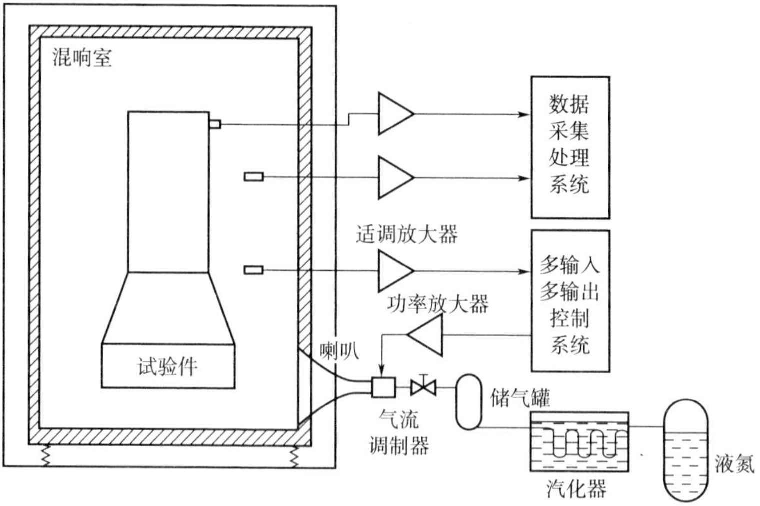

图 2-33　混响室试验系统

①有声模态频率（简正频率）

$$f_i=\frac{c}{2}\sqrt{\left(\frac{N_x}{L_x}\right)^2+\left(\frac{N_y}{L_y}\right)^2+\left(\frac{N_z}{L_z}\right)^2} \tag{2-112}$$

式中　L_x，L_y，L_z ——长方体各边边长；

N_x，N_y，N_z ——沿 x、y 和 z 向的半波数（大于或等于零的整数）；

c ——声在气体介质中的传播速度。

由式（2-112）可以得到相应的声模态密度为

$$\frac{\mathrm{d}n(f)}{\mathrm{d}f}=\frac{4\pi f^2}{c^3}\left(V+\frac{cA}{8f}+\frac{c^2L}{32f^2}\right) \tag{2-113}$$

式中　$\frac{\mathrm{d}n(f)}{\mathrm{d}f}$ ——对应于 f 频率上单位频率宽度上的声模态个数；

L ——总边长；

A ——混响室内表面总面积；

V ——混响室体积。

②声模态阻尼比（混响时间）

声模态阻尼是由于气体介质和混响声空间边界壁面吸收声能而形成的。与力学系统一样，对应于简正频率为 f_i 的声模态阻尼比 ξ 定义为

$$\xi=\frac{1}{2}\frac{\Delta f_i}{f_i} \tag{2-114}$$

式中　Δf_i ——声模态共振的半功率带宽。

习惯上，混响室的声能吸收能力用混响时间 T_{60} 来表征。T_{60} 定义为切断声源后，室内声压级衰减到－60 dB 所需要的时间，可近似按下式估计

$$T_{60}=\frac{0.161V}{A\alpha+4mV} \tag{2-115}$$

式中　m ——气体介质的声吸收系数；

α ——混响室壁面的声吸收系数。

气体介质的声能吸收起因于气体的黏性、热传导和分子吸收。气体的相对湿度越大或频率越高，分子吸收越多，则 m 值也越大。壁面吸收主要影响低频区的混响时间，声模态阻尼比与混响时间关系为

$$\xi=\frac{1.1}{f_i T_{60}} \tag{2-116}$$

对应声模态频率 f_i 的声压振型为

$$p_i(x,y,z)=A_i\cos\left(\frac{N_x\pi x}{L_x}\right)\cos\left(\frac{N_y\pi y}{L_y}\right)\cos\left(\frac{N_z\pi z}{L_z}\right) \tag{2-117}$$

式（2－117）表征了混响室驻波振荡的声压空间变化模式。

在稳态宽频带随机噪声源激励下，混响室将产生各阶模态振荡。混响室中某一点（x，y，z）的声压为试验频带内各阶模态振荡向量和

$$p(x,y,z)=\left\{\sum_{i=1}^{n}\left[A_i\cos\left(\frac{N_x\pi x}{L_x}\right)\cos\left(\frac{N_y\pi y}{L_y}\right)\cos\left(\frac{N_z\pi z}{L_z}\right)\right]^2\right\}^{\frac{1}{2}} \tag{2-118}$$

式中　A_i ——第 i 阶声模态的参与系数；

　　n ——试验频带内包含的声模态阶数。

理想的混响声场是由宽带噪声源激励的扩散声场。扩散场要求声波从任何方向通过空间某一点的概率相等，且能量密度在空间、时间上均匀分布。封闭声空间的混响声场实际上是驻波振荡声场，因此在低频区由于模态稀疏，声压存在不均匀性，难以满足扩散场的条件；而在高频区，模态密度较高且声压均匀性好，一般可近似达到理想的扩散条件。

IEC－50A－236 声致振动草案规定：混响试验的最低频率定义为倍频程内的模态个数至少或等于 20 时所对应的中心频率。这就是说，倍频程内的模态个数大于或等于 20 时的驻波振荡声场可近似看作混响场。最低试验频率可根据式（2－116）估算。例如，体积为 70 m^3、200 m^3 和 1 000 m^3 混响室的最低试验频率分别为 250 Hz、125 Hz 和 31.5 Hz。

合理地选择混响室的几何形状，可以调整声模态在空间和频域上分布的均匀性，从而降低最低试验频率，改善声扩散条件。一般小型混响室（体积小于 200 m^3）可做成无平行面的不规则形状，例如具有斜顶板的不规则五边形。如果混响室是长方体，边长比最好选用 1∶0.79∶0.63。如果混响室体积大于 200 m^3，其边长比选为 1∶0.83∶0.47、1∶0.83∶0.65、1∶0.68∶0.42 或 1∶0.7∶0.59 等同样可获得较满意的结果。

为了改善混响室低频区的扩散特性，还可在声空间内悬挂适当的附加声反射面，改变原有反射路径。必须指出，装入试验件后混响室的声特性与空室的混响特性并不一样，影响的程度与试验件和声空间的相对大小和位置，试验件的模态特性以及试验件结构和材料对不同方向入射声波的吸声特性等因素有关。一般认为，试验件的体积小于混响室体积的 1/10 以下，而且试验件离混响室壁面的距离大于最低试验频率所对应波长的 1/2 时，边界效应的影响可以忽略。因此，在大型试验件正式试验前，建议用模拟件进行预调试验，以避免过试验。

声压级在整个声空间内分布的不均匀性一般用标准偏差 s 表示

$$s=\sqrt{\frac{n\sum_{i=1}^{n}L_i^2-(\sum_{i=1}^{n}L_i)^2}{n(n-1)}} \tag{2-119}$$

式中 n ——测点数；

L_i ——第 i 个测点测量的声压级。

显然 s 是频率的函数，低频区偏大，而高频区偏小。但装入试验件后，可能由于壁面和试验件的边界效应而增加。

③气源

气源系统为气流调制器提供具有一定气压、流量的气体。一般有两种气源系统：一种是利用空气作为声传递介质的气源系统，它由空气压缩机、过滤器、储气罐、输气管道和气流控制设备组成；另一种则是利用氮气作为声传递介质的气源系统。通过液氮汽化为气流调制器提供气源。采用氮气作为声传递介质是因为氮气的密度远比空气小，高频区的声能吸收系数小。另外，氮气介质对试验件（特别是光学仪器）的污染较小。

④声源

一般采用电动式气流调制器（电声换能器），将恒定气压的气流，通过由电控动圈的位置变化而改变开口大小的套筒阀，形成具有高声功率的混响室声源。调制器流经套筒阀气缝的气流大小可实现声压级的控制。电动式气流调制器的结构如图 2-34 所示。图 2-34（b）为套筒阀，外筒为定圈，而内筒为动圈。由于受气流调制器的运动部件质量和弹性支撑刚度所构成的力学系统动态特性的影响，在高频区动圈的位移减小，将造成声功率输出降低。这表明声压的可控性与气流调制器的动态特性有关。电动式气流调制器的有效可控频率范围大致为 5～1 500 Hz，最大声功率输出可达 2 万声瓦。电液式气流调制器的最高频率为 800 Hz，最大声功率输出可达 20 万声瓦。

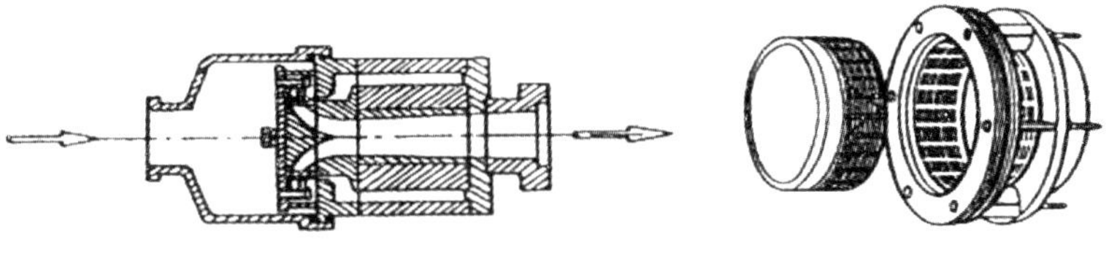

(a)　　(b)

图 2－34　电动式气流调制器结构

⑤喇叭

喇叭用来增加声源的辐射能力，以获得最大的声传递效率。喇叭的一端与气流调制器的喉部连接，而另一端接混响室。喇叭的尺寸和形状决定了声能的传递特性和效率。一般采用指数型喇叭，它的横截面变化服从下列方程

$$S = S_0 \exp\left(\frac{2x}{h}\right) \tag{2-120}$$

式中　S_0——气流调制器喉部面积；

h——常数（由喇叭张开率确定）；

x——距离气流调制器喉部的长度。

为了保证喇叭与混响室的模态耦合，喇叭与混响室的接口直径至少应为喇叭截止频率的 1/3 波长。喇叭的安装位置大都在混响室的三面角或两面角处。

⑥混响室输入功率估算

声源在封闭室内辐射声能时，部分声能被室内各壁面和气体分子所吸收，另一部分被反射为混响声能。在开始建立混响场时，随着气源压力的增大，混响室声能密度逐渐增加，被吸收的声能也不断增加，当声源供给混响场的能量正好补偿被壁面和气体传递介质所吸收的声能时，混响场达到稳态激励状态。根据赛宾方程，输入声功率级与混响室声压级的关系服从下式

$$L_w = L_p + 10\lg(A\alpha + 4mV) - 6 + 10\lg\left(1 + \frac{Ac}{8fV}\right) \tag{2-121}$$

式中 L_w——输入声功率级；

L_p——混响室声压级。

式（2-121）中，A、α 的取值应考虑到喇叭的吸声和排气能量的损耗，α 一般取 0.3；最后一项是邻近混响室壁面的声压级损失。按式（2-121）可以得到各频带内的输入功率要求。考虑喇叭与混响室的耦合损耗、喇叭的效率（一般为 30%）、喇叭安装位置的影响以及气流调制器使用频带外的能量非线性分布等因素，气流调制器的功率大致还需增加 8.5 dB。于是，可根据每个气流调制器的额定声功率选择气流调制器的装机数目。每个气流调制器最好有各自独立的辐射喇叭，以避免几个气流调制器共用一个喇叭造成组合损耗。根据喇叭截止频率的不同，喇叭可分低（25 Hz）、中（50 Hz）和高（100 Hz）三类，具体配置由混响室声谱要求确定。

⑦混响室排气消声和隔振装置

由混响室排出的气体应经消声段消声，使实验室外的环境声压级降到允许的环境要求。消声段可采用串接双级扩展式消声器或周围填有吸声材料（如石棉）的穿孔连通管式消声器。混响室的内、外墙和地板宜支撑在减振铺层上，以阻止混响室内的振动向外传递。

2.3.3.2 行波管

行波管是另一种常用的噪声试验装置。它是一个管状的试验系统，在管的一端加声载（理想的声载是平面波）。声波在管内以平面的形式向前传播，声波像水波在水面上传播那样扫过试验样品的表面，管的另一端则是出口。平面波的传播有时也会受试验样品的影响而引起声场的变化。由于声能局限于管内，因此可以得到高的声压级。行波管试验技术可用来模拟局部强声源，适用于直接受到火箭或喷气发动机局部声源作用的各种类型飞行器的外部设备。混响试验声场不同于行波试验声场。如果要用混响试验声场来替代行波试验声场，则应调整试验量级，以适应两种声场引起振动效率的差异。

设计行波管试验系统时应满足下述技术要求：

1）行波管试验段的横截面面积应尽量减少辐射阻尼，避免出现横向驻波。

2）行波管试验段长度不小于试件长度。

3）行波管终端应能吸收 80%以上的声能，并使气流自由流过，或自由扩散至大气。

4）当预定声环境沿纵向有变化时，行波管试验段的横截面面积应沿纵向做相应的变化。

5）总声压级不低于试验要求。

6）行波管横向通道数不少于 4，应与真实声场的周向相关长度相匹配。

典型行波管试验系统如图 2－35 所示，系统组成及试件安装方式如下：按照实际工作/生存状态确定试件安装方向；试件被温度罩包围在中央。温度罩两端分别与温度、湿度加载设备和管路连接成一个循环通路。温度罩的外面是施加噪声载荷的多路修正行波管。温度罩由透声的硅橡胶薄膜制成，噪声可透过薄膜作用到试件表面；每路行波管下端连接一只号筒（过渡段可选）和音头，再与气源相连。行波管的上端连接扩散段，可通向大气。来自气源的有压气流，经音头转化为声能，再由号筒和过渡段扩散到行波管的试验段，形成行波。行波作用在试件外表面，最后经扩散段扩散到大气中；振动载荷由一个或多个振动台产生，经激振杆（或静压轴承）加载到试件上；试件以弹性方式支撑于地面，并将激振点与振动台连接。小质量试件可直接连接在振动台上。行波管装置与地面固定连接，与试件间须保持弹性接触；地面测控设备常布置于专用测控间内，通过电缆与试件相连接；辅助参试设备用于完成地面测控，不经受环境载荷，可放置于试件周围。噪声敏感易损设备适当远离或进行隔声防护；各环境参数和响应传感器通过电缆与试验设备相连，分别实现环境控制和响应测量功能。

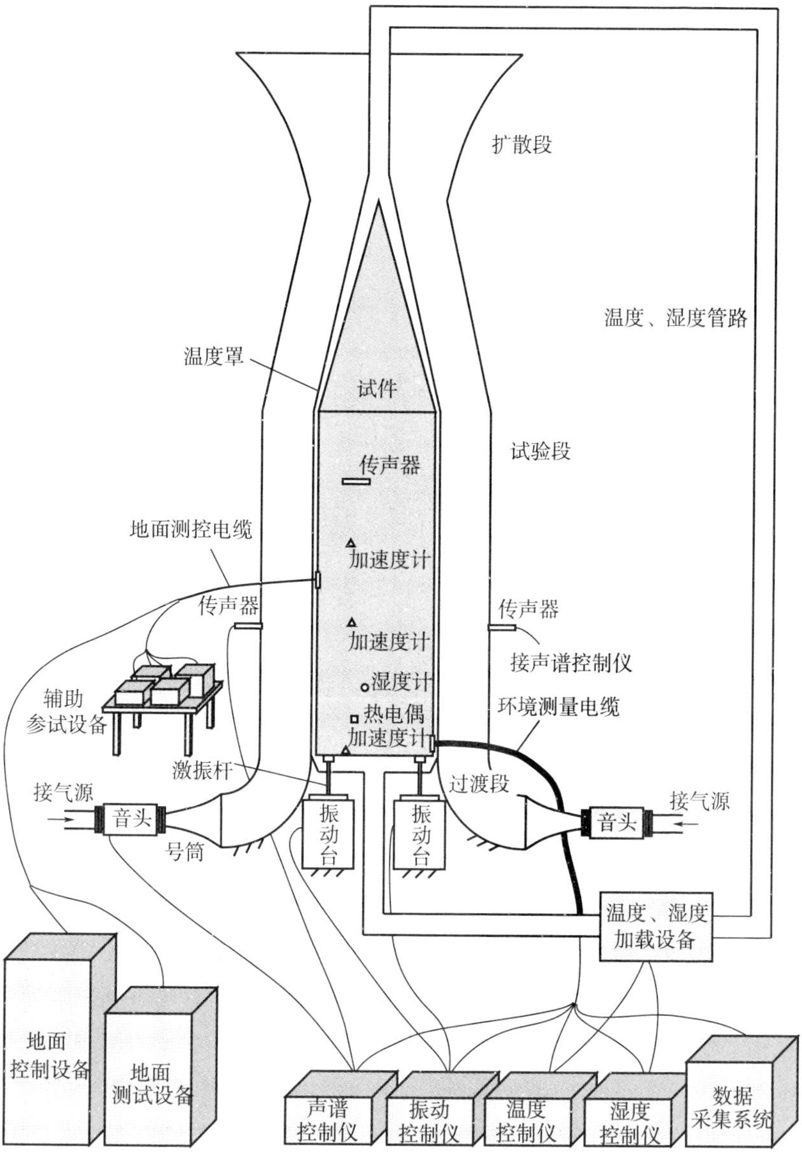

图 2-35　典型行波管综合环境试验系统

2.4　冲击环境设计

运载火箭飞行过程中所经受的冲击环境主要由各类火工装置产生，常用的火工装置形式多样，有柔性切割索、分离螺栓、拔销器、电爆阀、火工作动器、电分插头及包带等，这些火工装置动作时就形成了冲击源。按冲击源的形式及产生冲击的特点，可将冲击源分为：点状源（如分离螺栓）、线状源（如切割索）及组合源（如包带）。不同形式的火工品分离装置产生爆炸冲击环境的过程也不尽相同。对于爆炸螺栓等点状源，炸药切断螺栓、预紧状态连接面的应变能释放和分离后螺栓头对螺栓盒的高速撞击是产生冲击环境的主要过程；对柔性炸药条等线状源，冲击环境主要由火工品产生的高压气体压力冲击波和分离面处连接结构断裂所产生的高强度材料压力波在结构中传播造成；包带分离时，火工品爆炸和连接面的预紧力释放都产生冲击环境。冲击往往使运载火箭上仪器设备激起固有频率响应，使产品性能和结构受到不同程度的损害甚至失效。运载火箭承受冲击载荷作用时，冲击能量在瞬间传递到各处，所产生的位移、速度和加速度的突然变化有可能造成结构以及仪器设备的损害和故障，因而在地面开展冲击试验以验证运载火箭及其仪器设备的抗冲击载荷能力是很有必要的。

冲击爆炸问题包含一系列复杂的物理化学过程，从力学的角度研究这一系列过程中的力学问题，形成了爆炸力学这一力学重要分支。在航天航空工业中，炸药爆炸、高速侵彻、超高速碰撞、炸药爆炸、爆炸对周围介质的驱动加速以及冲击爆炸导致的材料失效和结构破坏等均为爆炸力学研究问题。这些问题的共同特点是，都涉及在极短时间和极小的体积内，发生极大的能量转化，载荷强度极高。在冲击爆炸的载荷作用下，应力波的作用处于主导地位，材料经历高应变率的极大变形，载荷时间一般在微秒量级，应变率可达 $10^7\ s^{-1}$，应力可达到 10 GPa 量级。爆炸冲击环境的特点是高幅值的振荡波形，持续时间很短，一般在 20 ms 内衰减到零，冲击量级也因火工品的不同有明显的离散性。运载火箭的冲击环境主要受以下几个因素的影响：

1）源的影响：冲击源的冲击特性直接决定着航天器各处的冲击环境，且同一种类冲击源的冲击特性离散性也较大。

2）传递路径的影响：冲击响应会随着传播距离的增加而迅速减小。

3）部组件质量的影响：如果其传递路径上存在部组件，冲击响应也会因部组件质量的增大而减小。

4）结构连接形式的影响：在冲击波传播过程中，如果跨越不同构件连接处，冲击响应会大幅度衰减。

按距离爆炸源的远近，通常将爆炸冲击影响区域划分为近区、中区和远区三部分，近区主要受到爆炸冲击过程的应力波传播影响，远区则以结构响应为主，中区则是两者皆有影响，见表 2-7。

表 2-7 爆炸冲击环境区域划分及特点

区域	离爆炸源的距离/cm		环境特点	冲击加速度幅值/g	频率范围/kHz
	线源	点源			
近区	<15	<3	由应力波传播支配	>5 000	>100
中区	15～60	3～15	由应力波传播及结构响应支配	1 000～5 000	>10
远区	>60	>15	以结构响应为主	<1 000	<10

解决冲击环境问题的思路如图 2-36 所示，与振动、噪声环境的思路一样，从冲击环境获取到制定冲击环境条件，再到结构、仪器设备考核，对于未通过考核的部件与设备，通过改进结构形式或减冲隔冲等方式进行再设计，直到通过环境试验考核为止。

与振动环境相比，冲击环境的预示难度更大，这是因为冲击源的冲击特性离散性较大，并且冲击特性十分复杂。在冲击源附近，由于应力波的传播和反射使结构内部的应力分布很不均匀；在远离冲击源处，结构响应将起主要作用，但是由于运载火箭的结构复杂，

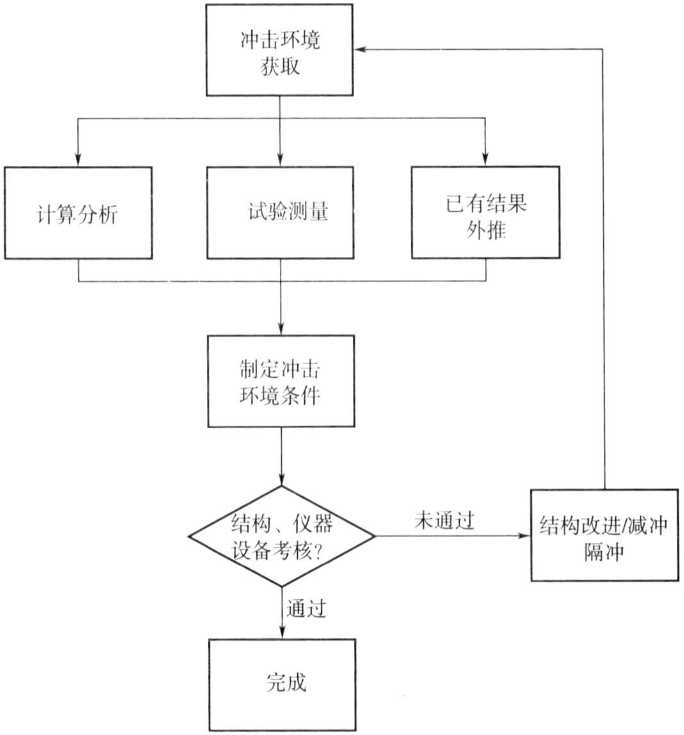

图 2－36　解决冲击环境问题的思路

传播路径上的仪器设备质量以及结构之间的连接使冲击传递特性较难准确描述。因此，采用分析方法很难准确描述冲击环境，故工程上获取冲击环境的直接途径还是依靠搭载试验测量，而分析方法主要用来评估试验结果和基于试验数据的外推预示。

冲击爆炸发生的时间在毫秒量级，响应衰减非常快，常见的加速度响应曲线如图 2－37 所示。通常根据冲击环境预示结果、产品特点、试验方法、试验目的并考虑适当余量来确定冲击试验条件。冲击试验条件分为两类：一种是用简单冲击波形来描述，如果冲击响应近似为简单波形的碰撞冲击或者受试验设备限制，可采用此类冲击试验条件；另一种是用冲击谱描述，用冲击谱试验条件要求试验件所经受的加速度响应的冲击响应谱在形状和量级上与冲击试验条件规定相一致。采用冲击响应谱处理加速度响应时选取 $Q=10$，预示带宽通常为 100～10 000 Hz，该频率范围内用 1/6 倍频程或更窄的频率间隔描述。冲击环境条件制定时，极限和最高预示冲击环境对应为 $P99/90$（鉴定级）和 $P95/50$（验收级）冲击响应谱值。为了对冲击环境预示的准确性进行验证，需要对其结构用真实的火工品装置进行冲击试验，用测得的冲击环境数据来验证和修正已有的冲击环境预示结果，并据此对冲击试验条件做必要的修改。

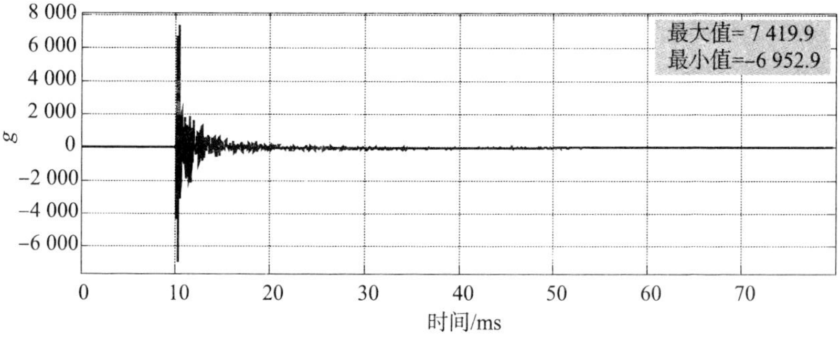

图 2-37　典型的冲击加速度响应曲线

在对结构及仪器设备的冲击环境考核时，主要采用冲击试验台、振动台、火工品以及撞击法模拟冲击环境的方式来进行。对无法通过冲击环境考核的设备，需要通过减冲隔冲的方式改善冲击环境：一方面通过优化火工装置的形式可以减小冲击环境；另一方面通过减冲垫增加冲击传递路径连接面的阻尼可以隔离冲击环境。改善后需要重新获取冲击环境继续进行试验考核，直至设备达到考核要求为止。

2.4.1　冲击环境预示

理论研究、数值模拟和试验研究是冲击爆炸问题研究的三个主要手段，也是获取冲击环境的主要手段。其中理论研究包括对物理规律的总结和提炼，数值模拟是利用理论模型用数值手段仿真分析，这两类手段相比较试验研究来说，成本较低，但由于计算与认识具有局限性，很多时候仍需要借助试验手段进行冲击环境的预示研究。

要准确预示爆炸冲击环境是比较困难的。一般有三种通用的方法预示或估计结构不同部位因爆炸冲击产生的响应，即分析法、直接测量法和由以前测量的结果换算。

2.4.1.1　分析方法

对于航天器中火工品爆炸冲击瞬态响应的分析，由于结构形式的复杂性以及上万赫兹的分析截止频率，采用理论方法进行分析往往十分困难，因此只能采用数值模拟分析。这就需要精确建立复杂的结构模型，精细地划分网格，极小地计算步长，以达到强瞬时性、强非线性和强耦合地分析复杂系统的目的，需要消耗大量的计算时间。

目前在爆炸冲击效应技术领域主要的数值模拟方法，包括有限单元法、有限差分法、有限体积法等，有限差分法和动力有限单元法的发展已较为成熟。在 20 世纪七八十年代，国外（主要是美国）以桑地亚、劳伦斯利弗莫尔等国家实验室为代表的一批研究机构，对爆炸冲击效应数值模拟进行了大量的研究，编制了一大批有影响的计算机程序，其中有代表性的就有 30 多个，如 CTH 和 HULL 等。这些程序从离散方法上分为有限差分法（FDM）、有限元法（FEM）及有限体积法（FVM）三类。从采用的坐标类型大体可分为拉格朗日型和欧拉型两种，后来又发展了任意拉格朗日-欧拉（ALE）方法和耦合拉格朗日-欧拉（CEL）方法。近年来，无网格法，特别是光滑质点动力学（SPH）法在冲击爆炸效应计算中得到了广泛应用。由于 SPH 法不需要划分网格，没有网格畸变问题，所以能在拉格朗日格式下处理大变形问题；同时，SPH 法允许存在材料界面，可以简单而精确地实现复杂的本构行为，也适用于在爆炸冲击作用下材料的破坏计算。

（1）SPH - FEM 耦合方法

为克服 SPH 在计算效率上的缺点，采用 SPH - FEM 耦合方法。

利用 SPH 模块计算爆轰载荷，利用 FEM 模块计算结构动响应。炸药爆炸会在毫秒时间内产生可达数 GPa 压力的冲击波，并驱动周围物质产生较大变形，采用传统的网格方法对其进行模拟时会出现网格畸变、物质运动追踪及强间断捕获等困难，而具有拉格朗日性质和粒子性质的完全无网格 SPH 方法在处理以上问题时具有较大优势。

在 SPH 方法中，函数 $f(\boldsymbol{x})$ 的积分表达式定义为

$$f(\boldsymbol{x})=\int_{\Omega} f(\boldsymbol{x}')\delta(\boldsymbol{x}-\boldsymbol{x}')\mathrm{d}\boldsymbol{x}' \tag{2-122}$$

式中，Ω 为包含 $\boldsymbol{x}$ 的积分体积，$\delta(\boldsymbol{x}-\boldsymbol{x}')$ 函数的性质为

$$\delta(\boldsymbol{x}-\boldsymbol{x}')=\begin{cases}1, & \boldsymbol{x}=\boldsymbol{x}' \\ 0, & \boldsymbol{x}\neq\boldsymbol{x}'\end{cases} \tag{2-123}$$

用光滑函数 $W(\boldsymbol{x}-\boldsymbol{x}', h)$ 代替 $\delta(\boldsymbol{x}-\boldsymbol{x}')$ 函数便完成了 SPH 方法的核近似过程，但需满足归一性、δ 函数性、紧支性。

$$\begin{cases}\int_{\Omega} W(\boldsymbol{x}-\boldsymbol{x}',h)\mathrm{d}\boldsymbol{x}'=1 \\ \lim\limits_{h\to 0} W(\boldsymbol{x}-\boldsymbol{x}',h)=\delta(\boldsymbol{x}-\boldsymbol{x}') \\ W(\boldsymbol{x}-\boldsymbol{x}',h)=0,\ 当\ |\boldsymbol{x}-\boldsymbol{x}'|>\kappa h\end{cases} \tag{2-124}$$

式中　h ——光滑长度；

κ ——系数，共同决定支持域的大小。

此时 $f(\boldsymbol{x})$ 的积分表达式可写为

$$f(\boldsymbol{x})\approx\int_{\Omega} f(\boldsymbol{x}')W(\boldsymbol{x}-\boldsymbol{x}',h)\mathrm{d}\boldsymbol{x}' \tag{2-125}$$

同理，借助于散度定理，可将函数的空间导数 $\nabla f(\boldsymbol{x})$ 近似为

$$\nabla f(\boldsymbol{x})\approx-\int_{\Omega} f(\boldsymbol{x}')\nabla W(\boldsymbol{x}-\boldsymbol{x}',h)\mathrm{d}\boldsymbol{x}' \tag{2-126}$$

如果将问题域离散为具有独立物理量的粒子，则可将式（2-125）进一步转化为粒子的近似形式，处于 $\boldsymbol{x}_i$ 处的粒子 $\boldsymbol{i}$ 的函数近似式可表示为

$$f(\boldsymbol{x}_i)\approx\sum_{j=1}^{N}f(\boldsymbol{x}_j)W(\boldsymbol{x}_i-\boldsymbol{x}_j,h)\Delta V_j=\sum_{j=1}^{N}\frac{m_j}{\rho_j}f(\boldsymbol{x}_j)W_{ij}\tag{2-127}$$

同理，粒子 $\boldsymbol{i}$ 的导函数可近似为

$$\nabla f(\boldsymbol{x}_i)\approx-\sum_{j=1}^{N}\frac{m_j}{\rho_j}f(\boldsymbol{x}_j)\nabla_j W_{ij}=\sum_{j=1}^{N}\frac{m_j}{\rho_j}f(\boldsymbol{x}_j)\nabla_i W_{ij}\tag{2-128}$$

式中，$\nabla_i W(x_i-x_j,\ h)=-\nabla_j W(x_i-x_j,\ h)=\dfrac{x_{ij}}{r_{ij}}\dfrac{\partial W_{ij}}{\partial r_{ij}}$，$x_{ij}=x_i-x_j$，$r_{ij}$ 为粒子 i 和 j 之间的距离。

炸药在结构附近爆炸是一个强冲击过程，需要考虑结构的强度，此时结构的行为特性和流体类似，其强度可用流体黏性力的形式表示，因此，整个爆炸过程满足下列控制方程

$$\begin{cases}\dfrac{\mathrm{d}\rho}{\mathrm{d}t}=-\rho\dfrac{\partial\boldsymbol{v}^{\beta}}{\partial x^{\beta}}\\[2ex]\dfrac{\mathrm{d}\boldsymbol{v}^{\alpha}}{\mathrm{d}t}=\dfrac{1}{\rho}\dfrac{\partial\boldsymbol{\sigma}^{\alpha\beta}}{\partial x^{\beta}}\\[2ex]\dfrac{\mathrm{d}e}{\mathrm{d}t}=\dfrac{\boldsymbol{\sigma}^{\alpha\beta}}{\rho}\dfrac{\partial\boldsymbol{v}^{\beta}}{\partial x^{\beta}}\end{cases}\tag{2-129}$$

其中

$$\boldsymbol{\sigma}^{\alpha\beta}=-p\delta^{\alpha\beta}+\boldsymbol{\tau}^{\alpha\beta}$$

式中 p ——压力；

$\boldsymbol{v}$ ——速度矢量；

$\boldsymbol{\sigma}$ ——总应力张量；

$\boldsymbol{\tau}$ ——偏应力张量；

e ——单位质量内能。

故式（2－129）中描述的分别是质量守恒、动量守恒和能量守恒。

采用上述粒子近似法可将式（2－129）近似为

$$\begin{cases}\dfrac{\mathrm{d}\rho_i}{\mathrm{d}t}=\displaystyle\sum_{j=1}^{N}m_j\boldsymbol{v}_{ij}^{\beta}\ \dfrac{\partial W_{ij}}{\partial \boldsymbol{x}_i^{\beta}}\\ \dfrac{\mathrm{d}\boldsymbol{v}_i^{\alpha}}{\mathrm{d}t}=\displaystyle\sum_{j=1}^{N}m_j\left(\dfrac{\boldsymbol{\sigma}_i^{\alpha\beta}}{\rho_i^2}+\dfrac{\boldsymbol{\sigma}_j^{\alpha\beta}}{\rho_j^2}+\Pi_{ij}\right)\dfrac{\partial W_{ij}}{\partial \boldsymbol{x}_i^{\beta}}\\ \dfrac{\mathrm{d}e_i}{\mathrm{d}t}=\dfrac{1}{2}\displaystyle\sum_{j=1}^{N}m_j\left(\dfrac{p_i}{\rho_i^2}+\dfrac{p_j}{\rho_j^2}+\Pi_{ij}\right)\boldsymbol{v}_{ij}^{\beta}\ \dfrac{\partial W_{ij}}{\partial \boldsymbol{x}_i^{\beta}}+\dfrac{1}{\rho_i}\boldsymbol{\tau}_i^{\alpha\beta}\dot{\boldsymbol{\varepsilon}}_i^{\alpha\beta}\end{cases}\tag{2-130}$$

其中

$$\boldsymbol{v}_{ij}=\boldsymbol{v}_i-\boldsymbol{v}_j$$

式中　$\dot{\boldsymbol{\varepsilon}}$ ——应变率张量；

Π_{ij} ——人工黏性，可以消除求解动力学问题时产生的数值振荡。

式（2-130）即为考虑了材料强度的流体力学的 SPH 计算公式。

耦合的 SPH-FEM 方法是一种分块耦合方法，SPH 模块计算动力载荷，而 FEM 模块计算结构的动响应。在耦合界面采用的是“粘贴”算法，主要的技术路线如图 2-38 所示。

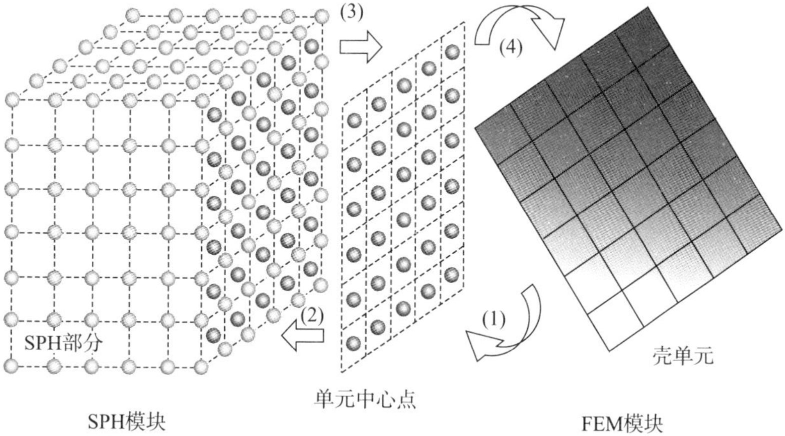

图 2-38　SPH-FEM 耦合方法的技术路线

图中（1）根据结构的网格划分，将单元的质量集中到单元中心，即获得集中的质量点，这些质量的位置 $\boldsymbol{x}_E$ 、速度 $\boldsymbol{v}_E$ 、法线 $\boldsymbol{n}_E$ 和面积 S_E 将通过单元周围的节点获得。

图中（2）从交界面处提取出的集中质量点将当作流体域的弹塑性边界，并且参与到 SPH 模块的粒子近似中。

图中（3）在经过上述近似后，耦合界面处的集中质量点的压力 p_E 将通过正则化的 Shepard 函数获得。

图中（4）动压力将加载在结构单元的中心，而结构的弹塑性、损伤、断裂等响应将进行计算，然后结构的运动位置、速度等信息将再次返回，作为 SPH 域的边界，重复上述循环。

SPH－FEM 耦合为模块化耦合方法，SPH 模块和 FEM 模块单独计算，实现各自的功能，在耦合界面处要满足连续性条件，从而实现信息的准确高效传递。具体的流程图如图 2－39 所示。

（2）耦合的欧拉-拉格朗日（CEL）方法

耦合的欧拉-拉格朗日（CEL）方法，基于 ABAQUS 软件实现。爆炸载荷对结构的冲击作用过程是一个复杂的流固耦合问题。基于网格算法，两种基本的数值求解方法（即拉格朗日方法和欧拉方法）都无法单独地、较好地模拟出爆炸问题。两种算法都有各自的优点和不足，相对来说拉格朗日方法能较好地描述结构的运动，而欧拉方法能较好地处理流体大变形问题。因此，一种结合两种算法优点，将结构和流体分开处理，在接触面进行耦合的计算方法被提出。这种耦合欧拉-拉格朗日方法能更好地解决复杂的流固耦合问题和大变形问题。计算中结构利用拉格朗日方法求解，流体采用欧拉方法求解，在耦合算法前，两者的计算是完全分开的，拉格朗日网格单元即使处于欧拉网格中也不会影响欧拉材料的流动，也不会受到来自欧拉材料的作用力，欧拉材料也不会穿透拉格朗日单元。

拉格朗日是一种离散化数值求解方法，在拉格朗日算法求解过程中，材料附着在单元网格上，随着材料的流动会产生网格的运动和变形，计算过程中单元发生变形，但单元的质量不变。具体的计

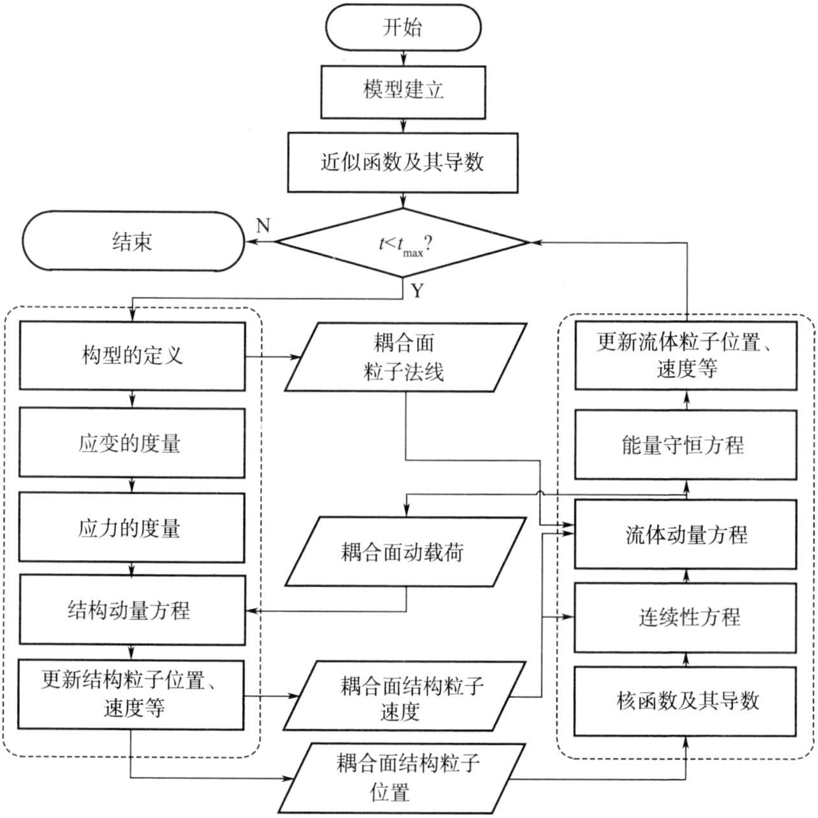

图 2-39　SPH-FEM 耦合计算的流程图

算过程如下：

1）给定初始条件：节点位置 $\boldsymbol{x}=(x, y)$，节点速度 $\boldsymbol{u}=(u, v)$，单元密度 ρ，内能 e 等。拉格朗日单元整个计算过程中质量保持不变，单元的质量根据单元初始密度和初始体积计算得到

$$m=\rho_0 V_0 \tag{2-131}$$

2）根据边界条件和耦合作用力得到外力 $\boldsymbol{f}^{ex}$，由动量守恒方程得到内力 $\boldsymbol{f}^{in}$，根据拉格朗日形式的动量守恒方程

$$\rho \frac{\mathrm{d}u}{\mathrm{d}t}=\nabla\cdot \boldsymbol{\sigma} \tag{2-132}$$

可得到二维形式的动量方程

$$\begin{cases} \rho \dot{u} = \dfrac{\partial \sigma_{xx}}{\partial x} + \dfrac{\partial \sigma_{xy}}{\partial y} + \dfrac{\partial \sigma_{xz}}{\partial z} \\ \rho \dot{v} = \dfrac{\partial \sigma_{yx}}{\partial x} + \dfrac{\partial \sigma_{yy}}{\partial y} + \dfrac{\partial \sigma_{yz}}{\partial z} \\ \rho \dot{w} = \dfrac{\partial \sigma_{zx}}{\partial x} + \dfrac{\partial \sigma_{zy}}{\partial y} + \dfrac{\partial \sigma_{zz}}{\partial z} \end{cases} \tag{2-133}$$

因此，结构运动的控制方程为

$$\boldsymbol{M}\dot{\boldsymbol{u}} + \boldsymbol{f}^{\text{in}} = \boldsymbol{f}^{\text{ex}} \tag{2-134}$$

于是，可以获得节点加速度，积分获得节点速度和位移等。

3）根据单元节点位置计算得到单元体积，可根据下式得到单元密度，并同时根据单元变形和速度获得单元的变形速率。

$$\rho = m/V \tag{2-135}$$

4）根据上述值得到新的单元体积和速度等，根据材料的状态方程和能量方程计算单元的压力、应力和能量，求解作用力，并作为下一个循环的开始。

欧拉算法中网格是固定的，材料在网格间运输。材料在网格中流动的轨迹是通过计算每一个单元中的欧拉体积分数（Eulerian Volume Fraction，EVF）来确定的。这个分数是这样定义的：如果一个材料完全充满了一个单元，它的体积分数含若干种材料。如果一个单元中所有材料体积分数的总和小于 1，这个单元的剩余部分自动被“虚”材料所占据，“虚”材料既没有质量，也没有强度。在欧拉网格中，使用体积分数工具，将用来描述材料初始状态及位置的参考体离散到欧拉体中，如图 2－40 所示。

一个欧拉单元里可以有着不同的物质，材料网格以拉格朗日单元的状态变量输送到固定的空间网格中。计算时分三个步骤：第一步，计算守恒方程中含压力项的时间导数值，得出各单元新的速度和内能值，在这一步中，材料并不传递；第二步，根据单元的速度值进行材料运输，透过单元边界进行传递的材料携带着一定比例的质量、动量及能量进入另一单元；第三步，根据状态方程计算出新

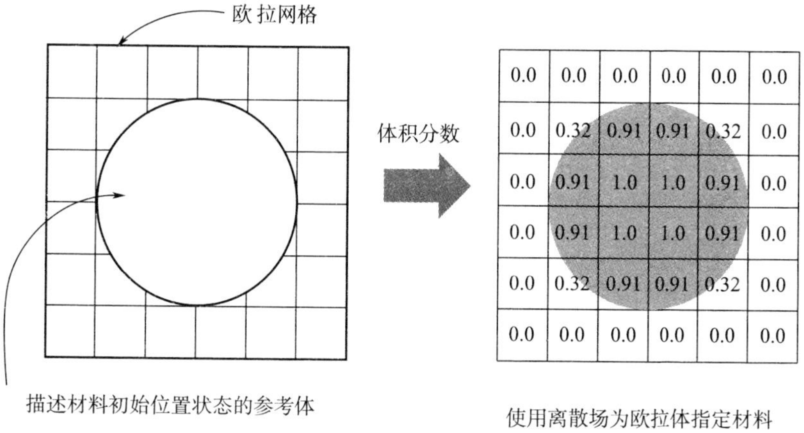

图 2-40　在欧拉体中定义材料

的单元压力值。具体的执行过程如下：

1）给定初始条件：节点位置、单元密度、内能等。

2）根据边界条件和耦合作用力的外力 $\boldsymbol{f}^{ex}$，通过动量守恒方程得到内力，欧拉形式的动量方程可以写成

$$\frac{\partial(\rho \boldsymbol{u})}{\partial t}+\nabla\cdot(\rho \boldsymbol{u}\boldsymbol{u})=\rho \boldsymbol{f}+\nabla\cdot\boldsymbol{\sigma} \tag{2-136}$$

3）流体采用连续质量运输方法在固定的欧拉网格间进行运输，重新计算网格内质量、动量和能量等物理量。欧拉连续方程为

$$\frac{\partial\rho}{\partial t}+\boldsymbol{u}\cdot\nabla\rho+\rho\cdot\nabla\boldsymbol{u}=0 \tag{2-137}$$

4）根据材料的状态方程和能量方程计算单元的压力、应力和能量，提供内力作为下一个循环的开始。能量方程为

$$\frac{\partial e}{\partial t}+\frac{\partial u(e+p)}{\partial x}+\frac{\partial v(e+p)}{\partial y}+\frac{\partial w(e+p)}{\partial z}=0 \tag{2-138}$$

式中　x，y——坐标；

ρ，v，u，w，e，p——流体介质的密度、x 向速度、y 向速度、z 向速度、内能和压力。

对于多物质的欧拉算法，各方程在欧拉网格中用差分格式表示，

物质的流动采用连续质量运输方法。

在耦合算法前，欧拉单元和拉格朗日单元的计算是完全分开的，拉格朗日网格单元即使处于欧拉网格中，也不会影响欧拉材料的流动，不会受到来自欧拉材料的作用力。在耦合计算时，通过耦合面进行相互作用，欧拉材料也不会穿透拉格朗日单元。计算流程如图 2-41 所示。

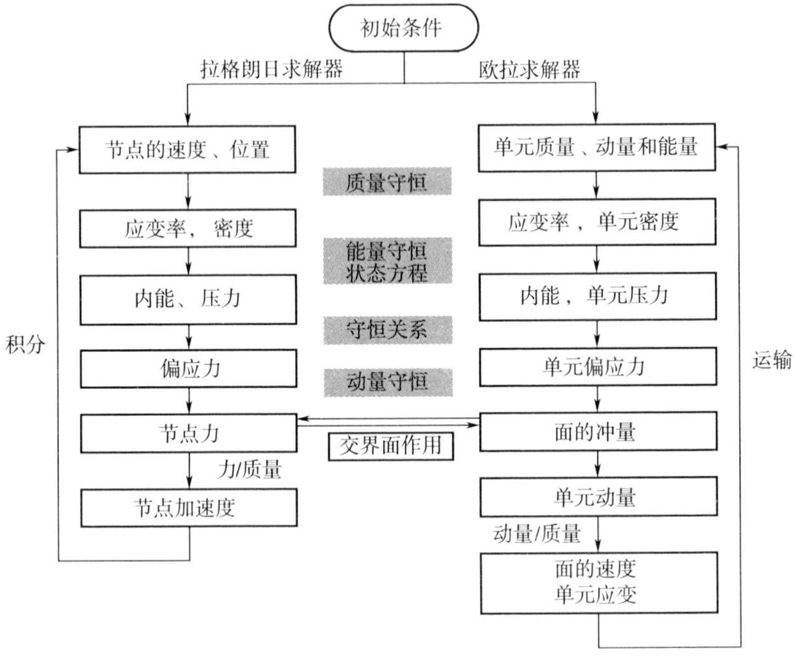

图 2-41　CEL 计算流程

在拉格朗日单元里，物理量坐标、速度、力和质量定义在节点处，而应力、应变、压力、能量和密度则定义在单元的中心。在节点处计算力和质量更容易和欧拉求解器进行耦合。拉格朗日方法能够很好地描述固体的力学行为，材料的表面和交界面位于单元的表面上。在欧拉网格里所有的变量均位于网格的中心。欧拉求解器适合描述流体的运动行为，自由表面和材料交界面可以在固定的欧拉网格上运输，但需要引入数值算法对自由表面进行追踪，并且需要控制数值耗散。在耦合算法计算两种网格之间不需要有公用的单元节点或单元面，两个求解器通过耦合面相互作用。拉格朗日单元的耦合面固定在网格上，从耦合面上接受欧拉材料给予的压力载荷；欧拉单元的耦合面在欧拉网格中随时间变化，需要在每一个时间步内利用有限体积法确定耦合边界的位置，在耦合面上接受拉格朗日单元施加一个几何约束。

（3）任意拉格朗日-欧拉（ALE）方法

任意的拉格朗日-欧拉（ALE）方法，基于 LS－DYNA 软件实现。ALE 方法建立在拉格朗日算法和欧拉算法基础上，是一种混合算法。ALE 法的主要思想是，除了空间坐标系和物质坐标系外，引入第三个坐标系：网格坐标系。网格坐标系是独立于空间坐标系和物质坐标系运动的，因此它既可以在界面上跟随物质运动（拉格朗日描述），也可以在内部与空间坐标系重合（欧拉描述），甚至可以在一个方向上固定，在另一个方向上随物质运动，这种特性能够通过适当改变求解域网格来适应计算域的当前形状，从而减轻一定程度的网格扭曲。

ALE 方法兼有拉格朗日方法和欧拉方法的优点，其计算网格可以根据需要任意移动。如果所有网格点的速度为零，就是固定网格下的欧拉型方法；如果所有网格点随流体运动，就是拉格朗日算法。通常采用的策略是，流体界面上的网格随界面运动，其余边界上的网格固定不动或随边界运动，流场内部网格点的运动由网格变形模型得到。总体来说，ALE 方法分为三步：1）显式拉格朗日计算，只考虑压力梯度分布对速度和能量改变的影响，在动量方程中压力取前一时刻的量，因此是显式格式；2）用隐式格式解动量方程，把1）中得到的速度分量作为迭代求解的初始值；3）重新划分网格，计算网格之间的运输量。

ALE 方法中，将初始时刻 t_0 和变形 t 时刻的连续体标记为 Δ_X 和 Δ_x ，并且引入了独立于初始时刻和当前构型的参考构型，记为

Δ_κ。引入参考坐标系 $O\kappa_1\kappa_2\kappa_3$，用以参考构型中各参考点的位置，参考构型中各点的位置由其在参考坐标系中的位置矢量 $\overline{O\kappa}$ 确定。因此，在 ALE 描述下，对于任意函数 f 的随体导数记为

$$\left(\frac{\partial f}{\partial t}\right)_X=\left[\frac{\partial f(\kappa,t)}{\partial t}\right]_\kappa+c_\alpha\frac{\partial f}{\partial x_\alpha}\tag{2-139}$$

其中 $c_\alpha=u_\alpha-\omega_\alpha$ 为 ALE 描述下的对流速度，其中 u_α 为质点 X 的物质速度，ω_α 为参考点 κ 的物质速度，也就是网格速度。将连续介质力学基本方程转化为 ALE 描述的显示构型中的控制方程，则有：

质量守恒方程

$$\left(\frac{\partial\rho}{\partial t}\right)_\kappa+c_\alpha\frac{\partial\rho}{\partial x_\alpha}+\rho\frac{\partial v_\alpha}{\partial x_\alpha}=0\tag{2-140}$$

动量守恒方程

$$\rho\left(\frac{\partial v_\alpha}{\partial t}\right)_\kappa+\rho c_\alpha\frac{\partial v_\alpha}{\partial x_\beta}=\frac{\partial\sigma_{\alpha\beta}}{\partial x_\beta}+\rho f_\alpha\tag{2-141}$$

能量守恒方程

$$\left(\rho\frac{\partial e}{\partial t}\right)_\kappa+\rho c_\alpha\frac{\partial e}{\partial x_\alpha}=\sigma_{\alpha\beta}\frac{\partial v_\alpha}{\partial x_\beta}-\frac{\partial q_\alpha}{\partial x_\alpha}\tag{2-142}$$

式中　ρ ——密度；

f_α ——单位质量的张力；

$\sigma_{\alpha\beta}$ ——柯西应力张量；

e ——单位质量的内能；

q_α ——热通量。

在爆炸冲击问题的分析过程中，炸药可视为流体，采用 ALE 网格，结构采用拉格朗日网格，以便于观察受力变形及破坏情况。

拉格朗日体与 ALE 之间的接触行为通过自动搜索，建立接触面上相互作用的主、从耦合点，类似于罚函数接触算法，从搜寻到的主、从耦合点之间建立线性弹簧关系计算耦合力，并且并联一阻尼器来消除高频振荡行为，如图 2－42 所示。其中，F_c 表示作用在拉格朗日节点上的接触力，F_s 表示作用在 ALE 网格节点上的接触力，k 为弹簧刚

度，$\boldsymbol{d}$ 为接触面穿透矢量，C_i表示阻尼系数。通过主、从耦合节点建立弹簧阻尼系统，计算耦合接触力 $F_s = -F_c = k\boldsymbol{d} + C_i\dot{\boldsymbol{d}}$。

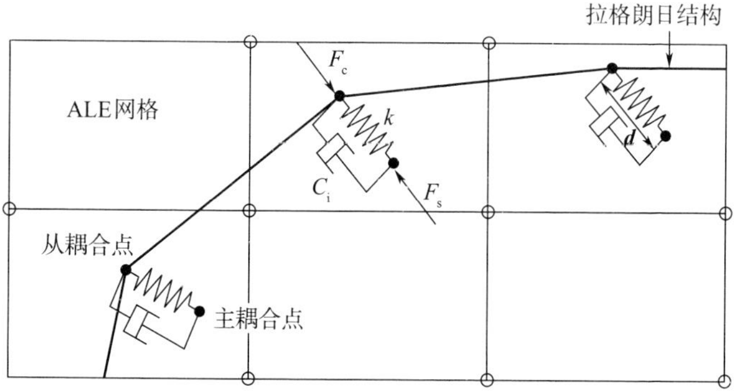

图 2-42　ALE 动态耦合界面算法

2.4.1.2　直接测量

冲击响应的分析方法作为运载火箭设计阶段的初步环境评估意义重大，但由于计算精确度的欠缺以及建模敏感位置把握的困难，实际分析结果与真实结果仍存在一定偏差。因此对工程研制阶段来说，实际爆炸冲击过程的测量结果更具有应用意义。

直接测量方法可以分为地面试验状态的测量与飞行试验状态的测量两类。其中飞行试验的测量通过遥测数据获取，由于传回的数据量受到限制，测点较少，另外对于研制阶段的运载火箭来说，是没有飞行试验数据的；地面试验是指冲击源（火工品）工作的试验，一般为分离试验等。为保证地面试验获取的冲击环境准确性，通常需要保证地面试验状态的产品结构、边界条件与飞行状态一致。同时也需要考虑火工装置爆炸可能产生大气冲击波，导致直接测量得到的爆炸冲击环境过高。对运载火箭研制阶段来说，星箭分离、级间分离、助推分离以及整流罩分离试验等大型地面分离试验都可以进行冲击环境直接测量搭载。

冲击环境对测量系统的要求高于振动环境。瞬态冲击加速度数据具有动态范围大、频谱特性带宽无限的特点；而实际数据的测量、采集和处理系统的动态范围和有效分析带宽都是有限值，从而造成测量结果的失真。因此，冲击测量系统的选择和校准相当重要。冲击脉冲上升前沿和下降后沿的复现要求测量系统的频响函数上截止频率越高越好；而冲击波形平直段的复现准确度取决于测量系统频响函数的下截止频率（最好下截止频率为零）。在测量频带内的幅频特性要求平直；而相频特性具有零相移或直线相移特性。以上这些要求难以完全满足。

为了保证同一产品在不同冲击试验中、由不同试验人员所做的试验条件具有可比较性，确保测量结果具有一定的准确度，有必要用标准的形式规定冲击数据测量系统的频响特性要求，统一冲击测量的尺度。例如，IEC 2-27（1987）标准中规定了测量系统频响特性要求（图 2-43 和表 2-8）。

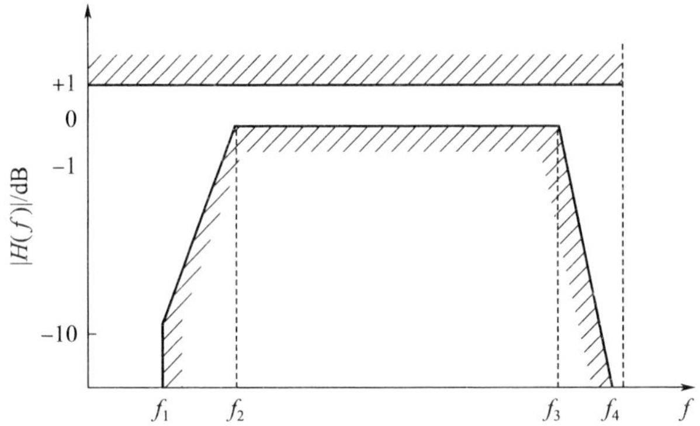

图 2-43　冲击测量系统频响特性

表 2-8　冲击测量系统频响特性要求

冲击持续时间/ms	下截止频率/Hz		上截止频率/Hz	幅频特性大于+1 dB 的频率/kHz
D	f_1	f_2	f_3	f_4
0.2	20	120	20	40
0.5	10	50	50	30
1	4	20	20	20

续表

冲击持续时间/ms	下截止频率/Hz		上截止频率/Hz	幅频特性大于+1 dB 的频率/kHz
3	2	10	5	10
6	1	4	2	4
11	0.5	2	1	2
18 和 30	0.2	1	1	2

理论上，可以用多普勒激光干涉仪测量爆炸冲击的位移和速度，用应变仪测量应变，但工程应用中主要采用加速度计直接测量。目前，常用加速度冲击计有压电式和压阻式两种，它们有体积小、质量小、可测范围广、频响高等特点。随着传感器技术的发展，爆炸冲击专用加速度传感器一般采用压电式，测量范围可达 $2\times10^5 g$，频响高达 200 kHz～1 MHz，质量只有几克。加速度计的最大允许加速度值和基本固有频率应高于所测冲击加速度峰值和频率上限。由于爆炸冲击的高频高幅值特性，若操作不当可能产生传感器松动、晶体缺陷、系统饱和、高频干扰等问题，因此加速度计的安装必须按生产厂所推荐的方式，确保加速度计达到标称的性能指标。应用双头螺钉安装，加速度计安装点的试验件表面应平整、光滑和清洁。在螺钉紧固前，安装面上最好涂上一层轻油，以改善传递特性。每个加速度计宜单独安装，避免加速度计之间相互影响。连接加速度计与测量仪器的电缆应采用低噪声电缆，要经得住大振幅、低频运动产生的机械应力作用。电缆的接头应具有较高的固有频率，在冲击加速度作用下不会松动。每次冲击试验前应仔细检查所有接插件的连接状态。具体测量的要求如下：传感器的频响要高于 100 kHz，最好使用机械滤波器；被测信号要小于测量系统的 1/5，以保证有足够的测量裕度；传感器最好同时使用胶粘和螺接方式固定到试件上，必要时使用楔形传感器块，以消除摇摆误差；A/D 变换前必须进行抗混滤波，截止频率设为最高信号频率的 1.5 倍；测量系统的采样频率至少是信号带宽的 10 倍以上；由于爆炸冲击环境在 3 个方向的

量级相当，因此，要求传感器的三轴向必须具有足够的极限承受能力。

航天工程中，主要把加速度及其计算谱作为爆炸冲击环境评估的参数，设计规范和试验规范都是以冲击响应谱为参数给出的。冲击响应谱有正谱、负谱、主谱、剩余谱和最大谱等几种不同的冲击响应谱值。最大谱是爆炸冲击试验中最常用的一种，它包络了前 4 种谱值。图 2－44 所示为一个典型的最大冲击响应谱。这种冲击响应谱加速度也称作绝对最大加速度或峰值响应加速度。绝对最大加速度冲击响应谱是爆炸分离冲击的基本表示方法，而最大伪速度冲击响应谱是次要的表示方法，用于考核爆炸分离冲击与简单系统损伤之间的关系。

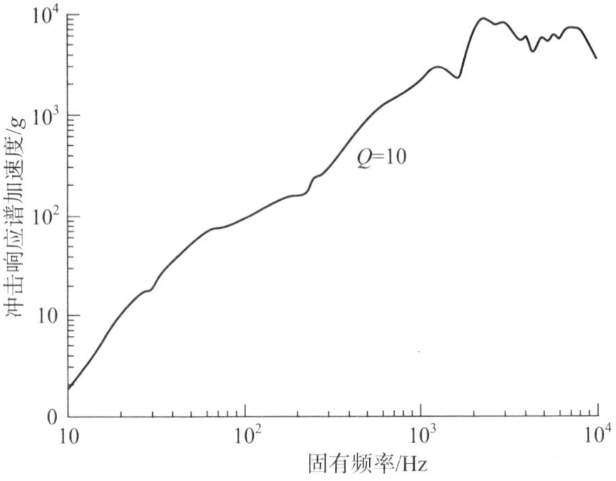

图 2－44　典型爆炸分离冲击最大冲击响应谱（SRS）

数据处理中，一般用 1/12 倍频程的频率间隔和 $Q=10$（对应于具有 5%临界阻尼）计算爆炸冲击的冲击响应谱。数据采集和冲击响应谱分析时，采样率要求至少是冲击响应谱最高频率的 10 倍，否则，会引起较大误差。当采样率为 2.56 倍时，SRS 的误差为 60%；4 倍时，SRS 的误差为 25%。目前，冲击响应谱的数值计算方法比较多，如傅里叶变换算法、递归数字滤波法及改进的递归数字滤波法。由于冲击响应谱分析中使用了线性、单自由度且给定了系统阻尼比等假设条件，因此，它无法准确评估非线性系统和复杂的多自由度系统的损伤情况。有时，为了全面了解冲击环境的特征，还需要对冲击数据进行傅氏谱、能量密度谱、瞬时矩（时间积分）及小波处理等分析。

在爆炸冲击数据的预处理和评估方面，已经形成了较成熟的规范，如零漂、野点、信号间断等问题的评估和处理等。其中，由于传感器或放大器饱和所导致的零漂现象是最常见的，一般认为零漂的数据是无法使用的。为了检验数据的零漂现象，需要对数据品质进行评估。

由于冲击试验测量的子样数有限，用有限个数的子样来制定冲击环境条件需要进行一定概率下的预示。当测得的数据经检验证明符合正态分布或者对数正态分布时，冲击谱可以依照如下步骤确定：

对 100～10 000 Hz 频率范围内每一个 1/6 倍频程或更窄的频段，取 Q 为 10，则冲击谱由式（2－143）确定

$$G = m + Ks \tag{2-143}$$

式中 G ——冲击谱值；

m ——样本的均值；

s ——样本的标准偏差；

K ——系数。

假设冲击谱的样本数为 n：g_1，g_2，g_3，…，g_n，当服从正态分布时

$$m = \frac{1}{n-1}\sum_{i=1}^{n} g_i \tag{2-144}$$

$$s^2 = \frac{1}{n-1}\sum_{i=1}^{n} (g_i - m)^2 \tag{2-145}$$

当服从对数正态分布时

$$m = \frac{1}{n-1}\sum_{i=1}^{n} \log(g_i) \tag{2-146}$$

$$s^2=\frac{1}{n-1}\sum_{i=1}^{n}\log\left(g_i-m\right)^2 \tag{2-147}$$

式中　K——样本数 n 的函数，取决于统计置信度。

对应 $P95/50$ 可参考表 2-9。

表 2-9　样本数 n 与系数 K 的对应表

n	K	n	K
5	1.78	12	1.69
6	1.75	15	1.68
7	1.73	20	1.67
8	1.72	30	1.66
9	1.71	100	1.65
10	1.70		

以上方法适用于样本数大于或等于 5 的情况，如果样本数小于 5，则可直接采用冲击谱包络方法。考虑到各种偏差因素，还应加适当余量。

2.4.1.3　测量结果外推

对于无法进行地面试验冲击环境直接测量的情况，可以根据结构形式、产品的继承性进行已有测量结果的外推，同时测量结果的外推也可以增加环境测量结果的子样个数。显而易见，新的运载火箭和参考运载火箭在设计细节上越接近，采取的火工装置相似性越高，外推结果就越准确。

爆炸冲击环境的外推主要包含两项换算工作：一是对火工装置释放的能量进行换算；二是对爆炸冲击源与所关心的响应部位间的距离和结构形式进行换算。因为爆炸冲击产生的强烈压缩波受表面质量密度影响不大，有时也采用对结构表面质量密度进行换算的方法。图 2-45 和图 2-46 为特征参数、冲击响应峰值与冲击源距离的关系。

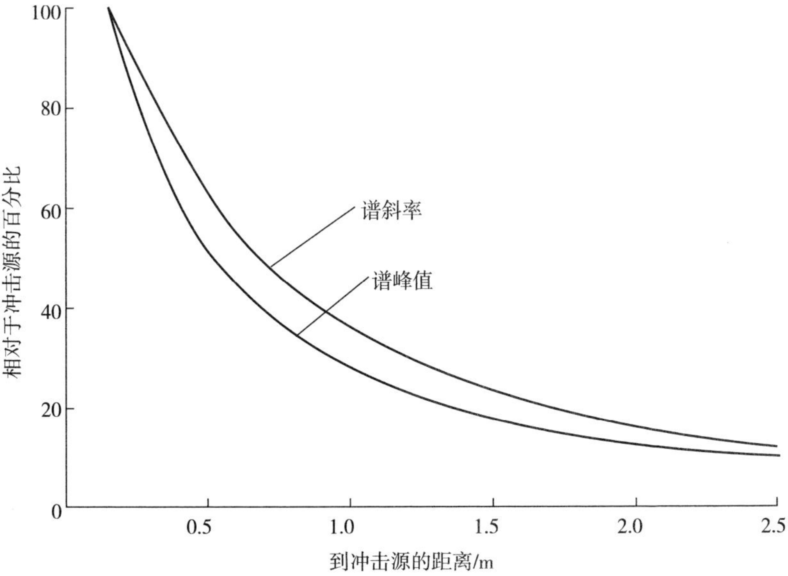

图 2-45　特征参数与冲击源距离的关系

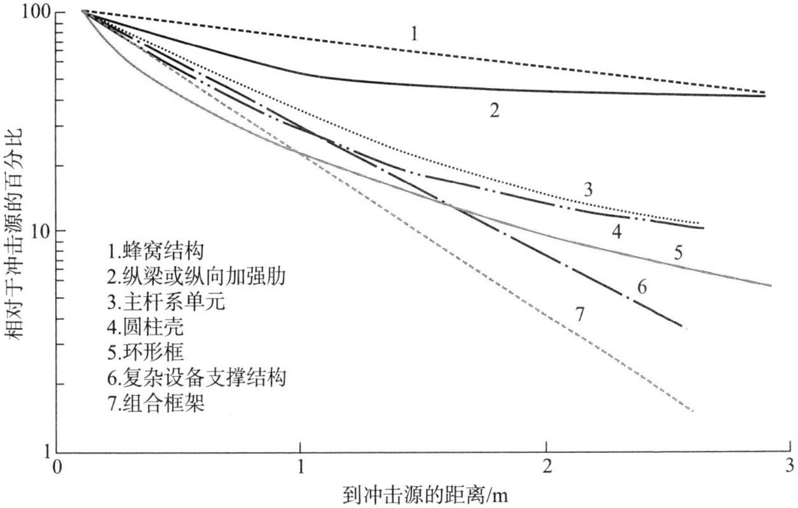

图 2-46　冲击响应峰值与冲击源距离的关系

2.4.2　减冲隔冲

对减冲隔冲的研究首先要了解各结构在冲击作用下的失效模式，爆炸分离冲击引起的失效模式大体可分为四类：

1）第一类是与高应力有关的失效模式，如细长结构或薄壁结构的失稳，脆性部件（如陶瓷、晶体及树脂玻璃等）的破碎等。

2）第二类是由高加速度量级引起的失效模式，如引起继电器抖动、电位计滑移、阀芯误动作及螺栓松动等。

3）第三类问题与位移过大有关，如焊点脱焊、电路板及导线的破裂，或封装模块内部电路与封装壳体接触引起的短路。

4）第四类是导致在冲击环境中工作的电子设备短时失效，如在冲击过程中运行的电容器、晶振器或混合电路模块暂时失效引起的故障。

工程上，提高航天产品在爆炸冲击环境中的可靠性，避免发生故障主要从三个方面着手：即设计低冲击分离装置，降低爆炸源的冲击量级；在冲击传递过程中采用衰减设计，如隔冲装置和减振支架等；加强产品的冲击强度设计，完善考核手段，提高产品对爆炸冲击的适应能力。

目前，各种形式的低冲击分离装置已经大量使用，如低冲击包带、带有捕捉器和缓冲器的低冲击分离螺栓等。通过优化设计可以在保证分离可靠性的前提下，降低爆炸源的冲击量级等。此外，还可以通过设备总装布局优化降低风险，例如尽量避免在爆炸近区安装敏感设备。从适应性角度，对爆炸冲击敏感的设备进行减振设计，降低设备的响应量级，对电路板进行薄膜封装，避免多余物迁移引起的短路故障等也是常用的措施。

2.4.2.1　火工品减冲

火工装置动作时在密闭结构上产生巨大的局部压力，以高量级、高频响应力波的形式在结构材料中传播和反射，并在结构上产生瞬时机械响应，应力波传播引起的冲击响应是火工冲击载荷的早期效应，并与结构分离应变能释放引起的分离冲击的作用相结合，冲击脉冲在航天器复杂结构中传播和反射，爆炸冲击和分离冲击之间并无明显规律。

为了降低爆炸源的冲击量级，首先是优化火工装置的引燃火药和引爆炸药的药型和药量，这一措施对降低航天器火工装置爆炸冲击响应的作用十分明显，但需要开展大量地面试验，以确保火工装置动作的分离可靠性，如果火工装置定型后再优化设计药型和药量，在工程上风险较大；其次是合理控制航天器火工装置预紧力。火工装置在预紧力作用下使航天器局部结构产生弹性变形并储存了较大应变能，例如在火箭动力飞行段，星箭界面存在横向及纵向加速度环境，星箭连接面产生拉力、弯矩、剪力等载荷。为防止结构连接失效，提高包带预紧力实现星箭可靠连接，通常包带预紧力高达几十 kN。爆炸螺栓解锁时，使星箭分离面的对接法兰瞬间失去包带的约束，应变能转化为动能，引起航天器结构冲击与振动响应。包带预紧力越大，星箭分离面的对接法兰存储应变能越大，引起的分离冲击量级越高。

在运载火箭火工装置形成冲击载荷的机制中，应变能释放是不可避免的，但可以合理控制火工装置预紧力，以降低火工冲击响应。例如，NASA 于 1999 年提出了《包带系统设计准则》，给出了包带预紧力简化公式。西班牙航空制造有限公司（CASA）通过增加包带面积，增强包带刚度来提高包带连接结构的承载能力。Hi-SHEAR 公司的 SN-9400 系列某种分离爆炸螺栓的预紧力为 89 kN，SN-9600 系列同种分离爆炸螺栓的预紧力降到 30 kN，输出冲击响应由 (3 000～10 000) g 降到 500g。

火工装置应变能释放是不可避免的，应变能释放造成的加速度响应影响的范围主要在中场和远场，这也正是运载火箭冲击敏感仪器安装的位置。因此，在保证连接与分离可靠性的前提条件下，合理控制火工装置预紧力，可以降低由应变能释放造成的敏感仪器加速度响应。

爆炸和应变能释放引起的响应频率成分较高，主要表现为应力波传播，随距离的增加而迅速衰减。爆炸分离冲击产生强烈的机械瞬态响应，对其附近仪器产生极为严重的影响，影响程度随到冲击源的距离增加而减小，且爆炸分离冲击在 0.2ms 内达到最大值，之后迅速衰减，在 10 ms 内衰减到最大值的 5%以下，MIL - STD - 810G 标准描述的火工冲击载荷持续时间的变化也说明了此规律。

根据已有的大量火工冲击试验数据，通过对已有冲击源的类别和测点到火工装置的距离分析，火工冲击响应随距离增加呈指数衰减。NASA - STD - 7003 标准给出了航天器七种典型结构中火工冲击响应幅值随火工装置距离增加的衰减曲线，不同结构对火工冲击载荷衰减能力不同，但火工冲击响应随距离增加衰减的规律一致，值得注意的是运载火箭常用的蜂窝结构对火工冲击载荷的衰减能力最小。

2.4.2.2　阻尼隔冲

爆炸和应变能释放引起的响应频率成分较高，主要表现为应力波传播，连接结构仅能传递弹性波，传递路径中的不连续结构会加大冲击的降低幅值，特别是高频成分，而连接结构本身不易受到爆炸分离冲击的影响，爆炸分离冲击响应通过结构面时衰减很快，铆接对降低冲击贡献极小，而配合连接对降低冲击的贡献可达 30%～60%。NASA - STD - 7003 标准指出除了利用距离衰减冲击载荷外，应力波传播过程中遇到结构连接环节时，一般会大幅度降低火工冲击响应幅度，试验结果表明结构连接环节衰减冲击载荷范围可达 20%～70%，具体数值取决于连接环节的类型（如铆接、螺接、胶接等）以及连接环节如何改变冲击载荷传递路径的实现方式，衰减的主要部分为高频段响应。另外通过增加连接面进行减冲设计时也必须要考虑整体刚度。

20 世纪 70 年代曾有文献对连接界面之间增加不同垫片的缓冲效果进行了研究和分析，测试界面 35 种连接组合（金属垫片、硬非金属垫片、软非金属垫片、非金属垫片的组合）对冲击载荷的衰减情况，缓冲效率用冲击谱峰值相对直接连接情况下冲击谱峰值的衰减量表示，试验结果表明连接界面之间直接机械连接在整个频段上能对冲击衰减大约30%；连接界面之间增加不同垫片对冲击载荷的高频部分衰减有效，对1 500 Hz以下的冲击载荷几乎不起衰减作用。

改变冲击载荷传递路径上的结构界面特性，进行多次转接，使冲击载荷得以充分过滤（高频成分）和衰减（响应幅值），从而降低火工冲击强度，是简单、有效、实用的航天器火工冲击防护技术。美国CAS公司设计了航天器系统级宽频带振动隔离系统，飞行试验结果表明，隔离系统不仅有效地降低了低频瞬态振动值（≤80 Hz），而且对衰减随机振动（20～2 000 Hz）和火工冲击（100～10 000 Hz）载荷也十分有效。

2.4.2.3　应用现状

火工冲击防护方案多为被动式设计，通过冲击载荷隔离和载荷吸收两种原理，降低传递到航天器敏感设备处的火工冲击载荷。防护方案要综合考虑缓冲效果、重量、体积、刚度等要求，同时不能改变原有界面连接关系。

（1）系统级防护

利用航天器系统级冲击隔离系统能够有效衰减运载火箭产生的冲击环境载荷，航天器系统级冲击隔离系统安装在航天器和运载火箭有效载荷之间，又称为冲击环境隔离系统，安装位置还有三种方案，即安装在运载火箭有效载荷上端面、下端面或集成在内部。

20世纪60年代以来，以黏弹性阻尼材料为基础的阻尼减振技术的发展为解决宽频带多共振峰振动抑制的课题提供了经济有效的途径，如图2-47所示。阻尼减振技术以增加结构的阻尼水平为主，一般不修改原有结构，不影响原结构系统的刚度强度性能。因此，阻尼减振技术具有高可靠性、实现代价小、抑振频带宽等优点，已广泛应用于各类飞行器（包括运载火箭、导弹、卫星和飞机）上的各种仪器仪表、电子系统等的振动抑制。

图 2-47　全尺寸支架附加约束阻尼层减振

(2) 部件级防护

火工冲击载荷产生的应力波在传递过程中遇到连接环节（如铆接、螺接、胶接等）或者间断的界面时，应力波会被折射、反射或吸收，从而实现敏感缓冲防护。主要的措施有以下两种：

1) 冲击传递路径结构界面之间增加连接环节。火工冲击载荷产生的应力波在传递过程中遇到连接环节（如铆接、螺接、胶接等）或者间断的界面时，应力波会被折射、反射或吸收，从而实现敏感缓冲防护。

2) 火工冲击吸能装置。20 世纪 70 年代以来，吸能材料和吸能装置的研发得到加强，在汽车、航空航天和军事工业方面的应用尤其突出，对于环境爆炸、碰撞引起的冲击效果显著。吸能装置的基本原理包括不可逆的载荷转换、峰值有限及尽可能恒定的反作用力、较长的行程、稳定和可重复的变形模式、质量小及吸收率高、低成本和容易安装等。常用的吸能材料及结构包括圆环、轴向压溃的圆管或方管、多胞材料等，典型压溃圆管吸能装置如图 2 - 48 所示。吸能结构在冲击作用下绕内部塑性铰发生塑性变形，吸收能量。

图 2 - 48 典型压溃圆管吸能装置

3）单机减振器。一个有效降低设备冲击环境的方法是在部件周围装上由橡胶或塑性材料制成的隔振“围裙”，如图 2 - 49 所示。这种结构可以用来阻断结构金属与电子金属之间的连接。隔振器使得电子设备变成一个单自由度的系统；降低了电子设备的自然频率并且增加了阻尼。单自由度系统能够过滤掉高频的火工冲击能量；降低自然频率也是一个很好的特性，低的自然频率增加了单自由度系统的低通滤波能力，同时缺点是在隔振器的频率处可能发生共振；隔振器的阻尼会减小振动的幅值。

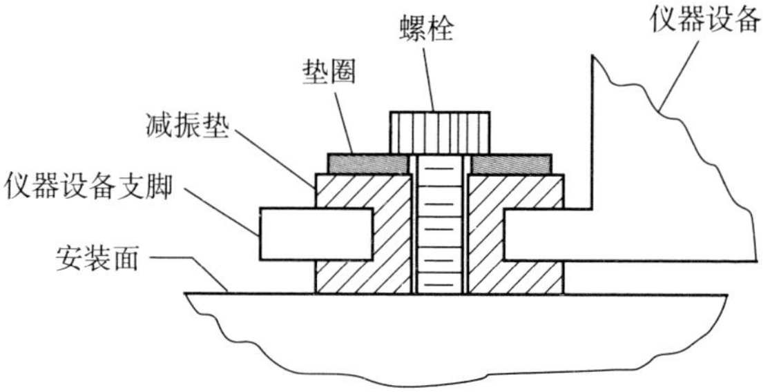

图 2 - 49 典型隔振器构型

2.4.3 冲击试验方法

运载火箭结构部件及仪器设备完成设计生产后需要进行力学环

境考核，冲击环境的考核也是很重要的一部分内容，结构设备需要在真实边界状态下通过定制的冲击环境试验考核。对于设计了隔冲减冲装置的设备，需要带上隔冲减冲装置进行冲击试验。

根据对爆炸冲击环境的分区，爆炸冲击环境可针对不同的分区采取不同的方法和不同的试验条件来进行模拟。模拟是否正确的依据，按美军标 MIL - STD - 1540C 中的要求，一条是能产生要求的冲击响应谱，并在容差范围内；另一条是所加瞬态冲击项各个频率分量应同时作用，使冲击过程的持续时间近似等于实际冲击环境的持续时间，一般不应超过 20 ms。下面是三个分区的主要试验方法。

1）近场区。在近场区应尽量不安装设备，如果这点做不到，应要求对安装在该区的设备进行爆炸冲击试验。这时，一般采用飞行中实际使用的火工装置，并且最好用真实的飞行结构或至少是与之相似的结构，尽量使试件处在飞行时的实际爆炸冲击环境中。

2）中场区。对中场区的爆炸冲击试验既可以采用机械式冲击试验装置，也可使用火工装置。但是由于前者具有许多优点，如重复性好、安全、成本低等，现在多使用前者，为此开发了多种类型的机械式撞击试验装置。此外，也可使用振动台来模拟中场的爆炸冲击环境，虽然这种方法有一定的不足之处，然而仍不失为一种可行的方法，目前仍被广泛使用。

3）远场区。在该区冲击的传播主要是由结构的谐振特性所决定的。一般可以用电动振动台和机械式撞击试验装置来模拟该区的爆炸冲击环境。国外对爆炸冲击环境的模拟试验方法的研究从 20 世纪 60 年代就已开始。经过多年的研究，对不同的试验设备的优缺点已经了解得比较清楚。

如上所述，目前基本上是采用真实的火工装置模拟、振动台进行冲击响应谱合成模拟，以及机械式撞击试验装置模拟这三类方法。

2.4.3.1　火工品爆炸

使用火工品爆炸来进行模拟试验时，既可以使用正式火工品和正式部段结构，也可以使用其他火工品及模拟结构。

对于由自身产生的冲击或系统级试验，一般采用真实的火工品装置和正式部段结构进行分离试验。对其他近区爆炸冲击环境的模拟，最通用的火工装置是用柔性聚能炸药条连接到钢板的边缘或背面，并且把试验件按照真实使用状态安装于板上。

火工品爆炸方式模拟试验技术的优点是，可以产生最精确的模拟结果，可以产生近区爆炸冲击环境所特有的高加速度和高频率范围。主要缺点是试验费用高、安全性差及加载量级离散性较大。工程上，这种方法主要是用于近区环境模拟或冲击谱值高于 10 000g、主要频率高于 10 kHz 的环境模拟试验中。

2.4.3.2　振动台模拟

用电动振动台进行冲击响应谱合成的方法在很早以前就已经提出。该方法是用一组波形在振动台上合成一个瞬态信号输入到试件，使试件控制点的冲击响应谱与作为试验条件给出的冲击响应谱相一致。在计算机数控系统出现以前，已有人用模拟系统在振动台上进行冲击响应谱合成，方法是用一个脉冲通过一组带通滤波器，调节各滤波器的增益来改变通过滤波器的波形幅值，使合成波形的冲击响应谱满足试验条件要求。当数控系统开发出来以后，很快得到普及采用。在振动台上实现冲击响应谱主要进行以下两方面的工作：选择一组合适的瞬态波形，使其组合波形的冲击响应谱与给定的试验条件（冲击响应谱）一致；将该瞬态波形对振动台、试件的组合系统动态特性进行修正，将修正后的波形输入振动台。

冲击响应谱合成一般有两种方法：一种是传递函数修正法(TFE)；另一种是波形幅值均衡法（WAE)。两者各有优缺点。

用以拟合的瞬态波形可以有多种形式，但是用振动台模拟有一定的不足之处：一是它的频率范围不够宽，最多只能到 3 000 Hz；二是加速度值受限制，只能模拟低能量级别的爆炸冲击；三是对爆炸冲击环境的模拟也不够真实，合成后的波形往往不是瞬态冲击，甚至会产生一定的过试验。

2.4.3.3　机械式撞击试验装置

机械式撞击试验装置的类型很多，但基本的原理是一样的：即将试件固定于一块板上或一根梁上某一部位，然后用某种方法，如锤击、摆锤、气炮对该装置进行撞击，使试件受到装置的谐振响应而模拟实际受到的爆炸冲击。由于现在爆炸冲击试验条件一般是由冲击响应谱给出的，试验能否满足要求主要根据以下几点：谱形，主要是冲击响应谱的拐点和低频部分的斜率；冲击响应谱的幅值；冲击波形（应为高频振荡形）和持续时间（短于 20 ms）。

由于机械式撞击试验装置的基本要求是其谐振频率（不一定是基频）正是在试验冲击响应谱的拐点附近，故该装置被一机械撞击激起谐振时，其响应就可能恰当地进行爆炸冲击模拟。因此，往往把这种装置称为“谐振式装置”。一般说来，在应用机械式撞击试验装置来做试验时，试件的响应取决于以下几个因素：装置（板或梁）的几何尺寸及材料；撞击头的质量及撞击速度；撞击持续时间，它是用不同的撞击头及衬垫材料（金属、毛毡、橡胶和木头等）来控制的；撞击部位；试件安放位置；装置的固紧或悬挂方式。

要通过分析的方法来设计试验装置虽不是不可能的，但十分复杂，因此一般多采用试验方法。但这种装置的形状和尺寸确定后，其谐振频率是比较容易计算出来的。这种装置可分为固定谐振频率以及谐振频率可调两类。它们在原理上没有本质的差别。固定谐振频率的装置可以做得比较简单，但是对不同的冲击响应谱试验条件的适应性差；谐振频率可调的装置适应能力也许比前者强些，但是比较复杂。

（1）固定谐振频率试验装置

一种比较有代表性的固定谐振频率试验装置如图 2 - 50 所示。这种名为机械脉冲爆炸冲击模拟器（MIPS）的装置是采用气动锤撞击的方式，锤头自上向下撞击板状装置，使产品经受近似爆炸冲击的冲击载荷。这种装置具有调节多个参数的优点，使之可满足不同试验条件要求。它是将一块铝板放在泡沫塑料垫上，冲击载荷由气动作动筒产生，该作动筒装在一桥架上，可以通过移动改变撞击位置，冲击锤头可以更换，以产生不同的冲击持续时间。这种装置可以有多种不同的形式，撞击方式（冲击源）也可以多种多样。它们有一定的通用性，但是需要在试验前进行调试，调试所花的时间长短取决于试验人员的经验。

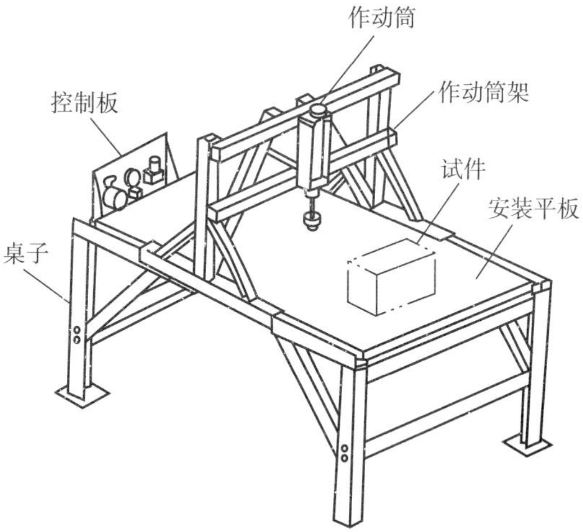

图 2-50　MIPS 固定谐振频率试验装置

由于现在冲击响应谱试验条件一般都在某一频率有一个拐点，因此最好使试验装置（板或梁）的共振频率（主要是基频）能与拐点频率相近。当该装置被激起共振时，它就容易使在控制点获得的冲击响应谱具有要求的拐点频率，以及典型的 dB/oct 初始斜率，因此试验条件也就容易达到。但是，由于该频率一般至少都在数百 Hz，这就要求装置有较大的刚度，例如使用的板必须比较厚，这样就可能与实际的安装条件有所不同，使试验与实际的情况略有差别。

（2）可调谐振频率试验装置

为了使试验装置有更强的通用性，能方便地满足不同的试验条件，很自然地希望试验装置的谐振频率可以被改变。美国桑地亚国家实验室开发了一种谐振频率可调谐式试验装置。该装置是将一根铝制的梁固定在一个混凝土基础上，梁两端相当于固支，因此该装置的谐振频率与梁长度的平方成反比，改变固定端之间的长度，就可得到不同的谐振频率来满足不同的试验条件要求，也可进行适当的微调来适应条件的细微变化。图2－51为该实验室研制的试验装置，其结构并不复杂，但是设计实用并能满足较大试件的试验要求。

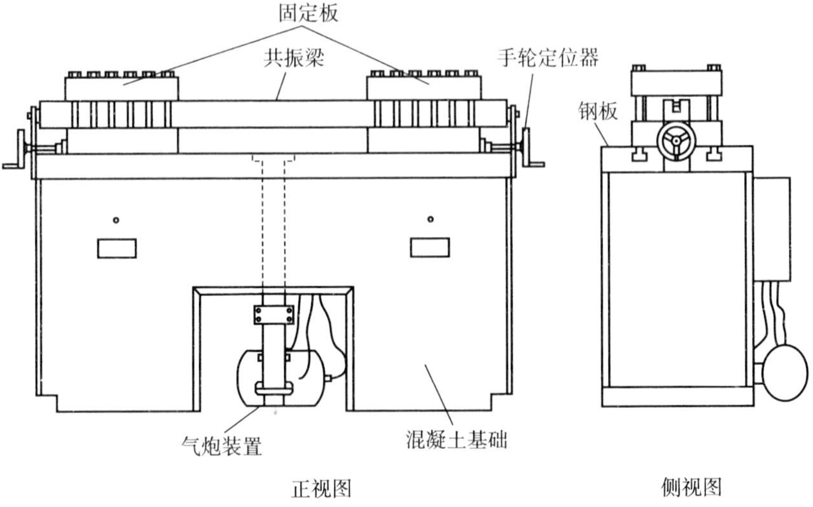

图2－51　可调谐振频率试验装置

（3）落下式冲击试验机

在上述的方法尚未开发出来前，人们曾使用落下式冲击试验机或者其他类似于气枪振动冲击装置（图2－52）的设备来模拟爆炸冲击，但是这种试验机产生的单边脉冲有很大的速度变化，因此这种试验方法会在低频产生严重的过试验，导致试件不应有的损坏。只有被试产品在低频有很大的设计盈余，或者其固有频率大大高于会产生过试验的低频区，才可以采用这种试验机来模拟爆炸冲击环境。

图 2-52　气枪振动冲击装置

第3章　热环境设计

提起火箭的“热环境”这个概念，可能大多数人比较陌生，不过人们大都听说过超音速飞行、高超音速再入飞行器需要关注的气动加热防护问题，如美国航天飞机著名的热防护系统（Thermal Protection System，TPS）和我国神舟飞船返回舱的防热大底等。这些“热”问题固然名声在外，然而，对于传统的一次性使用的运载火箭来说，这种纯粹而猛烈的气动加热是不会遇到的。因为气动加热的大小与飞行器相对大气的速度和当地大气稠密程度正相关。对于火箭而言，虽然在上升过程中速度不断增大，但随着高度增加，大气变得愈发稀薄，气动加热在一定飞行高度时达到极值，随后逐渐下降。取而代之的，是剧烈的发动机喷流加热。大型火箭的底部都由若干台发动机组成，当前国际上主流运载火箭的起飞推力在4 000～11 000 kN，历史上著名的土星5号甚至高达34 000 kN。发动机在产生巨大推力的同时，其喷薄咆哮的火焰对火箭底部的加热量也十分惊人。底部喷流加热问题一直以来都是国内外运载火箭设计的热点和难题。

低温推进剂导致的“冷”问题也属于广义上的“热环境”研究的范畴，也是火箭的热设计需关注的内容。例如液氢液氧火箭在加注停放过程中，火箭舱段受低温推进剂影响，附近结构的温度降得很低，人们会担心，电气设备安装在那里会不会被冻坏，外界湿热的空气遇冷凝结，会不会导致积水甚至漏电，这些情景，同日常生活中的现象别无二致，却是不能不考虑周全的。当然，火箭的热环境设计更多的还是一些日常生活遭遇不到的热/冷环境问题，如分离小火箭高温喷流冲刷设计；级间热分离时，上面级发动机喷流火焰对级间段的冲刷问题，动力系统高温和低温组件对周围的影响；火箭在大气层外飞行时受到自由分子流、太阳辐射、地球反照、地球红外辐射等空间热流的加热作用，同时向真空、深冷宇宙空间加热。它们贯穿于火箭从推进剂加注到最终完成任务的全过程，并与火箭的体量和系统复杂程度正向相关。

从前文的描述可以看出：火箭的各类热环境问题，各有特点，不能一概而论。此处，之所以把诸多热问题冠以“环境”二字，盖以强调它们殊途同归之处，也是人们最关心之处，即这些热问题对火箭的承力结构和箭载设备有什么影响，带来一个怎样的环境，需要如何防护。“环境”二字将不同形式的加热与受热联系在一起，有的时候加热只是一种强制的输入，而更多的时候加热与受热是复杂的耦合过程。

3.1 基本概念

3.1.1 火箭热环境剖面

前面已经谈到火箭从加注到完成任务所经历的复杂热环境。此处按这些热环境出现的先后顺序，简要介绍其由来和各自特点，如图 3-1 所示。

竖立阶段：此时火箭虽然静止不动，但同样面临复杂的热环境。既包括火箭与外界发生的换热，即太阳辐射、大气对流换热等，也包括火箭内部发生的换热，如有效载荷、发动机贮箱等对舱段的加热/冷却作用。对于氢氧低温火箭而言，加注低温推进剂后，舱段的环境受低温影响而变得更加严酷。

起飞瞬间：火箭点火时刻，喷流从发射台导流槽泄出，对箭体本身的影响较小。但随着火箭缓慢升高，尾焰喷溅在发射平台上表面，同时卷起大量烟雾袭向箭体，形成起飞时底部的热流峰值。

亚跨音速：此时的飞行速度不高，气动加热较小。火箭底部发动机的高温喷流对箭体主要产生高温气体辐射加热作用。

超音速段：火箭刚刚进入超音速时，动压（即密度与速度平方

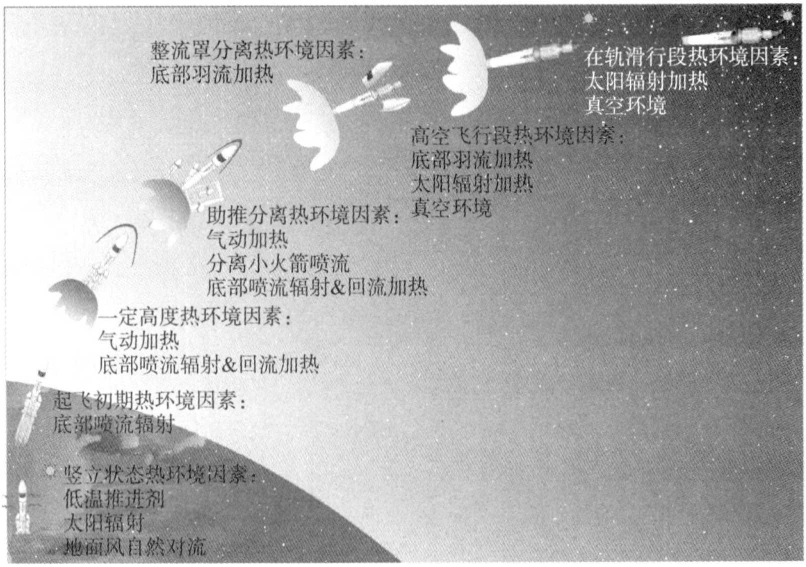

图 3－1　火箭飞行过程中面临的热环境因素

的乘积）达到峰值，气动加热随之增加。随着高度的进一步增加，虽然火箭的速度更快，但大气密度也进一步降低，气动加热作用经历先增后降的过程，直至动压为零。随着飞行高度的增加，空气密度逐渐降低，火箭底部的喷流在低压环境下膨胀起来。高温尾焰的膨胀及其之间的相互干扰形成朝向火箭底部的回流，极大地恶化了底部热环境。

级间分离：级间分离分为冷分离和热分离两种。热分离过程中上面级发动机已经点火，并在级间形成喷流冲击、排焰等过程，带来十分复杂剧烈的热环境。冷分离过程中上面级发动机不点火，通过机械或爆炸手段切断上下两级。由于分离作用力小，为保证分离安全，往往需要在分开的两级分别点燃分离小火箭，加速推动两者分开。分离小火箭的使用，给箭体局部带来短时间的喷流冲刷加热。

二级飞行：在二级飞行过程中，由于高度进一步上升，背景环境接近真空，发动机喷焰充分膨胀形成羽流。羽流的范围扩大，相互干扰作用明显。二级尾舱在结构上往往是开放的，舱内仪器电缆需直接面对羽流加热作用。

在轨滑行：随着飞行任务的扩展，火箭在轨道滑行的时间记录不断刷新。例如为了执行探月任务，我国的运载火箭末级可能需要一次性在轨滑行上千秒时间。此时的末级火箭（Upper Stage）经历类似卫星等航天器面临的热环境，即面对冷黑背景和自由分子流、太阳辐射、地球反照、地球红外辐射等空间热流的加热作用，同时向真空、深冷宇宙空间散热，其换热方式与在大气层中有诸多不同。

3.1.2　热环境设计任务

通过以上介绍，相信读者已经对火箭整个飞行任务中所遭遇的热环境问题有了大体的了解。针对这些客观存在的热问题，热环境设计的主要任务就是给出火箭（包括箭体结构和各种箭上仪器设备）所受的热环境条件（热环境大小和作用时间），并验证火箭对热环境条件的适应性。由于热的问题从产生到作用效果可分为发生、传递和响应，热环境条件的提法也需结合具体情况而定。

热的发生是能量从别的形式转化为热的形式，比如气动加热就是飞行器的动能转化为热能，又比如发动机喷流就是化学能转化为热能。关于热发生的预示是火箭热环境设计的源头，它往往以功率、热流或热流密度的形式给出。热的传递是一个中间环节，是热源通过传递施加到受热物体的过程，通常也是热环境设计中需要重点求解的部分。热的响应是物体受热后发生的变化，最常见的就是温度的变化。结构和设备在输入热流下的温度响应，以及它们能否在这个温度下正常工作，是热环境设计的结果。

火箭的热环境条件既可以用热流（热流密度）给出，也可以用温度给出。关键看研究的是哪个过程，关注的什么特性。比如研究电气设备能否正常工作，需要了解舱内的温度条件。而这个舱内的温度到底是多少，则要了解舱外、舱内加热热源作用的热流条件。凡此种种，此处不一一赘述。

3.1.3 热的传递方式

众所周知，热量从高温物体向低温物体传递，主要有传导、对流、辐射三种途径。相关知识在经典教材中已经得到详尽的阐述，本节仅予以简介并结合火箭热环境给出例子。

3.1.3.1 传导

热传导也称为“导热”。两个温度不同的物体或同一物体内部温度不同的各个部分，依靠物质内部微观粒子（分子、原子或电子）的运动和碰撞来传递能量的方式称为“导热”。在导热方式中，物体内部各个部分之间没有宏观的相对运动。参与导热的物体一定是彼此相接触的，所以这种热量传递属于接触换热。根据实践经验，导热的规律总结为傅里叶定律，对一维平板导热有

$$\Phi = \lambda A \frac{\Delta T}{\delta} \tag{3-1}$$

式中 λ ——物体的热导率，[W/(m·K)]；

A ——平板的接触面积；

ΔT ——平板两侧温度差；

δ ——板厚。

传导的主要特性由热阻表示，即 $\delta/(\lambda A)$ ，它决定了在一定的热流条件下，物体两端的温差。

对于火箭防热系统，固然希望热阻越大越好，这样可以将高温阻绝在外侧。例如，火箭整流罩在上升阶段承受气动加热作用，其结构往往由多层防热材料组成，这些材料大都具有很低的热导率，即形成较大的热阻。当然，在考虑隔热性能的同时，结构的轻量化、强度和透波性能等也是十分关键的。图3-2是加工中的火箭整流罩，表3-1给出了箭上常见隔热材料的热物性。

图 3-2 加工中的火箭整流罩

表 3-1 箭上常见隔热材料的热物性

材料名称	比定压热容/[kJ/(kg·K)]	密度/(kg/m³)	热导率/[W/(m·K)]
酚醛玻璃钢	0.9～1.3	1 600～2 000	0.35～0.65
软木	1.3～1.7	230～290	0.04～0.08
铝蜂窝	4.0～6.0	200～250	1.7～2.0
聚氨酯泡沫	2.0～2.4	35～45	0.015～0.025
铝蒙皮	0.9	2 800	170
各种硅橡胶基涂层	1.2～1.6	600～1 000	0.1～0.3
低密度烧蚀材料	1.0～2.0	200～400	0.05～0.07

3.1.3.2 对流

对流是指由于流体宏观运动，流体各部分之间发生相对位移、冷热流体相互掺混所引起的热量传递过程，对流换热分为自然对流和强迫对流两种。

自然对流是由于流体冷热各部分的密度不同而引起的，比如在无风的天气下，火箭加注低温推进剂之后，贮箱壁面外很薄的一层空气温度降低、密度变大，与外界大气形成密度梯度而发生对流，形成大气与贮箱冷壁的自然对流换热。

强迫对流是具有驱动性的流体与壁面交换热量的过程。实际上，火箭的气动加热、喷流加热等都是（但不仅是）强迫对流换热的过程。不论哪种对流换热，都以计算表面传热系数 α 为首要目的。

$$q=\alpha(T_r-T_w) \tag{3-2}$$

其中，T_r 指壁面外表面极薄一层气体的温度，对于高速流动带来的气动加热而言，壁面与气体间发生剧烈的摩擦，靠近壁面的一层空气介质被吸附和阻滞下来，形成边界层，边界层内空气质点的动能被“耗散”并转化为热能，使得空气温度升高。距离壁面不同位置的气体温度不同，紧靠壁面的一层，阻滞程度最高，这层空气温度称为恢复温度 T_r。T_w 为壁面温度，壁面温度不是固定值，而是随着加热（冷却）而升高（降低）的。因此，壁面吸收到的热流也是随壁温 T_w 的变化而变化的。

3.1.3.3　辐射

热辐射是通过电磁波来传递能量的形式，因此可以在真空中传播，不必相互接触。与导热和对流换热不同，辐射热量与温差不再是正比关系，而是四次方关系，即斯忒藩-玻耳兹曼定律

$$\Phi=\varepsilon A\sigma T^4 \tag{3-3}$$

式中　ε ——发射率；

A ——辐射表面积；

T ——热力学温度；

σ ——斯忒藩-玻耳兹曼常量，其值为 $5.670\ 51\times10^{-8}\ \mathrm{W/(m^2\cdot K^4)}$。

值得注意的是，式（3-3）只是一个物体自身向外辐射的热量，而不是和其他物体的换热量。要计算换热量，则要考虑其吸收辐射的多少，即计算热流的“收支”情况。

这里给出一个简单的例子，即表面积 A_1、表面温度 T_1、发射率 ε_1 的物体被完全包容在一个很大的、表面温度为 T_2 的空腔内，此

时该物体与空腔的辐射换热量为

$$\Phi = \varepsilon_1 A_1 \sigma (T_1^4 - T_2^4) \tag{3-4}$$

如果空腔不完整，则得不到这样简单的结果。这体现了表面辐射换热中最重要的特点，即换热量与两个物体之间的几何位置关系直接相关。

以上所述辐射，仅为物体表面之间的换热，对于连续介质的辐射换热，特别是像火箭尾焰这样的“高温气体辐射”，则要复杂许多。对于高温气体介质，其辐射是在壁面和其间的气体介质中发生的。

如图 3-3 所示，取其中一个微元进行分析，则以辐射强度 I_η 作为描述该微元的基本量。此时我们不妨列出一个复杂的公式，即辐射传递方程来解释一下

$$\begin{aligned} I_\eta(s+\mathrm{d}s,\hat{s},t+\mathrm{d}t) - I_\eta(s,\hat{s},t) = &\kappa_\eta I_{\mathrm{b}\eta}(s,t)\mathrm{d}s - \kappa_\eta I_\eta(s,\hat{s},t)\mathrm{d}s - \\ &\sigma_{\mathrm{s}\eta} I_\eta(s,\hat{s},t)\mathrm{d}s + \\ &\frac{\sigma_{\mathrm{s}\eta}}{4\pi}\int_{4\pi} I_\eta(\hat{s}_i)\phi_\eta(\hat{s}_i,\hat{s})\mathrm{d}\Omega_i \mathrm{d}s \end{aligned} \tag{3-5}$$

式中，右边第一项 $\kappa_\eta I_{b\eta}(s,t)\mathrm{d}s$ ，为沿光程的介质发射增强项；右边第二项 $-\kappa_\eta I_\eta(s,\hat{s},t)\mathrm{d}s$ ，为沿光程的介质吸收减弱项；右边第三项 $-\sigma_{s\eta} I_\eta(s,\hat{s},t)\mathrm{d}s$ ，为沿光程的介质散射减弱项；右边第四项 $\frac{\sigma_{s\eta}}{4\pi}\int_{4\pi} I_\eta(\hat{s}_i)\phi_\eta(\hat{s}_i,\hat{s})\mathrm{d}\Omega_i \mathrm{d}s$ ，为沿光程的介质散射增强项。

由于连续介质的透射性和散射性，导致辐射能量沿程损失或增益。连续介质的容积性对微元辐射强度的沿程积分，是在 4π 球面空间进行的。细心的读者可能还注意到，每个微元的辐射强度 I_η 还备注一个下标 η。这个下标 η 代表某个光谱波长，这是气体辐射对光谱选择性的表现。

该方程的自由度为空间位置 3 个、方向角 3 个、波长变量 1 个，共有 7 个未知数，此时还未曾考虑介质散射模型和各种源项，足见

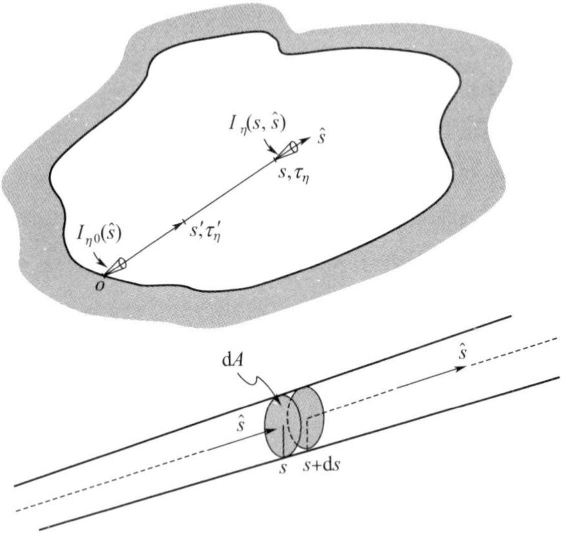

图 3－3　连续介质微元辐射的传播路径

其复杂程度。实际上，火箭喷流形状并不规则，尤其是喷流间发生相互干扰以后，其密度、温度分布十分复杂，喷流形状难以确定。因此，在火箭设计的工程应用上很少用数值求解这个辐射方程，而往往使用一些工程近似方法，详见 3.3 节。

3.1.3.4　综合举例

实际的热问题往往是多种换热方式共同存在的，这里给读者提供一个简单例子，描述火箭单层壁面承受气动加热时的传热计算，包含了传导、对流和辐射三种传热途径，如图 3－4 所示。

主要有如下几部分热源影响箭壁温度。

1）气动加热。气动加热是火箭以很高的速度在大气层内飞行时，由于壁面与空气摩擦，空气边界层内热空气传给箭体表面的热量。可以用气动加热的热流密度来表示

$$q_r = \alpha_T \Delta T = \alpha_T (T_r - T_w) \tag{3-6}$$

式中　α_T ——表面传热系数，取决于气流特性和边界层状态；

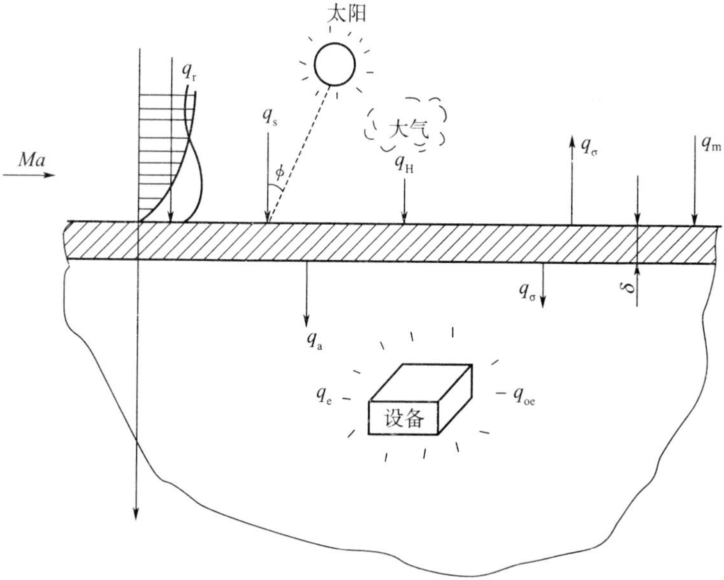

图 3-4　箭体壁面受热状况

T_r ——边界层在箭体表面的恢复温度；

T_w ——壁面温度。

2）喷流加热。喷流加热是箭上各种发动机工作产生的热，如主发动机工作时对底部的回流、辐射加热，姿控、分离发动机喷流直接冲击箭体结构，产生的加热作用。喷流加热作用机理复杂，将在 3.3 节详细介绍，这里以 q_m 对其进行概念性区分。

3）太阳辐射热。火箭飞行时，受太阳照射，吸收太阳辐射热，热流密度用 q_S 表示

$$q_S = B_S G_S \cos\phi \tag{3-7}$$

式中　B_S ——箭体表面吸收系数；

G_S ——太阳对物体表面单位面积法向辐射通量；

ϕ ——太阳射线与物面法线夹角。

4）大气辐射热。周围环境大气的辐射热也为箭体表面所吸收，热流密度用 q_H 表示

$$q_H = B_H G_H \tag{3-8}$$

式中　B_H ——箭体表面对大气辐射热的吸收系数；

G_H ——大气对物体表面单位面积法向辐射通量。

5）舱内空气对流热。舱内空气与箭壁之间，由于温度差存在，发生对流换热作用。这一物理过程与箭体外表面的气动加热大不相同，热流密度记为 q_a。

6）舱内仪器设备发热。箭体内部发动机及其附件，箭壁上安装的电子设备和仪器，在工作时产生热量，与箭壁之间以传导和辐射的方式进行热流传递，热流密度分别记为 q_e 和 q_{oe}。这部分热量与设备结构特性有关，随机性很大。

7）表面辐射热。箭体结构材料内部电子激励，对外产生热辐射，结果使壁面温度降低。热辐射的能力与辐射表面的温度、表面材料的性质及其表面粗糙度等结构特性有关。对外辐射的热流密度用 q_σ 表示

$$q_\sigma = \varepsilon\sigma T_w^4 \tag{3-9}$$

8）加热箭壁结构。箭体壁面结构吸热后温度升高，其内部热传导是一个非定常过程。对箭壁而言，从外表面至内表面，受热和传热基本上在一维垂直壁面的方向进行。用一维傅里叶方程表示

$$\rho c \frac{\partial T}{\partial t} = \frac{\partial}{\partial y}\left(\lambda \frac{\partial T}{\partial y}\right) \tag{3-10}$$

式中　λ ——箭壁材料的热导率；

c ——壁面材料的比热容；

ρ ——壁面材料的密度；

y ——结构在厚度方向的坐标。

方程的边界条件：

$$y=0 \text{ 时}\quad -\lambda_1 \frac{\partial T_1}{\partial y} = q_r + q_m + q_S + q_H - q_\sigma$$

$$y=\delta \text{ 时}\quad -\lambda_n \frac{\partial T_n}{\partial y} = q_a + q_e + q_{oe}$$

初始条件：

$t=0$，$T(y, 0)=T_0$（常数）

求解方程，可以得到结构沿厚度方向的温度分布。图 3－5 和图 3－6 所示为典型的火箭舱段热分析所得的温度分布云图。

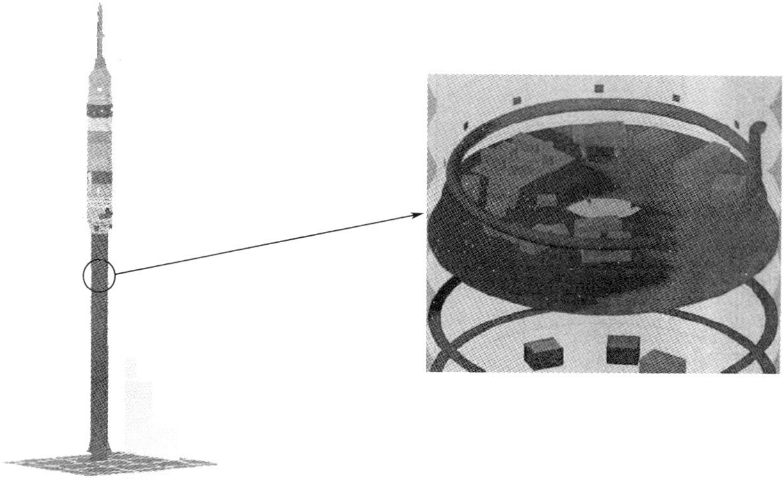

图 3－5　阿瑞斯热分析模型

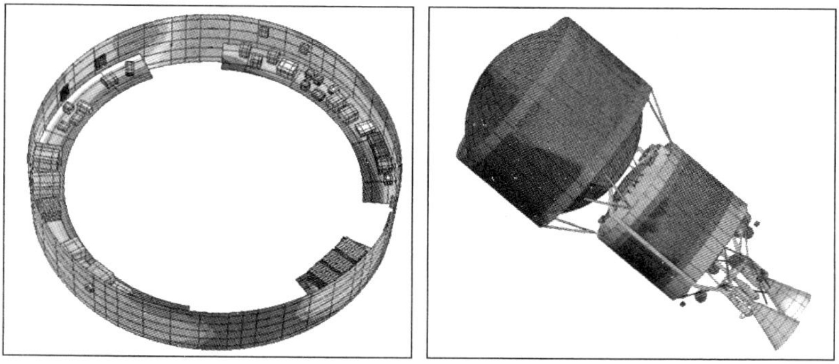

图 3－6　火箭舱段热分析模型

3.2　气动加热环境

当一个物体以很高的速度在空气中运动时，由于物体与空气摩擦，会产生很多的热量。很多人都见过流星，流星是散布在太空中的小物体以高速（十几千米每秒）飞进地球大气层，与空气摩擦产生高温烧蚀，进而发光，它是陨石受气动加热作用的结果。同样，高速飞行器在空气中飞行时，也产生大量的摩擦热，称为气动热。运载火箭飞行时遭受的气动加热和气动加热防护的一些基本技术就是本节要研究的中心内容。

空气动力学是研究物体和空气之间有相对运动时，即物体在空气中运动或物体不动而空气流过物体时，空气的运动规律及相互作用（空气内部的和空气对物体的）所服从的规律。这一学科是随着航空航天事业的发展而发展起来的。飞行器的空气动力学按飞行速度范围划分为低速空气动力学和高速空气动力学。在高速范围内，有一个重要的速度参数，即音速，记为 c。1929 年，阿克雷特定义流体的速度 V 与音速 c 之比为马赫数，记为 Ma，$Ma=V/c$。飞行速度低于音速的问题称为亚音速空气动力学，超过音速的称为超音速空气动力学，飞行速度在音速左右的问题称为跨音速空气动力学。进一步按 Ma 范围对流动进行分类：

1）不可压缩流动：$Ma<0.3$；

2）亚音速流动：$0.3\leqslant Ma<0.8$；

3）跨音速流动：$0.8\leqslant Ma<1.2$；

4）低超音速流动 $1.2\leqslant Ma<3.0$；

5）大超音速流动 $3.0\leqslant Ma<5.0$；

6）高超音速流动 $5.0\leqslant Ma$。

高速飞行器要遭受气动加热，那么，在多高的速度下，气动加热问题比较突出呢？一般来说，以高超音速飞行的飞行器所遭受的气动加热比较严重。到目前为止，运载火箭多为垂直发射，随着高度增加，速度加快，周围大气越来越稀薄。相比起来，运载火箭的气动加热没有再入飞行器的气动加热环境那么严酷，气动加热和防热研究的重点多放在再入段。随着高超音速飞行器的发展，气动加热和防热不只对于再入飞行器，对于其他类型飞行器也是一个重要问题。例如，一些国家正在研制的高超音速巡航导弹，甚至于超音速飞行器等，由于在大气层内长时间高速飞行，这些飞行器所受气动加热的总加热量很大，防热问题很突出。但是，为了增强火箭的运载能力，无论从体积上还是质量上，都要求尽量减小防热结构的比重。为此，运载火箭设计对准确预示气动热环境，发展高性能防热材料，优化防热设计，同样提出了很高的要求。

气动加热的严重程度，取决于飞行轨道参数、大气参数、气动外形、边界层状态和分离、拐角流动和激波冲击等流动条件。运载火箭的气动加热主要集中于飞行高度 50～60 km 以下，$1.2 \leqslant Ma < 6.0$ 的流域范围。本节首先介绍气动加热的原理；其次，介绍气动加热预示；最后，回到气动加热的防护问题。

3.2.1 气动加热的原理

大气层空气的密度随离地面高度的增加而减小，空气分子之间的平均自由程 l（分子与相邻分子碰撞之间分子移动的平均距离）随之增大。例如，在标准海平面，$l = 6.13 \times 10^{-8}$ m，而在 100 km 高空，l 约为 0.3 m。当分子的平均自由程 l 与飞行器的特征尺寸 L 之比达到一定范围时，连续流理论不再适用。火箭在大气层中飞行时，经历连续流、稀薄过渡流和自由分子流等不同类型流态的加热区。判定不同流域的参数是克努森数 Kn（Knudsen number），其定义是

$$Kn = l/L \tag{3-11}$$

判定流域范围的方法是

$Kn \leqslant 0.03$	连续流
$0.03 < Kn < 3.0$	稀薄过渡流
$3.0 \leqslant Kn$	自由分子流

由于通常情况下，气动加热主要发生在超音速、连续流范围，这里着重介绍连续流态的气动加热问题。

3.2.1.1 流动控制方程

在连续流域，空气所表现出来的性能特征不是每个分子的行为，

而是介质整体的属性。在这个前提下，空气动力学采用连续介质的概念，将空气看成连绵一片、不存在间隙的流体。低速空气动力学、超音速空气动力学、高超音速空气动力学都是在连续流这一假设前提下进行研究的。

连续流的流动控制方程为可压缩黏性流纳维-斯托克斯（Navier - Stokes，简称 N - S）方程。

质量守恒方程（连续方程）

$$\frac{\partial \rho}{\partial t} + \nabla \cdot (\rho \mathbf{V}) = 0 \tag{3-12}$$

动量守恒方程：

x 方向

$$\rho \frac{\mathrm{d}u}{\mathrm{d}t} = -\frac{\partial p}{\partial x} + \frac{\partial \tau_{xx}}{\partial x} + \frac{\partial \tau_{yx}}{\partial y} + \frac{\partial \tau_{zx}}{\partial z} \tag{3-13}$$

y 方向

$$\rho \frac{\mathrm{d}v}{\mathrm{d}t} = -\frac{\partial p}{\partial y} + \frac{\partial \tau_{xy}}{\partial x} + \frac{\partial \tau_{yy}}{\partial y} + \frac{\partial \tau_{zy}}{\partial z} \tag{3-14}$$

z 方向

$$\rho \frac{\mathrm{d}w}{\mathrm{d}t} = -\frac{\partial p}{\partial z} + \frac{\partial \tau_{xz}}{\partial x} + \frac{\partial \tau_{yz}}{\partial y} + \frac{\partial \tau_{zz}}{\partial z} \tag{3-15}$$

能量守恒方程

$$\begin{aligned}\rho \frac{\mathrm{d}\left(e + \frac{\mathbf{V}^2}{2}\right)}{\mathrm{d}t} = \rho \dot{q} + \frac{\partial}{\partial x}\left(\lambda \frac{\partial T}{\partial x}\right) + \frac{\partial}{\partial y}\left(\lambda \frac{\partial T}{\partial y}\right) + \frac{\partial}{\partial z}\left(\lambda \frac{\partial T}{\partial z}\right) - \\ \nabla \cdot (\rho \mathbf{V}) + \frac{\partial (u\tau_{xx})}{\partial x} + \frac{\partial (u\tau_{yx})}{\partial y} + \frac{\partial (u\tau_{zx})}{\partial z} + \\ \frac{\partial (v\tau_{xy})}{\partial x} + \frac{\partial (v\tau_{yy})}{\partial y} + \frac{\partial (u\tau_{zy})}{\partial z} + \\ \frac{\partial (w\tau_{xz})}{\partial x} + \frac{\partial (w\tau_{yz})}{\partial y} + \frac{\partial (w\tau_{zz})}{\partial z}\end{aligned} \tag{3-16}$$

式中　τ_{xx} ，τ_{xy} ，$\tau_{xz}\cdots$ ——黏性应力张量的各分量。

$$\begin{cases}\tau_{xy}=\tau_{yx}=\mu\left(\dfrac{\partial v}{\partial x}+\dfrac{\partial u}{\partial y}\right)\\ \tau_{yz}=\tau_{zy}=\mu\left(\dfrac{\partial w}{\partial y}+\dfrac{\partial v}{\partial z}\right)\\ \tau_{xz}=\tau_{zx}=\mu\left(\dfrac{\partial u}{\partial z}+\dfrac{\partial w}{\partial x}\right)\\ \tau_{xx}=\zeta(\nabla\cdot\mathbf{V})+2\mu\dfrac{\partial u}{\partial x}\\ \tau_{yy}=\zeta(\nabla\cdot\mathbf{V})+2\mu\dfrac{\partial v}{\partial y}\\ \tau_{zz}=\zeta(\nabla\cdot\mathbf{V})+2\mu\dfrac{\partial w}{\partial z}\end{cases} \tag{3-17}$$

式中 $\dot{q}$ ——加热率，如辐射引起的传热项；

e ——单位质量内能，$e=c_V T$ ；

c_V ——比定容热容；

p，ρ，T ——压力、密度、温度；

u，v，w ——速度矢量 $\mathbf{V}$ 沿三个坐标方向的分量；

λ ——热导率；

μ ——黏度；

ζ ——容积黏度，采用斯托克斯假设后，$\zeta=-\dfrac{2}{3}\mu$。

为使方程组封闭，尚需补充完全气体状态方程

$$p=\rho RT \tag{3-18}$$

3.2.1.2 超音速流动

超音速流动指 $Ma\geqslant 1.2$ 的流动，激波和膨胀波是超音速流动中十分重要的流动结构。只要气流是超音速的，在流动过程中受到滞止减速或压强升高时，流动出现流体参数的间断（非连续）变化，称为激波。激波的厚度是分子平均自由程的量级，一般为几个分子平均自由程。激波的微观结构里存在热传导和黏性耗散。但在考虑宏观流动时，激波可以近似看成是无限薄的。

当超音速均匀气流遇到如图 3－7 所示的壁面内折时，会出现一道与来流不垂直的激波，称为斜激波。在斜激波的上游和下游，流动参数满足如下条件

$$\frac{p_2}{p_1}=1+\frac{2\gamma}{\gamma+1}(Ma_1^2\ \sin^2\beta) \tag{3-19}$$

$$\frac{\rho_2}{\rho_1}=\frac{(\gamma+1)Ma_1^2\ \sin^2\beta}{(\gamma-1)Ma_1^2\ \sin^2\beta+2} \tag{3-20}$$

$$\frac{u_2}{V_1}=1-\frac{2(Ma_1^2\ \sin^2\beta-1)}{(\gamma+1)Ma_1^2} \tag{3-21}$$

$$\frac{v_2}{V_1}=\frac{2(Ma_1^2\ \sin^2\beta-1)}{(\gamma+1)Ma_1^2}\cot\beta \tag{3-22}$$

$$\frac{T_2}{T_1}=\left(\frac{\gamma-1}{\gamma+1}\right)^2\left(\frac{2\gamma}{\gamma-1}Ma_1^2\ \sin^2\beta-1\right)\left(\frac{2}{\gamma-1}\,\frac{1}{Ma_1^2\ \sin^2\beta}+1\right) \tag{3-23}$$

式中　β ——激波角；

γ ——比热比；

u，v ——速度的流向和横向分量。

激波面与气流方向垂直时的激波为正激波，正激波与斜激波在本质上是相同的，斜激波前后的气流在激波面上的法向分量符合正激波的规律［即经典的兰金-于戈尼奥（Rankine - Hugoniot）激波关系式］。

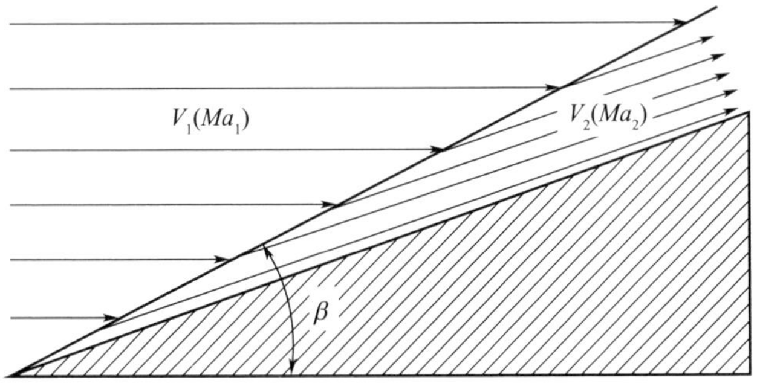

图 3－7　绕内折角的流动

绕外钝角的流动称为普朗特–迈耶尔（Prandtl – Meyer）流动。壁面外折，相当于放宽气流的通道，而对超音速流动来说，加大通道截面面积必使气流加速。超音速流动的绝能加速过程是压强降低的膨胀过程，人们把膨胀过程的马赫波称为膨胀波。

以平板绕流为例，平板上的膨胀流由普朗特–迈耶尔关系式所支配（见图 3 – 8），气流转折角为 $\Delta\theta$

$$\Delta\theta=\sqrt{\frac{\gamma+1}{\gamma-1}}\left[\arctan\left(\sqrt{\frac{\gamma-1}{\gamma+1}}\sqrt{Ma^2-1}\right)-\arctan\left(\sqrt{\frac{\gamma-1}{\gamma+1}}\sqrt{Ma_1^2-1}\right)\right]-\left(\arctan\sqrt{Ma^2-1}-\arctan\sqrt{Ma_1^2-1}\right) \tag{3-24}$$

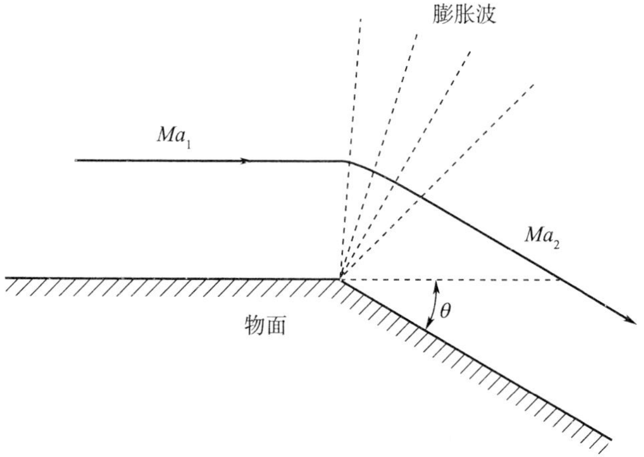

图 3 – 8　绕外钝角的流动

气流在转折膨胀过程中加速、减压。当来流马赫数为 1 时，气流转折角与当地马赫数及当地压力间的数量关系可由普朗特–迈耶尔流函数表直接查得。数值表是从 $Ma_1=1$ 开始计算的，以气流转折角 $\Delta\theta$ 为自变量，给定一系列 θ 值，就可以算出与各个 θ 值相对应的 Ma_2。由于膨胀过程是等熵过程，故与每个 θ 相对应的 $\frac{p}{p_0}$，$\frac{\rho}{\rho_0}$，$\frac{T}{T_0}$ 都列在表 3 – 2 中。

表3-2　普朗特-迈耶尔流函数表摘录（$\gamma=1.4$）

$\theta/(°)$	$Ma_1=1$	$\frac{p}{p_0}$	$\frac{\rho}{\rho_0}$	$\frac{T}{T_0}$
0	1.000	0.528	0.634	0.833
5	1.257	0.383	0.504	0.760
10	1.435	0.299	0.422	0.708
20	1.775	0.181	0.295	0.613

当 $\gamma=1.4$，来流 $Ma_1=1$ 时，气流的最大转折角为 130.45°，气流压强降到 0，$Ma_2\to\infty$，即使再增大 θ，气流也不可能再加速了。这只是想象的极限，实际上在极大 Ma 时，量热完全气体模型已不再适用。

3.2.1.3　高超音速流

高超音速（Hypersonic）这一术语是我国著名科学家钱学森于1946年在他的一篇重要论文中提出的。高超音速流是速度远大于音速的流动，通常用 $Ma>5$ 作为高超音速流的一种标志。这种 Ma 的界限不是绝对的，流动是否是高超音速流还与飞行器的具体形状有关。对于钝体，$Ma>3$ 就开始出现高超音速流的特征；而对于细长体，$Ma>5$ 才开始出现高超音速流的特征。

高超音速流具有如下特点：

1）小密度比和薄激波层。将激波与物体间的流动区域称为激波层，激波层薄是高超音速流的一个特征。这是因为自由流 Ma_∞ 越大，激波越强，激波后气体受到的压缩也越大，激波前后密度之比是小量。对于完全气体极高马赫数时，正激波前后密度比约为1/6，而阿波罗飞船再入飞行真实气体的密度比约为1/20。

2）黏性效应是强的，并可支配整个流场。层流边界层厚度 δ 与自由流马赫数 Ma_∞ 及雷诺数 $Re_{\infty x}$ 在高超音速条件下可简化为

$$\frac{\delta}{x}\propto\frac{Ma_\infty^2}{\sqrt{Re_{\infty x}}}\tag{3-25}$$

在高空、高超音速条件下，δ 变得很大，改变了物体的有效外形，影响了外部无黏流的计算。尤其是由于高超音速激波层薄，边界层厚度与激波层相比不能略去，甚至还会出现整个激波层都具有黏性的情况。边界层变厚对无黏流产生影响，无黏流的变化反过来又影响边界层的增长，出现了高超音速流的黏性相互作用。

3）存在高熵层。高超音速飞行器都做成钝头体，高 Ma 情况下，边界层很薄，激波的脱体距离很小，在头部区，激波高度弯曲。气流经过激波后熵增加，激波越强，熵增越大。因此，沿靠近中心线附近正激波部分的流线上熵增比远离中心线流线上的熵增大得多。于是，在头部区不同流线上出现很强的熵梯度，称之为“熵层”。“熵层”向下游流动，覆盖在物体上，沿物面的边界层在熵层内增长，受熵层的影响。按照可压缩流理论，熵层是强旋度区。这种相互作用有时称为“旋度相互作用”。熵层使边界层计算更加困难，因为边界层外缘条件难以确定。

4）高超音速流动通常是高能流动，存在高温效应。当高超音速流动通过激波压缩或黏性阻滞而减速时，部分有向运动的动能转化为分子随机运动的能量，即气体的温度增加了。这种温升可以大到气体呈现“非完全气体”的模式，传统的完全气体假设不再成立。如阿波罗飞船在高度 $H=53$ km，温度 $T_{\infty}=283$ K，来流马赫数 $Ma_{\infty}=32.5$ 的条件下，如果采用完全气体假设，取比热比 $\gamma=1.4$，则正激波后驻点温度 T_s 为 58 300 K，而对于实际气体，T_s 仅为 11 600 K。虽是高温，但远没有按完全气体假设下算得的值大。这时，完全气体模型失效。

5）高空、高超音速流动存在低密度效应。现代的高超音速飞行器在大气密度很低的高空持续飞行，低密度效应对空气动力的影响很重要。当飞行高度极高时，密度可以很低，以至于分子的平均自由程与飞行器的特征长度具有相同的量级。空气介质不再呈现连续性，必须采用与连续流完全不同的方法来研究这种流动。当与飞行器表面相撞后由表面反射的分子与入射分子不发生相互作用时，这种流动称为自由分子流。当飞行高度下降至一定高度时（如 $H = 82 \sim 95$ km），尽管连续介质的控制方程近似成立，但物面处的边界条件必须进行修正。低密度时物面处的流动速度不为零，应取一定大小的值，称为速度滑移条件。与此相似，壁面处的气体温度也不同于壁温，称为温度滑移条件。另外，高空低密度时，激波本身厚度变大，通常对激波所做的间断面假设不再有效，经典的兰金-于戈尼奥（Rankine - Hugoniot）激波关系式必须进行修正，这些都是低密度时重要的物理现象。

3.2.1.4　边界层理论

黏性很小的流体以大雷诺数 Re $\left(Re = \frac{\rho u l}{\mu}\right)$ 运动时，在大部分流场上可以略去黏性作用，但在物面附近很薄一层的流体内必须考虑黏性作用。这一薄层流体，称为边界层，如图 3 - 9 所示。边界层的概念是普朗特于 1904 年在德国海德堡召开的第三届国际数学大会上提出的。他提出了“边界层”概念，即将大雷诺数下的流场分成两部分处理：在“边界层”以外，仍用无黏流理论来处理，控制方程简化为欧拉方程；而在边界层以内，则需要考虑流体的黏性，由于边界层很薄，黏性流动的运动方程在边界层内可以大大简化为边界层方程，以至于可以得到一些有用的解析解。

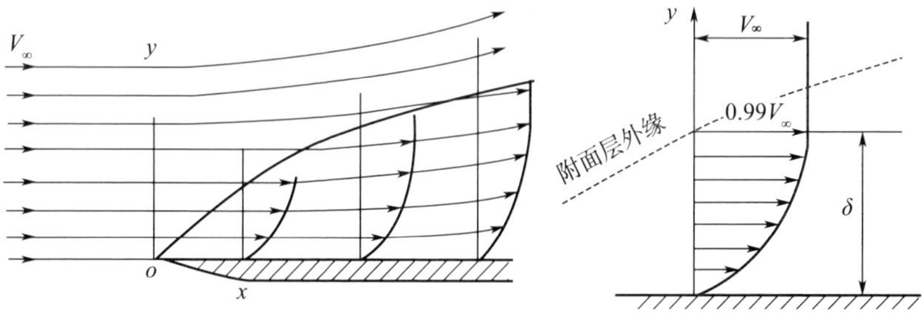

图 3 - 9　边界层示意图

(1) 无黏流区的流动控制方程为欧拉方程

质量守恒方程（连续方程）

$$\frac{\partial \rho}{\partial t}+\nabla\cdot(\rho \boldsymbol{V})=0 \tag{3-26}$$

动量守恒方程：

x 方向

$$\rho\frac{\mathrm{d}u}{\mathrm{d}t}=-\frac{\partial p}{\partial x} \tag{3-27}$$

y 方向

$$\rho\frac{\mathrm{d}v}{\mathrm{d}t}=-\frac{\partial p}{\partial y} \tag{3-28}$$

z 方向

$$\rho\frac{\mathrm{d}w}{\mathrm{d}t}=-\frac{\partial p}{\partial z} \tag{3-29}$$

能量守恒方程

$$\rho\frac{\mathrm{d}\left(e+\frac{\boldsymbol{V}^2}{2}\right)}{\mathrm{d}t}=\rho\dot{q}+\frac{\partial}{\partial x}\left(\lambda\frac{\partial T}{\partial x}\right)+\frac{\partial}{\partial y}\left(\lambda\frac{\partial T}{\partial y}\right)+\frac{\partial}{\partial z}\left(\lambda\frac{\partial T}{\partial z}\right)-\nabla\cdot(\rho \boldsymbol{V}) \tag{3-30}$$

(2) 二维平板的边界层方程

质量守恒方程（连续方程）

$$\frac{\partial(\rho u)}{\partial x}+\frac{\partial(\rho v)}{\partial y}=0 \tag{3-31}$$

动量守恒方程：

x 方向

$$\rho u\frac{\partial u}{\partial x}+\rho v\frac{\partial u}{\partial y}=-\frac{\mathrm{d}p_e}{\mathrm{d}x}+\frac{\partial}{\partial y}\left(\mu\frac{\partial u}{\partial y}\right) \tag{3-32}$$

y 方向

$$\frac{\partial p}{\partial y}=0 \tag{3-33}$$

能量守恒方程

$$\rho u\frac{\partial h}{\partial x}+\rho v\frac{\partial h}{\partial y}=\frac{\partial}{\partial y}\left(\lambda\frac{\partial T}{\partial y}\right)+u\frac{\mathrm{d}p_{\mathrm{e}}}{\mathrm{d}x}+\mu\left(\frac{\partial u}{\partial y}\right)^{2}\tag{3-34}$$

式中　下标 e——边界层外缘条件；

h——气体焓值。

当物体以很高的速度在空气中运动时，由于物体与空气摩擦，会产生很大的热量。如果物面是绝热的，则物面处的静温度最高，因而在物面与附近的气流之间产生很大的温度梯度。试验证明，当气流以超音速流经一个物体时，传热作用只限于物体表面附近的一薄层气流内，称为温度边界层或热边界层。温度边界层内任一截面上的温度分布，称为温度分布剖面或温度型。

与速度型相似，温度型是指物面任一点法线上各点的温度分布。温度边界层的厚度，也是沿法线计量的。当温度从物面温度 T_{w} 沿法线方向递减（速度是沿法向递增的）到与当地自由流温度很接近的那一点时，就认为达到了温度边界层的外缘（或边界）。如图 3－10 所示，如果物体表面是绝热的，温度分布从绝热壁壁面温度 T_{aw} 沿法线递减到外界静温 T_{δ}。与速度边界层相类似，温度边界层的厚度以 δ_{T} 表示。

温度型与速度型的差异在物面处最显著。当流体与固体物面直接接触时，由于传热作用而互相交换热量，因此，要按物面的冷热程度不同将物体分成不同的类型处理：

绝热壁，物面的温度梯度为零，$\left.\frac{\partial T}{\partial y}\right|_{y=0}=0$。

热壁，物面温度高于气体温度，$\left.\frac{\partial T}{\partial y}\right|_{y=0}<0$。

冷壁，物面温度低于气体温度，$\left.\frac{\partial T}{\partial y}\right|_{y=0}>0$。

壁面类型不同，温度边界层内的温度分布曲线是大不相同的。对绝热壁而言，温度分布曲线的特点是在物面处的切线与物面垂直，然后沿 y 由 T_{aw} 递减到 T_{δ}；对热壁而言，温度分布曲线的切线在物面处呈现负斜率，随后沿 y 由壁面温度 T_{w} 递减到 T_{δ}；对冷壁而

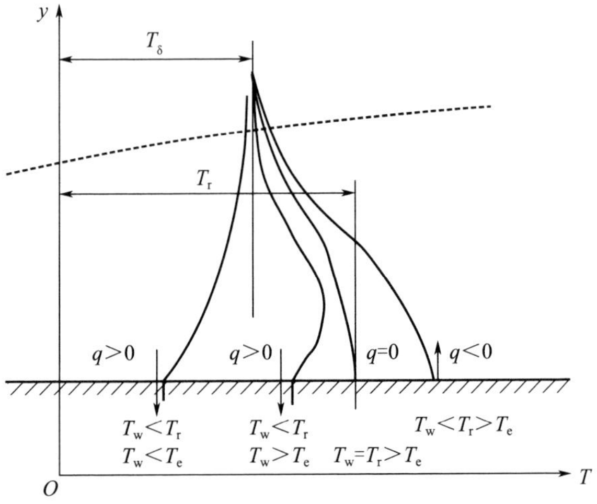

图 3-10　温度边界层和边界型

言，温度分布曲线的切线在物面处呈现正斜率，随后沿 y 由 T_w 递增到 T_δ。不论哪种性质的壁面，温度边界层内总有温度分布曲线（温度型）$T=T(y)$。可按傅里叶公式给出单位时间内，通过单位面积的热流 q。

$$q=-\lambda\ \frac{\partial T}{\partial y} \tag{3-35}$$

式中　λ ——热导率。

温度边界层厚度 δ_T 与物体长度 l 之比的数量级为

$$\frac{\delta_T}{l}\sim\frac{1}{\sqrt{Pr}\ \sqrt{Re_1}} \tag{3-36}$$

式中　Pr ——普朗特数。

$$Pr=\frac{c_p\mu}{\lambda} \tag{3-37}$$

Pr 的数量级是 1（在空气中，$0.68<Pr<0.76$）。故以数量级而论，只要 Re_1 足够大，例如大于 10^6，那么 $\frac{\delta_T}{l}$ 也是一个小量。

温度边界层厚度 δ_T 与速度边界层厚度 δ 之比为

$$\frac{\delta_{\mathrm{T}}}{\delta} \sim \frac{1}{\sqrt{Pr}} \tag{3-38}$$

当 $Pr = 1$ 时，两者的数量级相同；当 $Pr < 1$ 时，$\delta_{\mathrm{T}} > \delta$；当 $Pr > 1$ 时，$\delta_{\mathrm{T}} < \delta$。

从以上的边界层概念，可以知道当高速气体流过物体时，在物面附近，速度减小，温度升高，而物面上的速度则降到零。假设边界层内的空气是理想气体，速度降到零是一个等熵绝热的过程，没有热交换和能量损失，因而物面上的温度就是驻点温度 T_0，表示为

$$T_0 = T_\delta\left(1 + \frac{\gamma - 1}{2} Ma_\delta^2\right) \tag{3-39}$$

事实上，空气是有黏性的，边界层内流体的能量，通过热传导和摩擦损失，不断地交换和传递。摩擦损失是机械能转化成了热能。速度大的地方动能也大，所以由边界层内的速度型可以看到：能量是由外层向物面传递的，而热传导则是由高温处向低温处传递的。由温度型可以看出，一般是由物面附近向外层传递出去的，因而物面附近的温度会有所降低，也就是说，即使物面是绝热的，其温度也会低于驻点温度 T_0。这个温度记为恢复温度 T_r，其表达式为

$$T_r = T_\delta\left(1 + r\frac{\gamma - 1}{2} Ma_\delta^2\right) = T_{\mathrm{aw}} \tag{3-40}$$

式中，r 为复温系数，表示当地自由流中的动能在物面上的回收值，即

$$r = \frac{T_{\mathrm{aw}} - T_\delta}{T_0 - T_\delta} \tag{3-41}$$

此处，$T_{\mathrm{aw}} - T_\delta$ 是相对于自由流的物面实际温度升高量，$T_0 - T_\delta$ 则是没有黏性和热传导时的理想温度升高量。为确定 r，人们做过很多试验。由试验知 r 主要随 Pr 而改变。在层流和湍流边界层中，r 的值也不同。理论计算和试验结果都表明，在层流边界层内，应取 $r = \sqrt{Pr}$，而在湍流边界层内，则应取 $r = \sqrt[3]{Pr}$。

得到 r 之后，即可得到绝热壁温 T_{aw}。在实际问题中，当飞行器做长期定常飞行时，如结构表面的导热性能不是很好，在飞行 Ma

不是很大的情况下（这时可以忽略表面的辐射热），结构表面所达到的平衡温度是很接近绝热壁温的。在设计飞行时，绝热壁温就是结构表面上所能达到的最高温度。

事实上，飞行器的结构表面并不是绝热的，因此，实际的物面温度比恢复温度低。在设计高速飞行器时，计算边界层传给结构表面的热量是个很重要的问题，这个热流是指气体与固体直接接触时，相互间的对流换热量。而这又涉及气体本身的热传导以及气体运动而引起的热能对流交换过程。单位时间内，单位面积上的对流换热量与两者的温度差是成正比的，即

$$q \sim \Delta T \text{ 或 } q = \alpha_{\mathrm{T}} \Delta T \tag{3-42}$$

用焓值差表示为

$$q \sim \Delta h \text{ 或 } q = \alpha_{\mathrm{h}} \Delta h \tag{3-43}$$

式中 α（α_{T} 或 α_{h}）——表面传热系数；

α_{T} ——温度差表示的表面传热系数；

α_{h} ——焓值差表示的表面传热系数，它是许多物理量的函数，随飞行高度、Ma 和结构表面温度而变，是在边界层理论中需要求解的一个量。

不过，一般计算时并不直接求解 α ，而习惯用一个量纲为一的热交换系数，即斯坦顿数 St ，其定义是

$$St = \frac{\alpha_{\mathrm{T}}}{c_p \rho_\delta u_\delta} = \frac{\alpha_{\mathrm{h}}}{h_\delta u_\delta} \tag{3-44}$$

ρ_δ 、u_δ 为边界层外缘密度和速度，因而

$$q = St \cdot \rho_\delta u_\delta \cdot c_p \Delta T = St \cdot h_\delta u_\delta \cdot \Delta h \tag{3-45}$$

由此可见，要想得到 q ，需要得到斯坦顿数 St。而斯坦顿数 St 又随层流或湍流流态而不同，也与飞行高度、飞行 Ma 和结构表面温度有关。对于一些简单形状的物体而言，层流边界层的 St 可以用理论方法求出。而湍流边界层的 St 则主要依靠半经验的理论和试验数据得到。

3.2.2　气动加热预示

在高速飞行器的设计中，气动加热预示（即确定温度边界层传给飞行器壁面的热量）是一项非常重要的工作，本节阐述运载火箭气动加热预示的主要过程。通过本节的介绍，读者可以了解运载火箭气动加热预示的基本概况。

首先，采用安德森所引用的近似估算公式来说明运载火箭气动加热的大小和主要决定因素。飞行器表面热流密度用下式进行初步估算

$$q=\rho_{\infty}^{N}v_{\infty}^{M}C \tag{3-46}$$

式中　q ——表面热流密度（$\mathrm{W/m^2}$）；

ρ_{∞} ——自由流密度（$\mathrm{kg/m^3}$）；

v_{∞} ——自由流速度（m/s）。

对于驻点

$$M=3 \tag{3-47}$$

$$N=0.5 \tag{3-48}$$

$$C=1.83\times10^{-8}R^{-\frac{1}{2}}\left(1-\frac{h_{\mathrm{w}}}{h_{0}}\right) \tag{3-49}$$

式中　R ——头部半径（m）；

h ——焓值（J/kg）；

下标 w，0——壁焓和总焓。

对于层流平板

$$M=3.2 \tag{3-50}$$

$$N=0.5 \tag{3-51}$$

$$C=2.53\times10^{-9}\,(\cos\phi)^{\frac{1}{2}}(\sin\phi)\,x^{-\frac{1}{2}}\left(1-\frac{h_{\mathrm{w}}}{h_{0}}\right) \tag{3-52}$$

式中　ϕ ——相对于自由流向的当地角度（°）；

x ——沿物面的距离（m）。

对于湍流平板

$$N=0.8 \tag{3-53}$$

当 $v_\infty \leqslant 3\ 962$ m/s 时

$$M = 3.37 \tag{3-54}$$

$$C = 3.89 \times 10^{-8}\ (\cos\phi)^{1.78}\ (\sin\phi)^{1.6} x_T^{-\frac{1}{5}} \times \left(\frac{T_w}{556}\right)^{-\frac{1}{4}} \left(1 - 1.11\frac{h_w}{h_0}\right) \tag{3-55}$$

当 $v_\infty \geqslant 3\ 962$ m/s 时

$$M = 3.7 \tag{3-56}$$

$$C = 2.2 \times 10^{-9}\ (\cos\phi)^{2.08}\ (\sin\phi)^{1.6} x_T^{-\frac{1}{5}} \left(1 - 1.11\frac{h_w}{h_0}\right) \tag{3-57}$$

式中　x_T ——湍流边界层中沿物面的距离（m）。

从上述公式，可以得到以下基本结论：

1）表面热流密度近似随飞行速度的 3 次方快速增长，可见飞行速度对气动加热影响的严重程度。

2）热流密度随周围大气密度增加而增加，正比于密度的 0.5～0.8 次方。这意味着，以同样速度飞行时，飞行高度越高，气动加热越小，飞行高度越低，气动加热越大。在高空达到极高速度时，空气密度低，气动加热环境反而减弱。

3）驻点热流与头部半径的 1/2 次方成反比，头部半径越大，热流密度越低。因此，火箭头部多采用钝头体。

4）表面流态从层流变为湍流，同一位置的表面热流密度将增加数倍。

5）火箭为垂直发射，随着高度增加，速度加快，周围大气越来越稀薄，气动加热经历由弱增强再减弱过程。

3.2.2.1　工程预示

目前对气动加热的计算预示主要有工程计算和 CFD 数值计算两种。工程计算方法计算效率高，精度能够满足工程实际的要求，在几何模型较简单的情况下能得到良好的结果，在新型火箭研制的概念研究以及参数设计阶段应用较多。工程计算的主要处理方法有：

轴对称比拟法、等价锥法、试验数据相关法等。应用比较广泛的是基于跟踪流线的轴对称比拟法。工程方法应用成熟，已发展出了比较成熟的工程计算程序，国外应用较多的程序有：

（1）MINIVER 程序

MINIVER 程序是一个简单的工程计算程序，采用常用热流公式计算、可用于计算理想和化学平衡状态气体，它以菜单形式提供各种方法用来计算气动加热以及其他流动参数。采用等效切锥和近似横向流的方法来考虑攻角的影响，可以计算二维和三维表面流动，三维计算采用曼格勒变换。

（2）AEROHEAT 程序

AEROHEAT 程序采用 Dejarnette 提出的轴对称比拟概念，计算三维飞行器的气动加热。程序中采用 Maslen 方法来计算激波形状，应用质量平衡的方法来考虑局部熵层对表面加热的影响，压力分布既可由分析解给出，也可以直接输入。

（3）INCHES 程序

INCHES 程序最初是为轨道飞行器的辐射和对流加热计算而服务的，它是一种近似无黏边界层的方法。采用修正的 Maslen 技术，可以计算轴对称零攻角抛物型、椭圆型、双曲型和球头钝锥的表面流场，可以考虑到变熵对表面热流的影响。通过采用 Dejarnette 和 Davis 方法，计算有攻角情况下球头钝锥的迎风面和背风面气动加热问题。

（4）LATCH 程序

LATCH 程序以轴对称比拟为基础，使用近似积分方法，通过与求解欧拉方程的程序配合得到复杂形状高速飞行器表面的热流分布。该方法用于 X33 的气动热计算，得到了很好的结果，可以部分考虑化学反应的影响，可以用于 CF4 和火星大气的计算。

（5）AA2LCH 程序

AA2LCH 程序是一个轴对称比拟程序，通过使用欧拉方程 IEC3D 程序得到的压力分布，给出复杂形状高速飞行器表面的热流分布。该方法用于 X38 的气动热计算，也得到了令人满意的结果。

国内的空气动力研究与发展中心、航天空气动力技术研究院、北京航空航天大学、中国科学院力学研究所、上海交通大学等在气动加热工程预示方面也做了很多工作，各单位也开发了符合各自适用范围的计算程序。

气动加热工程预示的基本流程如图 3-11 所示，即按 Kn 划分为连续流区、稀薄过渡流区和自由分子流区。每一种流动区域的流动特性均不相同，必须采用适合不同区域特征的方法开展气动加热计算。箭体表面存在各种突起物、缝隙、狭缝等，实际情况外形复杂，下面以典型的火箭气动外形为例，阐述火箭气动加热工程计算方法的构建过程。

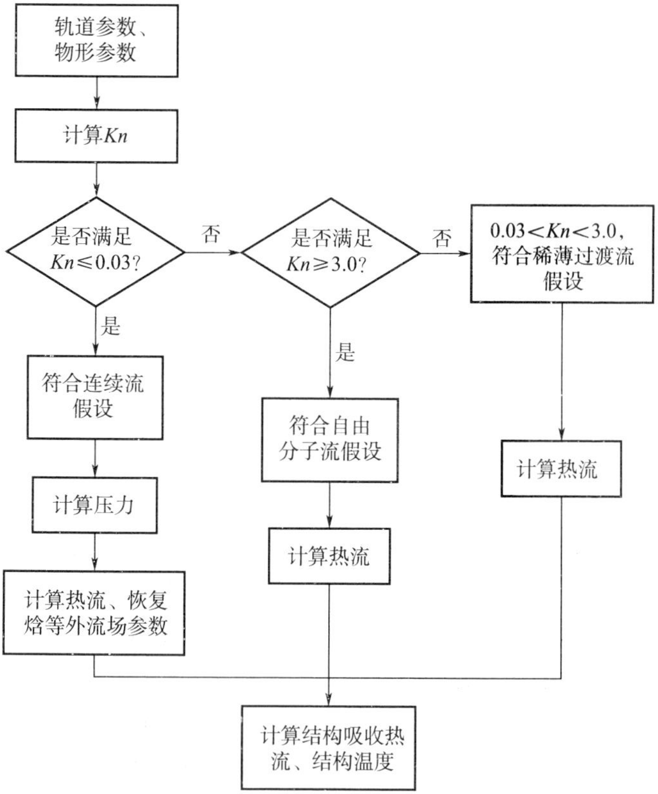

图 3-11 气动加热工程预示的基本流程

(1) 连续流气动加热计算方法

①热流计算

综合前面几节内容所述，气动加热的热流可由下述公式描述

$$q=\alpha_{\mathrm{T}}\Delta T=\alpha_{\mathrm{T}}(T_{\mathrm{r}}-T_{\mathrm{w}})=\alpha_{\mathrm{h}}\Delta h=\alpha_{\mathrm{h}}(h_{\mathrm{r}}-h_{\mathrm{w}}) \quad (3-58)$$

$$\alpha_{\mathrm{T}}=St\cdot c_{p}\rho_{\delta}u_{\delta} \quad (3-59)$$

$$\alpha_{\mathrm{h}}=St\cdot h_{\delta}u_{\delta} \quad (3-60)$$

高速绕流壁面传热系数的确定是很复杂的问题。目前只有零攻角的平板传热系数有比较精确的解，将其近似用于火箭结构表面。对于复杂外形，针对具体情况做各种假设，再按平板处理。

对于一般情况下只有膨胀转折角或有很小的压缩转折角的火箭物面进行气动加热计算，从驻点开始，沿箭体表面分成球头区、锥面区、柱面区三个区域，如图 3－12 所示。

1) 柱面区热流计算。火箭大部分部段，如整流罩柱段、级间段、贮箱、箱间段、尾段等均属于柱面区，这些区域远离火箭的驻点区，忽略压力梯度的影响，传热系数均可采用平板的传热系数计算公式，尾翼平面区也可采用平板的传热系数计算公式。

平板传热的关键参数斯坦顿数 St ，是一个量纲为一的热交换系数，取决于边界层状态，并与飞行高度、飞行马赫数、弹体外形、计算点位置及壁面温度有关。传热与表面摩擦之间存在相似性，首先由奥斯本·雷诺于 1874 年在研究蒸汽锅炉时提出来，用雷诺比拟因子 S 把传热与表面摩擦关联起来。

$$St=\frac{C_{\mathrm{f}}}{2}S \quad (3-61)$$

式中　C_{f} ——局部摩擦系数；

S ——与边界层状态和普朗特数 Pr 有关。

对等温平板，$S\approx Pr^{-\frac{2}{3}}$。$Pr$ 与边界层状态和温度有关，可按如下取值进行近似计算

$$Pr=\begin{cases}0.71 & \text{层流边界层}\\ 0.86 & \text{湍流边界层}\end{cases} \quad (3-62)$$

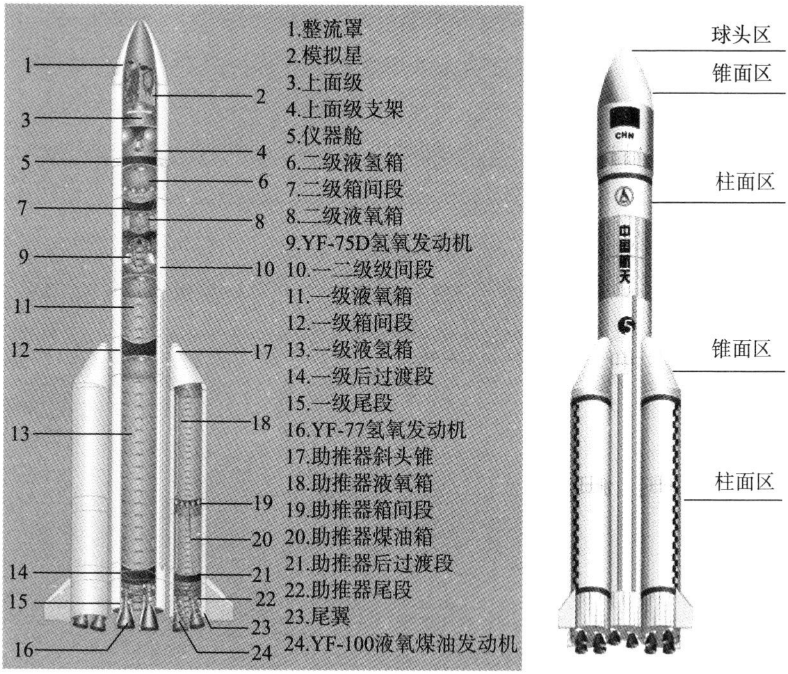

图 3-12　箭体表面分区

局部摩擦系数 C_f 与边界层状态有关：

a）低速层流边界层。根据经典边界层理论的布拉修斯解

$$C_f = \frac{0.644}{\sqrt{Re_{\delta x}}} \tag{3-63}$$

式中　$Re_{\delta x}$ ——当地雷诺数，$Re_{\delta x} = \frac{\rho_\delta u_\delta}{\mu_\delta} x$ ；

μ_δ ——边界层外缘的动力黏度（简称黏度）；

x ——计算位置与边界层起点的纵向距离。

b）高速层流边界层。在求解可压缩超音速流场的加热问题时，通过适当的变换把可压缩问题转化为不可压缩问题，从而把不可压缩边界层的经典分析推广到了可压缩边界层情况。引入了参考温度法，最著名的是埃克特公式，定义了所谓的参考温度 T^*

$$T^{*} = 0.28T_{\delta} + 0.5T_{w} + 0.22T_{r} \tag{3-64}$$

在此温度下，可压缩摩擦系数与不可压缩情况一致

$$C_{f}^{*} = \frac{0.644}{\sqrt{Re_{\delta x}^{*}}} \tag{3-65}$$

$$Re_{\delta x}^{*} = \frac{\rho_{\delta}^{*} u_{\delta}}{\mu_{\delta}^{*}} x \tag{3-66}$$

用边界层外缘参数表示摩擦系数时

$$C_{f} = \frac{0.644}{\sqrt{Re_{\delta x}}} \left(\frac{\rho_{\delta}^{*} \mu_{\delta}^{*}}{\rho_{\delta} \mu_{\delta}} \right)^{1/2} \tag{3-67}$$

式中　μ_{δ}^{*} ——参考黏度，$\mu_{\delta}^{*} = \mu T^{*}$；

ρ_{δ}^{*} ——参考密度，$\rho_{\delta}^{*} = \dfrac{\rho_{\delta} T_{\delta}}{T^{*}}$。

c）低速湍流边界层。与低速层流相仿，在 $10^{5} < Re_{\delta x} < 10^{7}$ 范围内，低速湍流边界层也有类似布拉修斯公式。

$$C_{f} = \frac{0.0592}{Re_{\delta x}^{0.2}} \tag{3-68}$$

d）高速湍流边界层。仿照高速层流边界层的做法，当 $10^{6} < Re_{\delta x} < 10^{9}$ 时，引入埃克特参考温度，则

$$C_{f} = \frac{\rho_{\delta}^{*}}{\rho_{\delta}} \frac{0.0592}{(\varepsilon_{T} Re_{\delta x})^{0.2}} \tag{3-69}$$

式中，$\varepsilon_{T} = \dfrac{\rho_{\delta}^{*} / \rho_{\delta}}{\mu_{\delta}^{*} / \mu_{\delta}}$，也可采用 Schultz - Grunow 对湍流边界层研究的改进结果；$C_{f} = 0.37(\log \varepsilon_{T} Re_{\delta x})^{-2.584}$。

综上，可得到不同边界层状态下的表面传热系数计算公式：

对于层流边界层

$$\alpha_{T} = 0.332\,(Re_{\delta x}^{*})^{-0.5} Pr^{-2/3} \cdot \rho_{\delta}^{*} c_{p}^{*} u_{\delta} \tag{3-70}$$

式中，$c_{p}^{*} = c_{p} T^{*}$。

对于湍流边界层，当 $10^{5} < Re_{\delta x} < 10^{7}$ 时

$$\alpha_{T} = 0.0296\,(Re_{\delta x}^{*})^{-0.2} Pr^{-2/3} \cdot \rho_{\delta}^{*} c_{p}^{*} u_{\delta} \tag{3-71}$$

当 $10^{6} < Re_{\delta x} < 10^{9}$ 时

$$\alpha_{T}=0.185\left(\log\varepsilon_{T}Re_{\delta x}^{*}\right)^{-2.584}Pr^{-2/3}\cdot\rho_{\delta}^{*}c_{p}^{*}u_{\delta}\qquad(3-72)$$

柱面区热流计算时，先根据箭体外形和飞行状态确定边界层外缘参数，采用上述平板表面传热系数计算方法，得到柱面区热流参数。

2）锥面区热流计算。对于箭体锥段，需考虑锥形流的影响。由圆锥体绕流流动，圆锥体边界层外缘参数为常数，和平板绕流具有相同条件。通过曼格勒变换，把圆锥绕流变换为二维边界层绕流，应用边界层理论，再还原到原来的物理平面，得到

$$\begin{cases}C_{f圆锥}=\sqrt{3}C_{f平板} & \text{层流边界层}\\ C_{f圆锥}=C_{f平板}\left(按\dfrac{1}{2}Re_{\delta x}计算\right) & \text{湍流边界层}\end{cases}\qquad(3-73)$$

$$\begin{cases}St_{f圆锥}=\sqrt{3}St_{f平板} & \text{层流边界层}\\ St_{f圆锥}=St_{f平板}\left(按\dfrac{1}{2}Re_{\delta x}计算\right) & \text{湍流边界层}\end{cases}\qquad(3-74)$$

3）球头区热流计算。火箭整流罩端头、助推头锥端头，由于表面曲率较大，存在较大压力和温度梯度，使用平板表面传热系数计算公式会导致较大误差，需考虑局部气流特性影响。高速飞行器驻点加热特别重要，研究者对此做过许多研究工作，得出了许多在工程中可以使用的计算公式，如 Fay－Riddell 公式、Kemp－Riddell 公式、Scala 公式、Lees 公式等，这里可采用 Fay－Riddell 公式确定球头驻点的热流，如式（3－75）。

$$q_{s}=0.763Pr^{-\frac{2}{3}}\left[\rho_{s}\mu_{s}\left(\frac{du}{dx}\right)_{s}\right]^{0.5}(h_{s}-h_{w})\qquad(3-75)$$

式中　$\left(\dfrac{du}{dx}\right)_{s}$——驻点外缘速度梯度

$$\left(\frac{du}{dx}\right)_{s}=\frac{1}{R_{N}}\sqrt{\frac{2(p_{s}-p_{\infty})}{\rho_{s}}}\qquad(3-76)$$

式中　R_{N}——驻点曲率半径；

p_{s}，ρ_{s}，h_{s}，μ_{s}——正激波后驻点压力、密度、气体焓值、

黏度，$h_s = c_p \cdot T_s$，$\mu_s = \left(\frac{T_s}{261}\right)^{\frac{3}{2}} \cdot \left(\frac{375}{T_s} + 114\right) \times 1.7 \times 10^{-5}$；

h_w——壁焓，$h_w = c_p T_w$。

火箭上升过程中，低空飞行时，表面绝大部分为湍流边界层所覆盖，但在驻点附近，由于当地雷诺数较低，总是存在一段层流区。随着飞行高度增加，空气密度降低，雷诺数减小，转捩点逐渐后移，高空飞行时，边界层又变为层流状态。

采用非驻点局部相似解，可以确定球头非驻点区域层流状态时的热流

$$\frac{q_b}{q_s} = \frac{2\theta \sin\theta \left[\left(1 - \frac{1}{\gamma Ma_\infty^2}\right)\cos^2\theta + \frac{1}{\gamma Ma_\infty^2}\right](T_r - T_w)}{57.3[D(\theta)]^{\frac{1}{2}}[T_r - T_{w(\theta-0)}]} \tag{3-77}$$

式中　θ——球心角。

$$D(\theta) = \left(1 - \frac{1}{\gamma Ma_\infty^2}\right)\left[\left(\frac{\theta}{57.3}\right)^2 - \frac{\theta \sin 4\theta}{2 \times 57.3} + \frac{1 - \cos 4\theta}{8}\right] + \frac{4}{\gamma Ma_\infty^2}\left[\left(\frac{\theta}{57.3}\right)^2 - \frac{\theta \sin 2\theta}{57.3} + \frac{1 - \cos 2\theta}{2}\right] \tag{3-78}$$

球头非驻点区域湍流状态的热流密度计算，采用平板参考焓法，考虑压力梯度对轴对称体上湍流热流的影响

$$q_b = 0.029\,6 Pr^{-\frac{2}{3}} \rho_e u_e Re_x^{-\frac{1}{2}} (h_s - h_w) F \tag{3-79}$$

式中　F——形状因子。

$$F = \frac{r^{\frac{1}{4}} (\rho_e u_e \mu_e x)^{0.2}}{\left(\int_0^x \rho_e u_e \mu_e r^{1.25} \mathrm{d}x\right)^{0.2}} \tag{3-80}$$

式中　r——湍流恢复因子，$r = 0.892\,1$。

4）判别准则。影响边界层转捩的因素很多，包括雷诺数、马赫

数、物面几何形状、壁面粗糙度和表面温度等，很难定量估计这些因素影响。根据经验，一般认为转捩雷诺数为 $5\times10^5\sim5\times10^6$。火箭飞行试验测量表明，从湍流到层流的转捩雷诺数取 5×10^6 可以得到较好的计算结果。需要说明的是，头部若存在凸起物，可能使 Re_x 小于 5×10^6 时就发生层流向湍流转捩，导致较高的热流密度。

计算中，采用马赫数判别准则确定边界层状态。转捩雷诺数按下式计算

$$Re_c=(\rho_\delta u_\delta x/\mu_\delta)_{tr}=10^{5.37+0.232\,5Ma_\delta-0.004\,015Ma_\delta^2} \tag{3-81}$$

当 $Re_x\leqslant Re_c$ 时，按层流边界层；

当 $Re_x>Re_c$ 时，按湍流边界层。

②流场参数计算

从前面的热流计算过程可知，气动加热热流与箭体来流状况和来流状况下的边界层外缘参数有关。来流参数即无穷远处的气流参数，可根据飞行弹道和标准大气参数及气体状态方程得到。边界层外缘参数即绕流参数包括：压力分布、速度分布、密度分布、温度分布等，可通过数值求解欧拉方程得到，也可通过风洞试验测量获得。火箭大部段结构多为球头-锥-柱，锥-柱，小钝头-多截锥-柱等组合旋成体，更方便地做法是，采用既简单而又行之有效的工程计算公式来得到。如二次激波膨胀波方法与牛顿理论相结合，计算表面压力分布，再得到其他绕流参数。下面概要给出典型部段的流场参数计算方法。

1）大气层参数。火箭飞行在大气层内跨越范围广泛，大气层分层如图 3-13 所示。

大气层参数根据 GJB 365.1—1987《北半球标准大气（−2～80 公里）》规范确定。工程计算中可按如下关系式确定大气参数。

大气温度 T

$$T=T_b+L(H-H_b) \tag{3-82}$$

大气压力 p

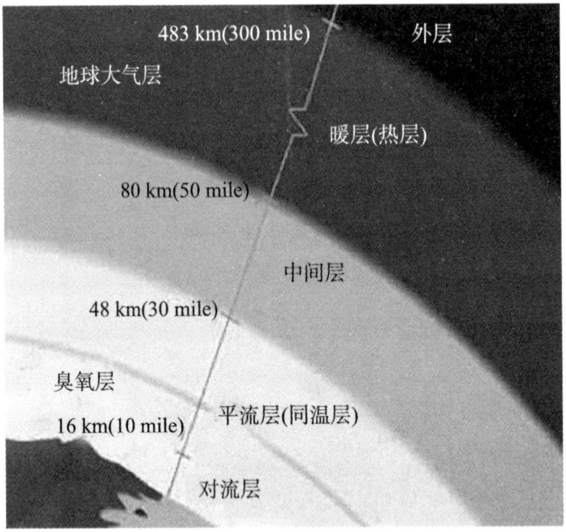

图 3-13　大气层

$$p=\begin{cases} p_b\left[1+\dfrac{L}{T_b}(H-H_b)\right]^{-g_n/(LR)} & (L\neq 0) \\ p_b\exp\left[-\dfrac{g_n}{RT}(H-H_b)\right] & (L=0) \end{cases} \tag{3-83}$$

位势高度 H

$$H=\frac{r_0 h_j}{r_0+h_j} \tag{3-84}$$

式中　r_0——地球有效半径，$r_0=6\ 356\ 766$ m；

h_j——几何高度（m）；

H_b——计算高度带底面位势高度（m）；

T_b——计算高度带底面温度（K）；

p_b——计算高度带底面压力（Pa）；

g_n——标准重力加速度，$g_n=9.806\ 65\ \text{m/s}^2$；

L——垂直温度梯度（K/m）。

计算中使用的相应带底面的高度、温度、压力和垂直温度梯度见表 3-3。

表 3-3 计算带底面的高度、温度、压力和垂直温度梯度（$\gamma=1.4$）

H_b /m	T_b /K	p_b /Pa	L /(K/m)
0	288.15	101 325	−0.006 5
11 000	216.65	22 632	0
20 000	216.65	5 474.8	0.001
32 000	228.65	868.01	0.002 8
47 000	270.65	110.9	0
51 000	270.65	66.938	−0.002 8

2）来流参数计算。前方来流参数 T_∞ 、p_∞ 即为相应弹道高度上的大气参数值。在气动加热计算中，其他参数采用如下参数确定：

来流音速

$$c_\infty=\sqrt{\gamma RT_\infty} \tag{3-85}$$

来流马赫数

$$Ma_\infty=\frac{V_\infty}{c_\infty} \tag{3-86}$$

黏度

$$\mu_\infty=1.458\times10^{-6}\ \frac{T_\infty^{1.5}}{T_\infty+110.4} \tag{3-87}$$

气流密度

$$\rho_\infty=\frac{p_\infty}{RT_\infty} \tag{3-88}$$

3）球头区流场参数计算。采用修正牛顿压力公式计算球头区压力系数

$$C_p=C_{ps}\cdot\sin^2\theta_c \tag{3-89}$$

$$C_{ps}=\frac{2}{\gamma Ma_\infty^2}\left[\left(\frac{\gamma+1}{2}Ma_\infty^2\right)^{\gamma/(\gamma-1)}\left(\frac{\gamma+1}{2\gamma Ma_\infty^2-\gamma+1}\right)^{1/(\gamma-1)}-1\right] \tag{3-90}$$

式中 θ_c ——来流与物面夹角，当 $\theta_c=\pi/2$ 时，即为驻点值；

C_{ps} ——表面压力系数。

驻点参数 p_s，T_s，ρ_s 确定采用如下公式

$$p_s = C_{ps} q_\infty + p_\infty \tag{3-91}$$

$$Ma_2^2 = \frac{Ma_\infty^2 + \dfrac{2}{\gamma - 1}}{\dfrac{2\gamma}{\gamma - 1} Ma_\infty^2 - 1} \tag{3-92}$$

$$\frac{T_2}{T_1} = \left(\frac{\gamma - 1}{\gamma + 1}\right)^2 \left(\frac{2\gamma}{\gamma - 1} Ma_\infty^2 - 1\right) \cdot \left(\frac{2}{\gamma - 1} \cdot \frac{1}{Ma_\infty^2} + 1\right) \tag{3-93}$$

$$\frac{T_s}{T_2} = 1 + \frac{\gamma - 1}{2} Ma_2^2 \tag{3-94}$$

$$\frac{\rho_2}{\rho_1} = \frac{(\gamma + 1) Ma_\infty^2}{(\gamma - 1) Ma_\infty^2 + 2} \tag{3-95}$$

$$\frac{\rho_s}{\rho_2} = \left(1 + \frac{\gamma - 1}{2} Ma_2^2\right)^{\frac{1}{\gamma - 1}} \tag{3-96}$$

4）锥面区流场参数计算。火箭锥角较小，超音速时，除前缘极小部分外，整个表面压力基本为常数。近似认为锥面来流马赫数为 Ma_∞，用局部锥方法计算其锥面压力。激波角 β、表面压力系数 C_{pc} 满足如下关系式

$$\sin\beta = \sin\theta_c \left(\frac{\gamma + 1}{2} + \frac{1}{Ma_\infty^2 \sin^2\theta_c}\right)^{\frac{1}{2}} \tag{3-97}$$

$$C_{pc} = \sin^2\theta_c \left[1 + \frac{(\gamma + 1)B^2 + 2}{(\gamma - 1)B^2 + 2} \ln\left(\frac{\gamma + 1}{2} + \frac{1}{B^2}\right)\right] \tag{3-98}$$

其中

$$B^2 = (Ma_\infty^2 - 1)\sin^2\theta_c$$

式中 θ_c ——半锥角。

锥面区边界层外缘参数可以确定为

$$p_\delta = C_{pc} q_\infty + p_\infty \tag{3-99}$$

$$T_\delta = \frac{(7Ma_\infty^2 \sin^2\beta - 1)(Ma_\infty^2 \sin^2\beta + 5)}{36(Ma_\infty \sin\beta)^2} T_\infty \tag{3-100}$$

$$Ma_{\delta}=\sqrt{5\left[\frac{T_{\infty}\left(1+\frac{\gamma-1}{2}Ma_{\infty}^{2}\right)}{T_{e}}-1\right]} \tag{3-101}$$

$$\rho_{\delta}=\frac{6Ma_{\infty}^{2}\ \sin^{2}\beta}{5+Ma_{\infty}^{2}\ \sin^{2}\beta}\rho_{\infty} \tag{3-102}$$

5）柱段区流场参数计算。柱段边界层外缘参数取来流值

$$p_{\delta}=p_{\infty} \tag{3-103}$$

$$\rho_{\delta}=\rho_{\infty} \tag{3-104}$$

$$T_{\delta}=T_{\infty} \tag{3-105}$$

（2）自由分子流气动加热计算方法

自由分子流气动加热与单位体积的分子数目 N、分子速度比 S，壁温 T_{w}、速度向量与物面切线的夹角 θ 以及壁面材料适应系数 α 等有关。采用如下计算公式

$$q_{f}=\alpha\left\{\frac{\gamma+1}{2(\gamma-1)}nkT_{w}-\left[\left(S^{2}+\frac{\gamma}{\gamma-1}\right)n-\phi\right]kT_{\infty}\right\} \tag{3-106}$$

其中

$$\phi=\frac{\psi}{2}e^{-\eta^{2}} \tag{3-107}$$

$$\psi=\frac{Nv_{\infty}}{2\sqrt{\pi}S} \tag{3-108}$$

$$S=\sqrt{\frac{\gamma}{2}}Ma_{\infty} \tag{3-109}$$

$$N=\frac{p}{kT_{\infty}} \tag{3-110}$$

$$\eta=S\sin\theta \tag{3-111}$$

$$n=\psi\left[e^{-\eta^{2}}+\sqrt{\pi}\,\eta(1+\mathrm{erf}\eta)\right] \tag{3-112}$$

$$\mathrm{erf}\eta=\frac{2}{\sqrt{\pi}}\int_{0}^{\eta}e^{-x^{2}}\mathrm{d}x \tag{3-113}$$

（3）稀薄过渡区气动加热计算方法

有限的数值计算结果和大量的试验数据一起表明，在工程应用中，采用桥函数将自由分子流和连续流的计算结果光滑地连接起来，对解决稀薄过渡区问题已足够。例如：

压力

$$p_{\text{ref}} = p_{\text{w}} \cdot (1 - e^{-p_{\text{f}}/p_{\text{w}}}) \tag{3-114}$$

热流

$$q_{\text{ref}} = q_{\text{w}} \cdot (1 - e^{-q_{\text{f}}/q_{\text{w}}}) \tag{3-115}$$

式中　p_{ref}，q_{ref}——过渡区压力和热流；

p_{w}，q_{w}——连续流区压力和热流；

p_{f}，q_{f}——自由分子流区压力和热流。

3.2.2.2　数值预示

近几十年来，随着世界许多国家对高超音速飞行技术研究的大力投入与发展，气动加热问题作为高超音速飞行器研究设计中的一个关键性技术问题，得到了世界各国的研究机构和学者的积极关注和深入研究。在气动加热预示上，工程算法的精度被现阶段飞行器设计普遍接受，但工程算法的精度和方法依赖于对当地流场特性的详细了解。对于复杂外形的处理，往往把所面向的研究对象分解成几何单元，每个单元分别计算，然后用风洞试验数据把初步估算的结果修正到存在单元之间干扰效应和超出该方法使用范围的复杂几何外形情况。

随着计算机技术和数值技术的进步，采用 CFD 数值计算技术模拟流场特性，进行气动加热预示变得越来越有吸引力。数值预示不受试验参数的限制，同时还可以解决部分工程计算无法解决的问题，可以作为工程算法和风洞试验的有益补充。然而，现阶段气动加热的数值预示至今仍是计算流体力学的难点问题之一。热流计算受数值格式、网格分布、收敛过程甚至热流的后处理计算等各方面因素的影响，目前仍存在较大的不确定性，多种因素之间的交错影响决定了热流计算的复杂性。

国内外在气动加热数值模拟方面已开展了大量研究工作，并开发了一些有应用价值的数值计算程序，如 GASP 程序、LAURA 程序、AFWAL 程序。GASP 程序通过 AF 隐式方法求解三维 N-S 方程，空间离散采用常用的 FDS、FVS 分裂法，经试验验证在大部分攻角情况下均能得到与试验值比较一致的结果。LAURA 程序则通过点隐式方法求解欧拉方程及层流下的 N-S 方程，空间离散采用 TVD 格式，其包括化学和热不平衡气体在内的多种气体模型，已在多种型号设计上得到广泛应用和验证。AFWAL 程序是对 N-S 方程使用抛物化近似的一个黏性-无黏耦合程序，被证明对于先进导弹设计许多外形都能得到精确的流场计算结果。在高超音速流动下，气动加热的精确预估已经成为当前颇具挑战性的领域，未来发展高精度的气动加热数值预示技术，利用 CFD 方法对复杂外形表面热流密度进行计算将发挥越来越重要的作用。

3.2.2.3 风洞试验预示

风洞试验的目的是与理论分析紧密结合，尽可能准确地给出飞行过程中火箭各部位所遭受的气动加热热流，为防热设计提供可靠依据。由于各部位的热环境不同，采用不同的防热设计，在地面试验中需给予不同关注，通常分为三个区域：端头区、大面积区和局部区。

端头区：如火箭的整流罩端头、助推器头锥。由于弓形激波作用，驻点及其附近，空气的温度最高，气动加热最严重，在地面试验数据处理中又往往以驻点热流为基准，因此要准确测量气动热数据。

大面积区：如火箭的贮箱柱段等部位。高温空气绕流和摩擦加热，相对端头区热流值小。但是面积大，防热材料所占重量的比重大，准确预示其热环境对防热设计也很重要。

局部区：如箭体表面各种凸起物、尾翼等，及其身部干扰区。由于激波相互作用、激波与边界层相互作用等，使某些局部部位所受气动热变化大，某些峰值热流甚至高于驻点区，防热设计时要特别注意，地面试验需仔细研究。

气动加热试验在高超音速风洞和超音速风洞试验设备中进行。从能量的观点来看，模拟状态参数越高，风洞设备的运行时间越短，对测量技术要求越高。即便如此，仅 Ma 和 Re 模拟，现有的风洞试验设备大多不能完全模拟火箭飞行环境，因此不得不在现有模拟条件下，通过试验研究得出变化规律，再外推到飞行状态，综合分析，提供防热设计所需要的数据。这是气动加热试验的一个重要工作。

（1）试验设备

气动加热地面试验通常在模拟飞行状态的各类风洞设备中进行。模拟试验要求满足相似原理，即几何相似、物理场相似和物理现象相似。然而，对于火箭的热环境试验，完全满足相似定理是很困难的。现有的超音速和高超音速风洞主要考虑 Ma 和 Re 的模拟，焓值模拟能力偏低，例如，试验时间略长的常规高超音速风洞、低密度风洞等。激波风洞（图 3－14）、炮风洞等设备，模拟能力强一些，试验时间为几毫秒至几十毫秒。高焓风洞，如正在发展的活塞驱动、爆轰驱动高焓激波风洞可研究高焓气体效应，试验时间更短，这些设备都可用于气动热环境试验，需要采用瞬态测量技术。

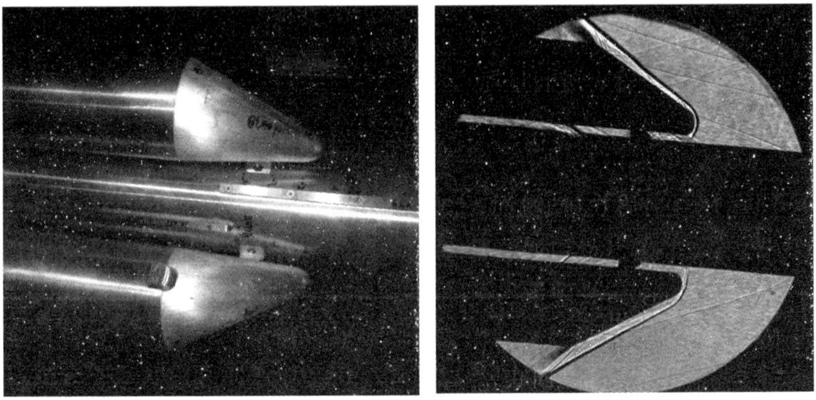

（a）模型在风洞内　　　　　　（b）相应纹影图

图 3－14　激波风洞试验

(2) 试验模型

试验模型的基本要求是几何相似，尺度满足风洞阻塞度要求。采用传热传感器测热的模型通常用金属材料加工而成，为便于传感器安装和引线，模型可适当分割，连接处应保持几何外形不变，不留间隙或台阶，传感器和传感器安装孔应尽可能小。传感器安装后，连接处应保持平滑不留间隙。图 3－15 为模型内部测点导线的安装。

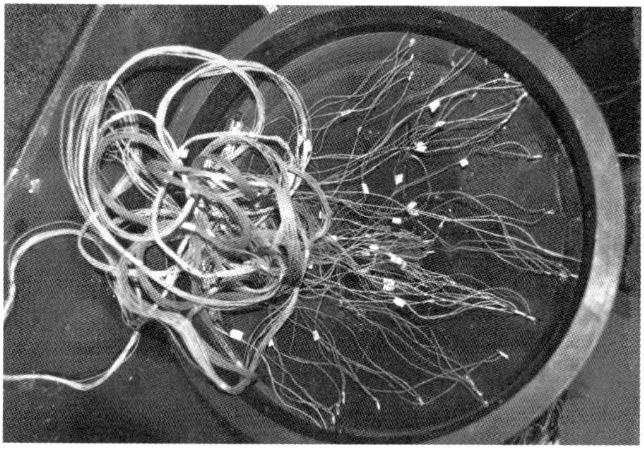

图 3－15　内部测点导线的安装

热图试验模型通常由绝热性能好、热物性稳定，且随温度变化小的非金属材料加工而成。不同热图技术还有更具体的要求，例如红外热图技术要求材料热发射率高，且稳定。相变、色变热图技术要求对相变、色变材料附着性能好，易于色变和相变的辨识等。

(3) 模型表面热流测量技术

准确测量飞行器表面热流分布是地面试验的中心环节，表面热流测量技术成为地面热环境试验技术关注的重点。热流测量技术可分为两类。一类采用传热传感器，如薄膜热流传感器（图 3－16），薄壁或厚壁量热计等，来测量局部点的热流。这类技术发展历史较长，比较成熟，属于经典测量技术一类，但是，需要在模型上打传感器安装孔，从而破坏了模型的整体性，加之传感器表面难以与模型表面调至平滑，多少改变了局部几何形状，从而引入了测量误差。

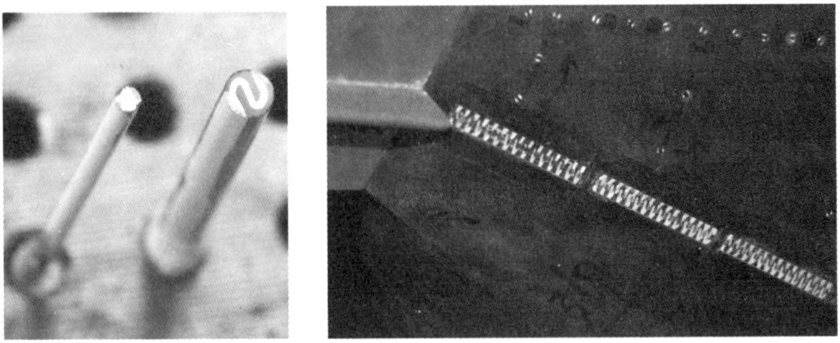

图 3-16　薄膜热流传感器和型面传感器在模型上的安装

另一类是进行大面积测量的热图技术，如红外热图、色变热图、相变热图、荧光热图等。这类技术一次试验就可以得到大面积热流分布，无须在模型上打孔，温度显示比较直观，因而广泛受到青睐，如图 3-17 和图 3-18 所示，这些技术基本上都是在光学基础上发展而来的，测量系统比较复杂，价格较高。由于成像系统影响，曲率变化较大处会失真，作为温度指示剂的色变、相变材料喷涂工艺较严。现有热图技术的响应时间相对较长，适用于运行时间较长的风洞。脉冲风洞的热图技术正在发展，已发表一些研究报告，国内在激波风洞中曾采用荧光热图、液晶热图技术进行试验。

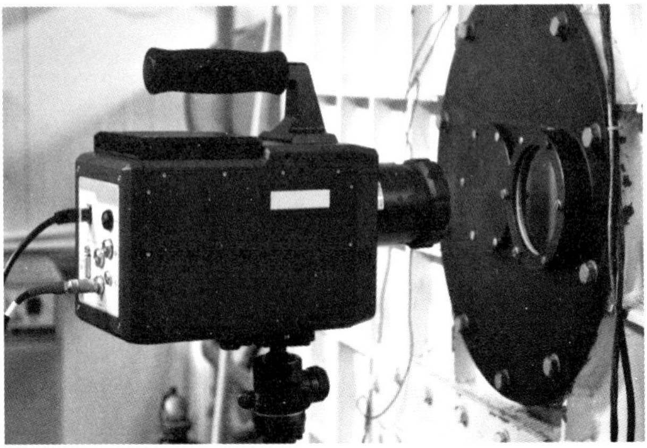

图 3-17　试验使用的红外热像仪

图 3-18　荧光热图测量系统

（4）数据分析

试验数据主要是提供模型表面热流分布。通常驻点热流的工程计算结果是可靠的，为测量结果的外推提供保证。试验中得到特定位置热流测量值 Q 与对应状态的驻点热流 Q_s 的比值 $\frac{Q}{Q_s}$，再外推至飞行状态特定位置热流。

3.2.3　结构温度预示

3.2.3.1　基本传热方程及边界条件

一般情况下，箭体壁面厚度方向的尺寸比长、宽方向尺寸小得多，因此可以把壁面近似当作一维平板来研究。在壁面内，热传导的方向只考虑垂直于表面的方向。这样，箭体结构的传热问题由三维简化为一维，采用一维传热方程计算温度分布，则

$$\rho_c c_{pc} \frac{\partial T}{\partial t} = \frac{\partial}{\partial y}\left(\lambda \frac{\partial T}{\partial y}\right) \tag{3-116}$$

式中　y ——径向坐标（m）；

ρ_c ——材料密度；

c_{pc} ——比热容。

对于多种材料组成的壳体结构，一维热传导方程为

$$\rho_{ci}c_{pci}\frac{\partial T_i}{\partial t}=\frac{\partial}{\partial y}\left(\lambda_i\frac{\partial T_i}{\partial y}\right)\quad i=1,2,3,\cdots,n \tag{3-117}$$

方程初始条件为 $t=0$ 时刻，$T_i(y,\ 0)=T_0$，T_0 为壳壁的初始温度。方程的边界条件定义如下

$$y=0:\quad -\lambda_1\frac{\partial T_1}{\partial y}=q_N-\varepsilon\sigma T_{1w}^4+\varepsilon_g\sigma T_c^4 \tag{3-118}$$

$$y=\delta_i:\quad -\lambda_i\frac{\partial T_i}{\partial y}=-\lambda_{i+1}\frac{\partial T_{i+1}}{\partial y},\ T_i=T_{i+1} \tag{3-119}$$

$$\cdots$$

$$y=\delta_1+\delta_2+\cdots+\delta_i+\cdots+\delta_n:\quad -\lambda_n\frac{\partial T_n}{\partial y}=0 \tag{3-120}$$

式中　下标“1”“2”“i”“n”——材料的层数；

ε_g ——空气的辐射系数；

ε ——壁面的辐射系数；

q_N ——气动加热热流；

δ_1，δ_2，δ_i，δ_n ——材料厚度。

3.2.3.2　冷壁热流与热壁热流

工程上为了使用方便，引入冷壁热流的概念作为桥梁，将气动加热热流的计算与壁面结构温度的计算实现解耦。以钝头的热流计算为例

$$\begin{aligned}q_s&=0.763Pr^{-\frac{2}{3}}\left[\rho_s\mu_s\left(\frac{du}{dx}\right)_s\right]^{0.5}(h_s-h_w)\\&=0.763Pr^{-\frac{2}{3}}\left[\rho_s\mu_s\left(\frac{du}{dx}\right)_s\right]^{0.5}(h_s-h_{T_w=300\text{ K}})\cdot\frac{h_s-h_w}{h_s-h_{T_w=300\text{ K}}}\end{aligned} \tag{3-121}$$

称结构吸收的热流 q_s 为热壁热流，定义冷壁热流 q_c，令

$$q_c=0.763Pr^{-\frac{2}{3}}\left[\rho_s\mu_s\left(\frac{du}{dx}\right)_s\right]^{0.5}(h_s-h_{T_w=300\text{ K}}) \tag{3-122}$$

$$q_s = q_c \cdot \frac{h_s - h_w}{h_s - h_{T_w = 300\ K}} \tag{3-123}$$

实际应用中，由于 $h_{T_w=300\ K} \ll h_s$，冷壁热流和热壁热流的换算公式可近似写为

$$q_s = q_c \cdot \left(1 - \frac{h_w}{h_s}\right) \tag{3-124}$$

通过冷壁热流 q_c 的引入，在气动加热热流计算时，先固定结构壁温 $T_w = 300$ K，得到所谓的冷壁热流（即固定壁温下的热流）。冷壁热流 q_c 仅与飞行器气动外形和飞行轨道（气动外形、飞行轨道决定当地流场参数）有关，可单独计算。结构温度与实际吸收的热壁热流 q_s 直接相关，q_s 与冷壁热流通过简单的系数 $\left(1 - \frac{h_w}{h_s}\right)$ 关联，也可实现单独计算。通过这样简化处理，极大地方便了工程应用。

3.2.4 防护设计

气动加热使火箭在严峻的高温环境下工作，一般的结构材料是承受不了的，因此对气动加热严重的部位，如整流罩、助推器头锥、凸起物头部等部位，要采取喷涂高温涂层或隔热层等防热措施，或采用防热材料，以克服动力段飞行时的气动加热，使承力结构的温度保持在允许范围，使舱内温升减缓，同时高温涂层表面涂白漆，防止太阳光的照射和辐射，降低飞行时的温升。

防热材料对箭体结构具有重要意义。防热材料一般采用喷涂、刮涂、包覆、粘接等方法使其附着于箭体结构表面，防止外界热量传入结构件从而起到保护作用。有的防热材料也作为结构材料的一部分，使防热和结构两种功能兼顾。防热材料一般应满足如下要求：

1）要有好的抗烧蚀性和隔热性，在高热流作用下烧蚀率低，烧蚀表面均匀平整，热导率低。

2）要有足够的强度、硬度和延伸率。火箭在停放、运输、飞行中，在托架支承力和气动力作用下，防热材料不破坏，能保持其外形。

3）密度低，使由于防热材料增加的质量尽可能小。

4）和基体结构材料有良好的结合力，使用过程中不脱落。

5）线膨胀系数和被保护的结构材料接近，不宜相差过大。

6）能满足火箭各种使用环境要求，有好的抗老化性能，达到要求的使用寿命。

7）有好的工艺性，便于施工、修补。

飞行器的防热材料种类很多，按防热机理可分为烧蚀式、隔热式、发汗冷却式、热沉式和辐射式。按材料的性质形态可分为树脂基增强塑料、防热涂层、陶瓷基防热材料、升华型碳基材料、非金属隔热材料、柔性防热材料、防热腻子等。其中，树脂基增强塑料和防热涂层应用最多，主要用于舱体的外表面和防热隔板。陶瓷基防热材料用于天线窗口或天线整流罩；柔性防热材料用于电缆；防热腻子用于缝隙、孔洞等。下面介绍几种火箭上常用的防热材料。

3.2.4.1　酚醛树脂基增强塑料

酚醛树脂基增强塑料是以耐热的酚醛树脂为基体材料，用无碱玻璃纤维、高硅氧纤维、碳纤维或其织物为增强材料，经浸胶、模压或缠绕成形，再进行加热加压固化而制成的一种复合材料。它具有较好的物理力学性能和耐热性能，能在 150～200 ℃范围内长期使用，耐腐蚀、尺寸稳定，参数见表 3-4。

表 3-4　酚醛树脂基增强塑料层压板性能参数

项目		玻璃/酚醛	高硅氧/酚醛	碳/酚醛
密度/(g/cm^3)		1.90～1.92	1.62～1.69	1.41～1.45
抗拉强度/MPa	垂直布层	5.6～8.4		
	平行布层	235～245		45.9
弹性模量/GPa	室温	2.0		7.2
	260 ℃			5.2
抗弯强度/MPa	室温	206～229	173～192	89.6
	260 ℃			81.8

续表

项目		玻璃/酚醛	高硅氧/酚醛	碳/酚醛
抗压强度/MPa	垂直布层	470～518		
	平行布层	174～215		
抗剪强度/MPa	布层	22.6～31.8	29.6～34.1	
热导率/[W/(m·K)] (20～250 ℃)		0.44～0.47	0.51～0.63	0.50(113 ℃)
比热容/[J/(g·K)] (20～250 ℃)		1.00～1.17	1.10	1.21 (室温～200 ℃)
线膨胀系数 (10^{-6}℃$^{-1}$)	垂直布层， 室温～250℃	11～12	27.1～29.1	19～26 (室温～200 ℃)
线烧蚀率①/(mm/s)		0.57～0.74	0.07～0.10	
质量烧蚀率②/(g/s)				0.2～0.3

注：①热源为氧-煤油发动机，气流速度 $Ma \approx 2$，温度为 1 500～1 700 ℃，时间为 10 s。
②热源为电弧加热器，比焓为 17 MJ/kg，热流为 17.6 MW/m^2。

3.2.4.2　防热涂层

防热涂层是一种以树脂为基料，加入固化剂、阻燃剂、无机填料等配制而成的涂料，涂敷在金属基体表面，经固化形成一定厚度的涂层。通常，要求涂层具有烧蚀率低、耐冲刷、热导率小、比热容高、密度低、与基体金属结合牢固，以及固化温度低、施工方便，烧蚀后碳化层平整等综合性能。防热涂层广泛应用于火箭的舱体、翼面外表面的大面积防热，一级整流罩等其他部位的防热。

对于运载火箭上升段的气动加热而言，目前常用有机涂层进行防护。例如常见的 37 号涂层，侧料是由酚醛树脂、环氧树脂、硼酸及六次甲基四胺组成的，涂层表面平整，碳层坚硬，可经受住低热流下数个马赫数的气动冲刷。热流密度为 42～84 kW/m^2 时，加热 100 s，1 mm 厚涂层背面温度小于 200 ℃。目前 37 号涂层材料已广泛用于火箭气动加热防护。与之相近的涂层已成系列化生产和使用，有机涂层的热物性比较接近，通常比热容范围为 1.3～1.7 kJ/(kg·K)，密度范围为 60～120 kg/m^3，热导率范围为：0.1～0.2 W/（m·K)。

3.2.4.3　隔热材料

隔热材料是一种以延缓热量向内部传导的功能材料，它是火箭上应用很广的一种防热材料。应用较多的隔热材料有聚氨酯泡沫塑料和软木隔热材料。软木隔热材料是采用栓树外皮或黄菠萝树皮及软木废料，经切片、碾碎、过筛，加入一定比例树脂粘接剂，经模压成型和干燥烘焙而制成的板材或管材制品，它具有密度小、热导率低、弹性好等特点，是一种较好的隔热材料。软木隔热材料可以用在热流较低和温度不高的部位，见表 3-5。

表 3-5　几种软木规格和性能参数

项目	A 型	B 型	C 型	D 型
密度/(g/cm^3)	0.45～0.50	0.20	0.25	0.28
抗弯强度/MPa		0.15	0.10	0.05
抗拉强度/MPa	>1.67			
伸长率(%)	>8			
热导率/[W/(m·K)]	0.092	0.058	0.081	0.105

3.3　喷流加热环境

火箭在飞行时，会受到多种发动机喷流的加热作用。火箭在发射台点火起飞时，发动机喷流与发射台干扰翻卷，对箭体尾段和底部附近产生辐射和对流加热作用。低空飞行时高温喷流燃气对箭体产生气体辐射加热作用，部分发动机还可能出现富油排气复燃，引起对底部附加的辐射加热。随着飞行高度增加，喷流逐渐膨胀，簇式发动机的多股喷流之间互相干扰，产生回流，对箭体底部产生回流对流加热作用。多级火箭在级间热分离时，上面级主发动机喷流冲进级间段，对级间段和下面级贮箱顶产生剧烈的高温喷流冲击，导致辐射和对流加热作用。箭上各种姿控发动机或分离小火箭工作时，其喷流都可能撞击到火箭的部分结构上，产生对流和辐射加热，若为固体火箭，还会出现固体粒子撞击加热。

受喷流加热的结构，其温度会迅速上升。温度的升高降低了结构强度和刚度，大的温度梯度增加了热应力和变形。如果在设计中对这些因素估计不足，就可能导致结构破坏而使飞行失败。因此，必须对喷流加热进行深入研究，并进行合理设计和防护。

在箭上各类喷流加热中，主发动机工作产生的底部喷流加热以其加热量级大、持续时间长、影响范围广，成为火箭喷流加热设计的重中之重，多喷流火箭底部热环境机理复杂、影响因素众多，历来是国内外新型运载火箭设计的热点和难题。本节将主要介绍底部喷流加热的影响机理、预示方法及防护设计，对级间分离、分离小火箭喷流等其他类型进行概要介绍。

3.3.1 底部喷流加热

为了获得更大推力，大型运载火箭底部常常并联多台发动机，在火箭上升过程中，底部多股发动机喷流随飞行高度（大气密度）变化存在复杂多变的干扰流动，伴随高温高速的发动机喷流对火箭底部产生持续的高温辐射和回流加热，致使底部结构温度急剧升高，如果对这些因素估计不准，就可能导致防热结构破坏而使飞行失败或因过度防护影响运载能力。

簇式喷管底部加热问题，曾是美国早期火箭研制过程中遇到的一个难题。早在 1957 年由于喷流回流进入发动机舱烧毁电缆和组件，使第一发宇宙神洲际导弹试验失败。在这之后，美国对底部加热问题十分重视，在土星、航天飞行、大力神ⅢC、德尔它等研制中，均开展了大量理论分析、试验研究和飞行遥测研究，以充分了解底部加热环境。近年来在 SLS 研制中，即便继承了航天飞机的氢氧＋固体的经典发动机构型，马歇尔航天中心还是开展了一系列底部热环境计算分析和地面试验研究，以获取影响底部热环境的关键参数。图 3－19 所示为 SLS 底部加热风洞试验模型。

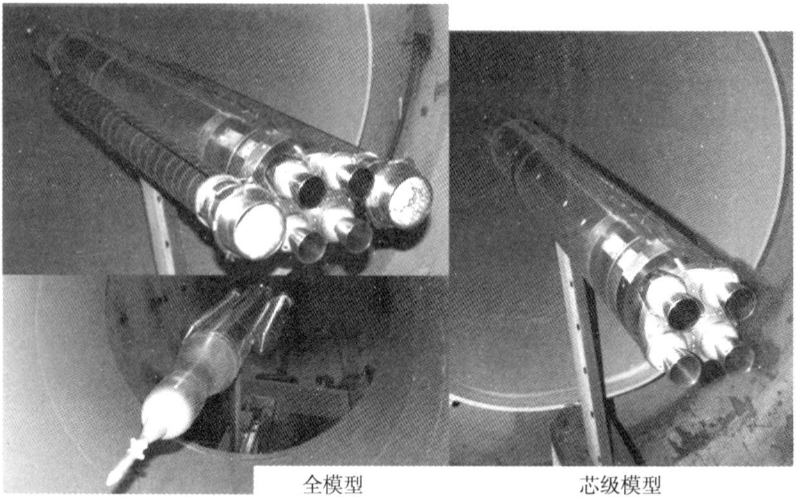

图 3－19 SLS底部加热风洞试验模型

底部喷流加热是由高温燃气的热辐射和因羽流膨胀互相干扰产生流回到底部的回流热气体的对流和辐射加热引起的。底部加热问题非常复杂，影响因素众多，用纯理论的方法计算很困难，需要通过多种地面试验手段和飞行试验来解决。底部喷流加热的严重程度主要取决于火箭飞行高度和速度、推进剂种类、发动机燃气参数(燃烧室压力、温度和质量流率)、喷管几何形状、喷管摆动方向和受冲击表面的几何形状。对簇式喷管底部结构来说，还取决于喷管排列方式和底部结构外形。

由于发动机多喷管与单喷管底部射流边界不尽相同，两者的回流作用机理也不一样，现分别分析两种形式喷管的底部加热影响。

3.3.1.1 底部喷流加热机理

(1) 多喷管底部加热情况

火箭在上升过程中，随着外界大气压力逐渐降低，喷流逐渐扩张与膨胀，底部流场随之变化，燃气喷流由燃烧室工作状态 (p_c，T_c)，通过喷管增速达到出口状态(p_e，T_e，Ma_e)， 再以等熵过程继续膨胀，在射流下游形成一个向外扩散的自由膨胀喷流边界。根据流场情况，可以将底部流动分为以下四个阶段：起动阶段、引射阶段、回流阶段和阻塞阶段。

1）起动阶段。一级发动机起动时，如图 3－20（a）所示，喷流冲击到导流器上，在其前面产生脱体激波，波后气流温度上升，压力升高，导致一部分高温燃气流被迫流向喷管外侧、底部等，并沿着底部表面通过喷管间隙流向底部外侧，进而流入大气，形成了强烈的底部对流和辐射加热。

2）引射阶段。低空飞行时，如图 3－20（b）所示，在喷流边界与外流掺混，形成黏性混合区，此时由于喷流出口压力小于大气压力，各喷流的混合边界彼此不交叉，喷流的作用相当于引射器，将底部周围空气（冷空气）吸入到底部区域，并伴随燃气流一起排走。在这一阶段，底部压力一般比环境压力低，形成一种典型的抽吸现象，从地面试车中很容易观察到。抽吸作用造成了底部负压，形成底部阻力，并产生对流冷却，底部参数的径向分布比较均匀。该阶段尚未产生回流，喷流对底部仅有辐射加热作用。此时，底部结构受辐射加热和对流冷却的综合影响。

3）回流阶段。随着飞行高度的增加，大气压力逐渐下降，喷管出口压力与环境压力之比相应增大，喷流边界不断膨胀，以至于发生相互干扰，如图 3－20（c）所示。喷流在喷管出口下游彼此撞击后混合，使超音速射流发生偏转，在碰撞点处依次产生一系列斜激波。穿过激波面后，气流总压减小，静压增大，增大幅度依气流偏转角度大小而定。喷流撞击后的波后高压，迫使混合区域中的低能气流不能通过该高压区而回流向底部，并通过喷管间隙流入底部周边区域，造成底部区域的压力和热流迅速上升，给底部中心结构产生强烈的加热效应。

4）阻塞阶段。随着飞行高度不断增加，喷流膨胀角逐渐增大，两股喷流碰撞点逐渐升高，回流速度也越来越大，当达到一定飞行高度后，如图 3－20（d）所示，底部中心区向底部周边流动的气流在发动机喷管之间（相邻喷流之间的间隙处）形成音速面，当回流到防热板附近时即达到超音速，此超音速流的范围继续扩大，直到形成底部激波，回流的气体通过激波后沿着防热板表面膨胀，然后通过相邻喷管之间的通道向外流动。当外界环境压力继续减小时，底部区的所有通路都达到音速或超音速流，流场趋于稳定，底部参数不再随飞行高度变化，外部自由流条件不再能影响底部中心区域的流动，出现了所谓的阻塞现象，此时底部热流严重。由于音速面的阻塞作用，使得底部中心区的流动状态在此之后变化不大。该阶段底部回流对流加热达到最大。

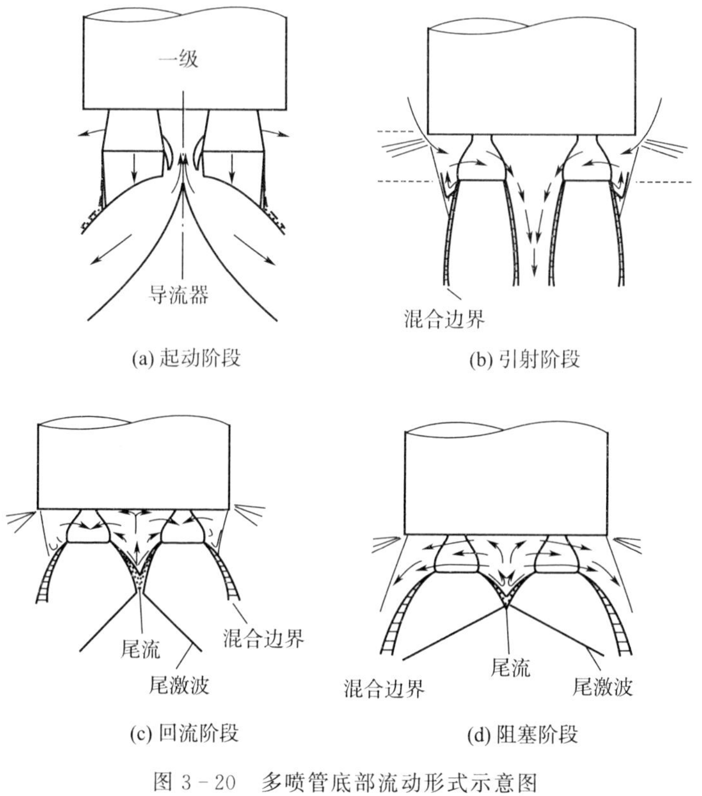

图 3－20　多喷管底部流动形式示意图

阻塞高度一般发生在 15 km 以上，回流阻塞发生后，中心区压力、温度与热流升高到最大值。对底部四喷管的情况，底部参数的径向分布特征是中心区数值远大于周边，一般边区参数只有中心区的 1/3 左右，并呈现近似高斯分布。

二级以上发动机起动时，喷流冲击到下面级贮箱顶的防热底上，在其前方产生脱体激波，波后温度、压力急剧升高，这种情况与一级发动机起动时喷流冲击到导流器的情况类似，如图 3－21 所示。二级以上发动机大多在高空工作，从下面级分离之后，上面级发动机底部立即处于阻塞状态，一直持续到发动机关机。由于发动机喷管延伸比更大，燃气质量流率（即密度）比一级小，二级发动机对底部的加热强度（热流）远小于一级。这一过程底部加热特点是热流量级不大，作用时间长。

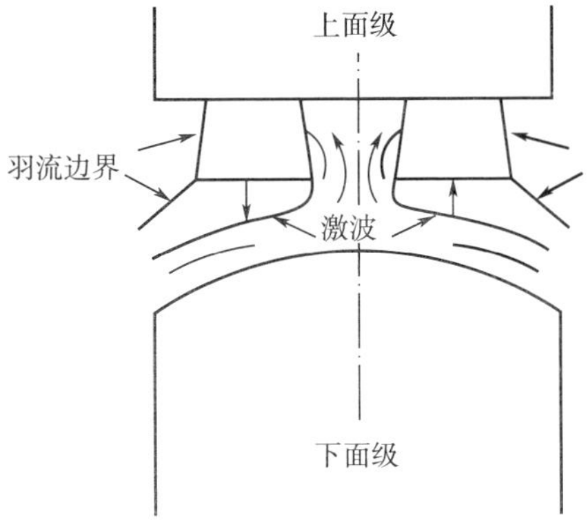

图 3－21　上面级发动机起动流场示意图

（2）单喷管底部加热情况

单喷管飞行器在整个主动段，底部区域处于外流与发动机喷流之间。在低空时，两股气流不相交。由于黏性作用，它们分别将底部空气引射到尾流中去，致使底部压力比环境压力低得多，形成较大的底部阻力。但随着飞行高度增加，外流压力急剧下降，而发动机出口压力变化不大，这样喷流就会随着飞行高度增加而不断膨胀，造成两股气流相碰而产生尾激波，使得一部分气流不能克服尾激波产生的压力差，返回底部形成回流，从而使高空时底部压力和热流增加。随着底部压力增加，底部阻力不断下降，超过一定高度后，底部压力大于来流压力，形成底部附加推力。同时，在弹体柱段产生另一道激波，如图 3－22 所示。

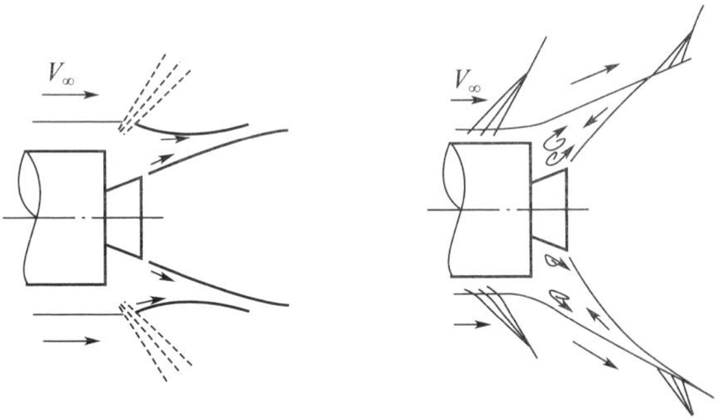

(a) 低空飞行时　(b) 高空飞行时

图 3－22　单喷管底部流动

单喷管底部结构由于回流形成的底部加热，一般比多喷管的底部加热要低得多。单喷管周围的喷流，因膨胀、转折在进入到底部之前，与周围自由冷气流混合，已经被冲淡和冷却，所以当喷流与冷流混合后，回流加热就不那么明显了。一般单喷管飞行器在发射后飞行到某一高度时，喷流膨胀到一定程度方产生回流，接着达到最大值后，在 60 km 以上高空将会完全消失，这主要是由于没有强烈的外部流动相互作用所致。由回流引起的最大底部加热高度，完全取决于喷管几何参数和弹道参数（Ma，h）。

①小于 10 km

在飞行高度小于 10 km 时，由单喷管排气引起的回流并不明显，或者不出现伴随回流流场显著变化带来的底部加热。

②10～20 km 之间

飞行高度在 10～20 km 之间时，射流继续膨胀与扩张，由来流冲击到喷流上所产生的干扰激波随高度增加而变得更为强烈。

$$c' = (\gamma_e g R_e T_b)^{\frac{1}{2}} \tag{3-127}$$

$$\rho_c = p_c / (g R_c T_c) \tag{3-128}$$

$$\mu_c = (3.7 \times 10^{-7} T_c^{0.858}) / g \tag{3-129}$$

式中　α ——表面传热系数［$W/(m^2 \cdot K)$］；

T_b ——底部燃气温度（K），$T_b = 0.966 T_c$；

T_c ——燃烧室温度（K）；

T_w ——冷壁参考温度，$T_w = 293$ K；

c' ——回流音速；

ρ_c ——燃气密度；

μ_c ——燃气黏度；

Pr ——普朗特数；

γ_e ——回流比热比；

R_e ——回流气体常数［$kJ/(kg \cdot K)$］；

P_b ——底部压力（冷喷流试验测得）；

P_c ——燃烧室压力；

c_p ——燃烧室比定压热容；

R_c ——燃烧室气体常数［$kJ/(kg \cdot K)$］；

d_m ——相邻喷管中心距离；

f ——几何特征系数

$$f = (\bar{h})^{-0.11}, \bar{h} = \sqrt{2}\frac{\left(\dfrac{L}{d_e}\right)}{\left(\dfrac{d_c}{d_e}\right)} + \frac{\dfrac{1}{\sqrt{2}}\left(\dfrac{d_c}{d_e} - 1\right)}{\left(\sqrt{2}\dfrac{d_c}{d_e}\right)} \tag{3-130}$$

式中　L ——喷管出口端面与防热板距离；

d_e ——喷管出口内径；

d_c ——四喷管中心圆直径；

$\dfrac{L}{d_e}$ ——喷管延伸比；

$\dfrac{d_c}{d_e}$ ——喷管间隙比。

可以看出，四喷管底部回流加热的大小，取决于发动机燃烧室压力、温度以及喷管几何特征参数，如延伸比、间隙比等。对于一级发动机，一般先算出喷流开始阻塞时的飞行高度，在此高度后热流即达到最大值，但是当发动机工作到末尾阶段，燃烧室压力开始大幅度下降时，尽管仍处于阻塞状态，但底部热流仍会相应降低，这充分说明了影响热流的主导因素，如图 3－24 所示。

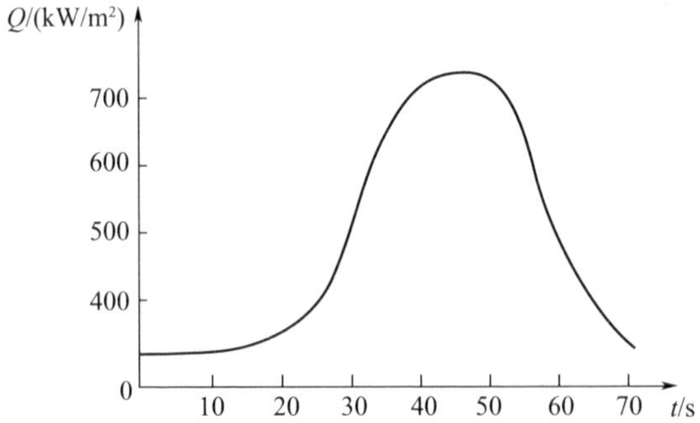

图 3－24　典型四喷管底部对流热流曲线

2）辐射热流。图 3－25 为常见气体的辐射特性。在气体分子中，氢气、氧气、氮气等分子结构对称的双原子气体，实际上并无发射和吸收辐射的能力，可认为是热辐射的透明体。但是，臭氧、二氧化碳、水蒸气等三原子、多原子以及结构不对称的双原子气体（一氧化碳）却具有相当大的辐射本领。当这类气体出现在换热场合时，就要涉及气体和固体间的辐射换热计算。在燃气喷流中，对热辐射效应起一定强化作用的有 CO_2、水蒸气和 Al_2O_3 粒子，这些气体热分子与高温微粒子相互作用产生的热，不断向底部进行辐射。

低空飞行时，各喷流相互间不发生碰撞与干扰，相当于发动机地面试车状态，此时，底部热主要以辐射形式出现。决定辐射大小的主要因素是燃烧室压力，因为压力大，燃气质量流率大，热燃气分子数量与动能增加，使得辐射热流相应增加，可以从地面试车实测热流数值规律中看出这种趋势。低空飞行时的辐射热流可利用地

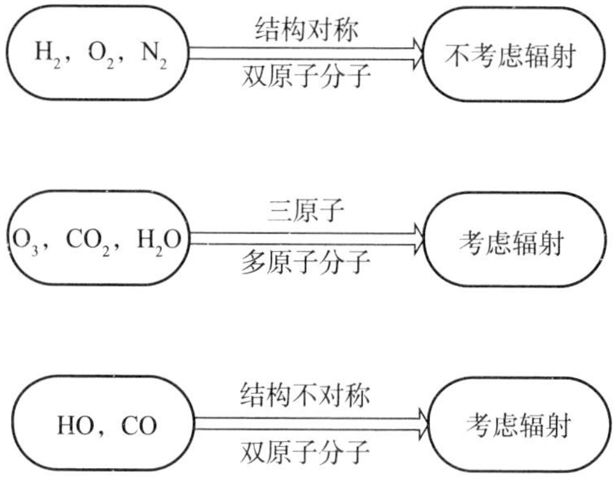

图 3-25　气体辐射特性

面发动机试车时，无回流状态下的热流计测量结果推测。

高空飞行时，各股喷流相互对撞引起回流后对底部的加热，既有对流热流，又有辐射热流。对辐射热流 Q_2 分析与计算的主要状态应以回流阻塞时的辐射热流来考虑，可参照下面的经验公式进行计算

$$Q_2 = K p_c^{\frac{1}{2}} (p_b/p_e)^{\frac{1}{2}} (T_b/T_e)^{3.25} (\bar{e})^{\frac{1}{2}} \tag{3-131}$$

式中　p_c ——燃烧室压力（MPa）；

p_b ——底部压力（kPa）；

p_e ——喷管出口压力（kPa）；

T_b ——底部燃气温度（K）；

T_e ——喷管出口温度（K）；

$\bar{e}$ ——气体辐射几何形状特征数；

K ——修正系数。

从式（3-131）可以看出，影响底部辐射热的因素，除了燃烧室压力外，还有底部及喷管出口处燃气压力、温度等。

（2）数值预示

如前所述，大推力火箭通常采用芯级多台发动机和捆绑多个助推器的方式来增加推力，使得火箭底部出现多喷流干扰的极端复杂

流场，涉及可压缩分离流、湍流、激波-剪切层干扰、激波-激波干扰等多种复杂流场结构。而且，随着飞行高度的变化，底部流动结构也在随之变化。底部流动是计算流体力学中最困难、最复杂的问题之一。底部流动的复杂性在于它不是一个单纯的理想流问题，也不是单纯的黏性问题。它要求用适当的边界条件将无黏的外流和速度不大的死水区连接并耦合求解。单独使用理想流方法得到的底部流动解不唯一。

长期以来，人们从流体力学和数学的角度对钝体底部流动这一流动现象进行着不断深入的研究。1911 年提出了著名的“卡门涡街”理论，即二维或准二维钝体后流动在很大的雷诺数范围内都呈现出正负交替的涡街结构。由于“卡门涡街”的发现，使人们对球体、圆柱体之类的钝体的型面阻力得以精确计算，并且它最终成为飞机、舰船和赛车外形设计的理论基础。20 世纪 70 年代末期，流场数值模拟技术开始应用于弹丸绕流和底部流场的研究之中，并取得了很大进展。在这类研究中，大多采用薄层 N-S 方程组，但薄层假设对底部流场的计算精度有一定的影响。到 20 世纪 90 年代之后，模拟研究更加偏向于 N-S 方程求解，但初期由于采用的数值格式精度低，对弹体激波结构的分辨率有限。后来研究指出，对 N-S 方程的薄层假设不适用于底部流动，采用薄层方程组会给底部流场的计算造成较大的误差。之后改为采用近似因式分解技术，由于近似分解误差的引入将在很大程度上限制大时间步长求解，因而会降低计算效率。于是开始逐渐采用轴对称全 N-S 方程和全 N-S 方程进行模拟研究，并将高分辨率的 TVD 格式引入模拟中，计算的底阻系数与试验数据进行对比的结果逐渐接近。一些研究者研究了弹丸绕流流场和底部流场、高温高压超音速燃气射流的混合流场等问题，给出了射流流场的宏观结构及其发展规律并分析了射流波谱特性。

另外，在 N-S 方程数值模拟中，湍流模型是非常重要的，弹箭空气动力学计算中应用最广的是 Baldwin-Lomax 代数湍流模型，通常应用于弹体、翼表面湍流边界层和边界层分离流的计算，也适用于具有小分离泡的流动计算。对该模型进行简单推广，也可以计算存在回流的流场，例如弹尾流区和台阶或凸起物的下游流场。然而，当计算复杂外形或需要考虑攻角的流场时，Baldwin - Lomax 代数模型就显得无能为力了，这就需要更先进的湍流模型。目前，$k-\varepsilon$ 两方程湍流模型已经在弹箭绕流场的计算中得到了应用。与简单模型相比，两方程模型更适合于复杂流动的数值模拟。同时也应该看到，由于两方程模型的复杂性，计算工作量远高于代数模型。

最近几年，新的湍流模型（包括 Menter $k-\omega$ SST 两方程湍流模型的脱体涡模拟方法）开始被应用于数值模拟求解音速超音速下圆柱底部的大分离流动。另外，更加精细的基于可压缩流动的大涡模拟方法也被用于求解 N - S 方程，用于对超音速底部流动进行模拟研究。一些结果表明：得到的速度型、底面压力分布与试验值吻合，优于雷诺平均方法的结果。此外，还有 RANS/LES 混合方法，适用于具有较强压缩性效应流动的数值分析，能够捕捉到丰富的流动现象及非定常特性，也被应用于底部流场模拟研究中，取得了一定模拟效果。图 3 - 26 和图 3 - 27 所示为美国 NASA 马歇尔空间飞行中心的 Manish Mehta 等人采用 BSL 修正的 $k-\omega$ 模型对四喷管火箭缩比模型进行底部加热的仿真计算结果。通过与试验结果对比，表明 BSL $k-\omega$ 模型能够比较准确地反映出火箭尾部流场的波系结构，在底部热流计算方面，结合有限速率化学反应模型，BSL $k-\omega$ 模型能够得到与试验数据比较吻合的结果，研究者同时验证了 SST $k-\omega$ 与 BSL $k-\omega$ 模型仿真结果相差小于 2%。

随着计算机技术和数值计算学科的飞速发展，直接模拟蒙特卡罗方法（简称 DSMC）和 CFD - DSMC 联合数值模拟方法在高空羽流热环境预示方面也得到了应用。DSMC 方法最早由 Bird 在 1963 年提出，它并非直接求解玻耳兹曼方程，而是通过模拟玻耳兹曼方程的实际物理碰撞来求解稀薄气体流场，它不仅可以求解真实气体的流动问题，而且可以求解包含内能松弛、热化学非平衡效应、热辐射等过程在内的复杂流动问题。迄今为止，DSMC 方法已被成功

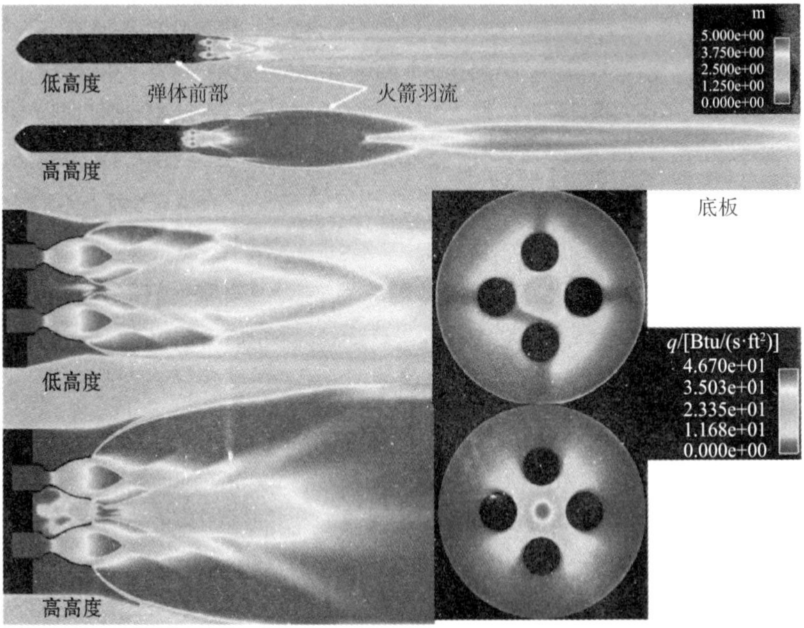

图 3-26　四喷管火箭流场波系结构与底部热流分布（见彩插）

应用于美国航天飞机升阻比预估、哥伦比亚号航天飞机事故分析、火星探测器气动加热分析等。我国的长征系列火箭采用 DSMC 方法、CFD-DSMC 联合数值模拟方法成功预示发动机高空羽流产生的热环境。

DSMC 方法的要点可以简述成：用若干个模拟分子代替真实气体的分子，并在计算机上存储模拟分子的位置坐标、速度分量以及内能，这些量随模拟分子的运动、与边界的碰撞以及分子之间的碰撞而改变，最后通过统计网格内模拟分子的运动状态实现对真实气体流动问题的模拟。模拟中时间参数与真实流动中的物理时间等同，所有的计算都是非定常的。定常流是长时间模拟后稳定状态的统计平均结果。该方法的关键是在时间步长 Δt 内将分子的运动与碰撞解耦。在 Δt 时间内让所有分子运动一定的距离并考虑在边界的反射，然后计算此 Δt 内具有代表性的分子间的碰撞。此碰撞以及与边界的

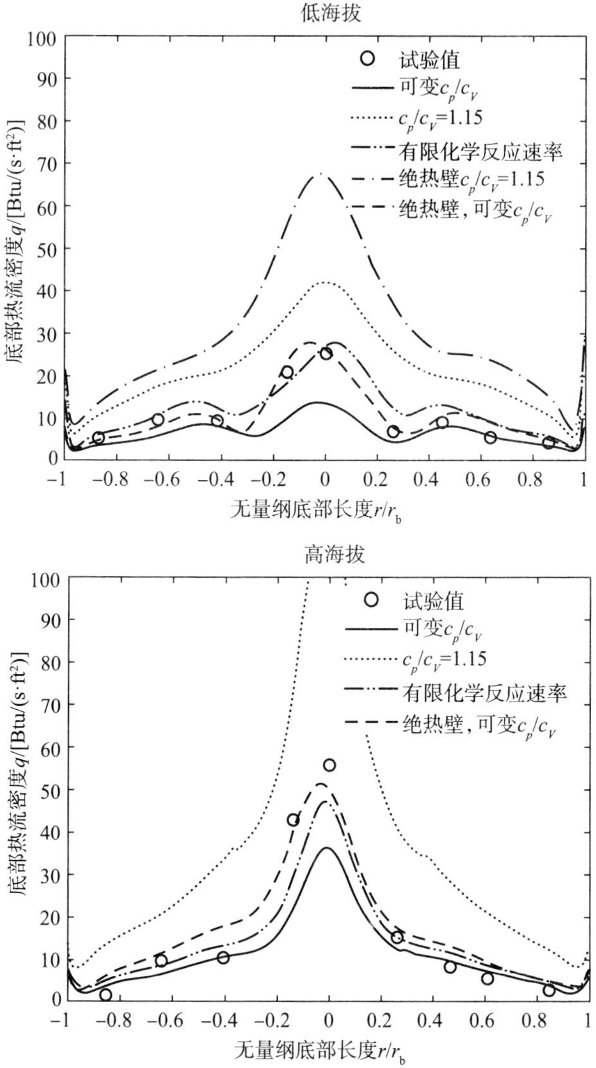

图 3-27　底部热流沿径向分布

碰撞均为随机过程，其实现依赖于均匀随机数的产生。这里不再展开论述，有兴趣的读者可参阅相关书籍和文献。

在气体辐射方面，1973 年 NASA 出版的燃烧气体产物辐射手册给出了羽流中常见组分气体（CO、OH、HCl、H_2O、CO_2、NO）在 300～3 000 K 温度内的典型谱带的光谱数据，为后续开展羽流红外辐射特性计算提供了必要的基础。随后，美国空军剑桥实验室在当时谱线研究工作的基础上，对红外区中 H_2O、CO_2、O_3、N_2O、CO、CH_4、O_2等 7 种主要大气吸收气体的 100 000 多条谱线参数进行了汇编。之后，Rothman 等人对其进行完善，自 1986 年起开始发布高分辨率气体分子谱线参数数据库 HITRAN。对于高温气体辐射，Rothman 等人于 2000 年汇编了 H_2O、CO_2、CO 和 OH 等 4 种气体分子高温谱线参数建立数据库 HITEMP，可用于火箭发动机燃气射流辐射特性计算。目前，HITRAN 和 HITEMP 气体辐射数据依然在不断更新，以提供更为准确的气体辐射特性。

气体辐射计算涉及三个层面的问题：1）准确地吸收气体光谱线数据；2）有效处理大量吸收气体光谱线的辐射特性计算模型；3）准确并有效求解多维空间辐射传递方程的方法。

目前还不能对气体的辐射特性进行精确和高效计算，主要原因在于：1）缺乏精确的气体辐射光谱线数据，由于高温试验难以实现，现有数据库高温区的光谱线数据大多是通过外推得到的，其正确性有待进一步研究；2）缺乏灵活、有效的精确预测非灰气体辐射特性的计算模型。这里不再展开论述，有兴趣的读者可参阅相关书籍和文献。

（3）喷流试验预示

①底部热试验形式

喷流试验的目的在于通过试验方式探明底部热环境，测定底部压力、温度、热流及其分布情况。底部加热试验通常有风洞试验和搭载发动机试车两种形式。

1）风洞试验。底部热风洞试验最好在大型超音速风洞中进行，试验模型尽可能模拟底部结构，喷流可以是冷气流，也可以是热燃气，主要目的是测量底部压力或热流以及流场纹影。低密度风洞试验模拟的真空度有限，喷流成分难以模拟，热喷流的试验设备昂贵，稳定时间短暂，目前在研究含喷流底部流场时通常进行冷喷流试验，只在喷流温度影响严重或为了校准计算喷流温度时才做热喷流试验，而且大多局限于底部形式简单或不考虑外流干扰的底部流动研究。如果要用热喷流试验来模拟捆绑火箭的底部喷流加热是十分困难和昂贵的。激波管试验是一种短时间（毫秒级）加热试验技术，是一种利用激波压缩试验气体，采取定常膨胀方法产生高超音速试验气流的风洞试验。试验时火箭喷流只需在建立定常流动模型所需的时间内复现，通过激波管内驱动气体增压，使膜片破裂形成激波压缩流，获得高温高压流场以施加底部高温热环境，达到高温真实气体效应的模拟。

2）搭载发动机试车热环境测量试验。地面发动机试车流动为引射状态，与实际飞行低空引射阶段的流动状态有相似之处，但与高空飞行的欠膨胀回流状态有很大差异。单台发动机地面试车试验的喷流流场与底部多台发动机喷流干扰流场对热环境的影响也不可相提并论。在新型火箭设计中，通过搭载发动机地面试车试验测量喷流地面辐射热特性，可作为评估飞行喷流辐射特性的重要手段，也可以根据地面试车测量结果初步推测低空飞行阶段的喷流辐射加热。典型的地面发动机试车辐射热流测量如图 3-28 所示，假设喷流为与喷管出口等直径的无限长半圆柱，以喷管的出口中心为坐标原点，圆柱形喷流到空间某点（r，h）的角系数可按下式计算

$$\psi(r,h)=0.32\times\sin\alpha\times\arctan\{\sin\alpha\tan[\arcsin(R/r)]\} \tag{3-132}$$

$$\alpha=\{\arctan[(r-R)/h]+\arctan[(r^2-R^2)/(rh)]\}^{0.5} \tag{3-133}$$

式中 R ——喷管的出口半径。

在地面试车中测得空间某点（r，h）所受的辐射热流，可近似作为火箭底部与该点具有相同角系数位置的辐射热流。推测多喷管底部某位置的辐射热流，可通过测量获得单喷流对底部具有相同辐射角系数的辐射热流，再叠加各喷流对底部的辐射热流得到。

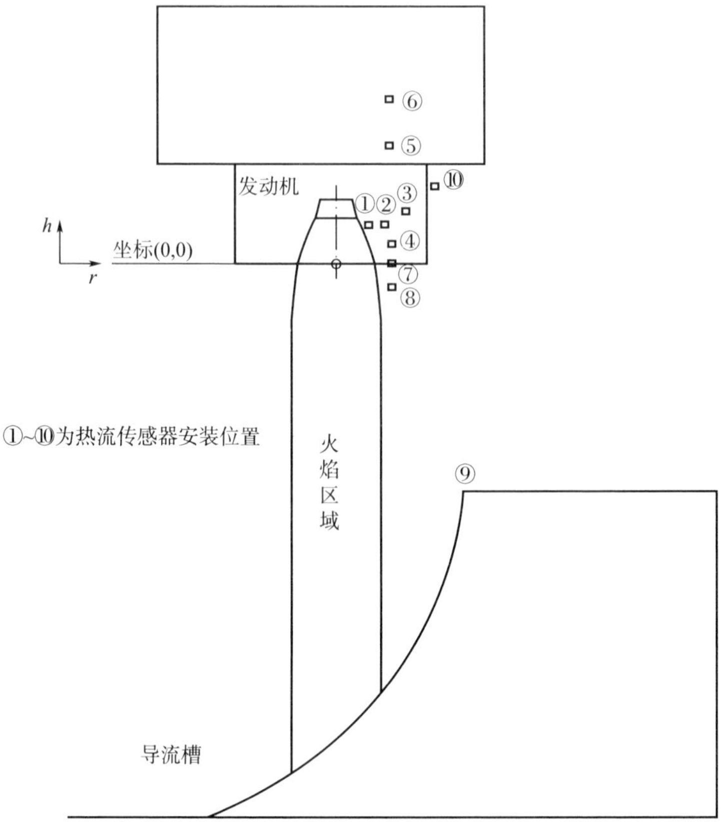

图 3-28　地面发动机试车辐射热流测量

②喷流风洞试验介绍

下面对喷流的风洞试验进行概要介绍。

喷流与外流场之间的干扰非常复杂，如图 3-29 所示，影响因素众多，如外流场参数（Ma_{∞}、p_{∞}、γ_{∞}、R_{∞}、T_{∞}）、内流场参数（Ma_{j}、p_{j}、γ_{j}、R_{j}、T_{j}）、底部特征几何参数及喷管特征几何参数(如喷管的喉道与出口的面积比 A^{*}/A_{j}，喷管出口的扩张角 θ_{N}）等。N. Pindzola 根据对喷流结构及其特性的理论分析给出了表征喷流特性的相似参数，见表 3-6。

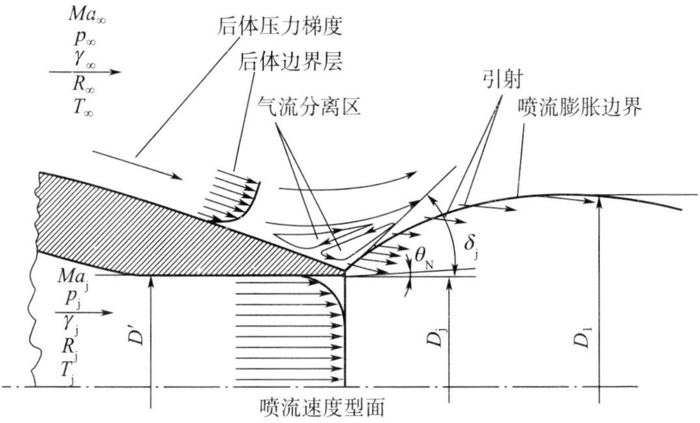

图 3-29　喷流与外流场干扰

表 3-6　喷流相似参数

序号	喷流特性	相似参数	
		一般形式	全尺寸未扰流和喷流静压比模拟的简化形式
1	静止介质中的喷流边界	$\left(1-\dfrac{p_\infty}{p_j}\right)\dfrac{\beta_j}{\gamma_j Ma_j^2}$	$\dfrac{\gamma_j Ma_j^2}{\beta_j}$
2	运动介质中的喷流边界	$\dfrac{p_j-p_2}{p_2-p_\infty}\;\dfrac{p_\infty\beta_j\gamma_\infty Ma_\infty^2}{p_j\beta_\infty\gamma_j Ma_j^2}$	$\dfrac{\gamma_j Ma_j^2}{\beta_j}$
3	透射激波	$\dfrac{p_\infty\beta_j\gamma_\infty Ma_\infty^2}{p_j\beta_\infty\gamma_j Ma_j^2}$	$\dfrac{\gamma_j Ma_j^2}{\beta_j}$
4	喷流质量流	$\dfrac{p_j^2\gamma_j Ma_j^2 A_j^2(RT)_\infty}{p_\infty^2\gamma_\infty Ma_\infty^2 A_\infty^2(RT)_j}$	$\dfrac{\gamma_j Ma_j^2}{(RT)_j}$
5	喷流动能	$\dfrac{\gamma_j Ma_j^2(RT)_j}{\gamma_\infty Ma_\infty^2(RT)_\infty}$	$\gamma_j Ma_j^2(RT)_j$
6	喷流内能	$\dfrac{(\gamma_\infty-1)(RT)_j}{(\gamma_j-1)(RT)_\infty}$	$\dfrac{(RT)_j}{(\gamma_j-1)}$
7	喷流内焓	$\dfrac{\gamma_j(\gamma_\infty-1)(RT)_j}{\gamma_\infty(\gamma_j-1)(RT)_\infty}$	$\dfrac{\gamma_j(RT)_j}{(\gamma_j-1)}$
8	喷流动量	$\dfrac{p_j\gamma_j Ma_j^2 A_j}{p_\infty\gamma_\infty Ma_\infty^2 A_\infty}$	$\gamma_j Ma_j^2 A_j$

表中，β 为压缩性因子，$\beta=\sqrt{Ma^2-1}$；γ 为喷流比热比；p_2 为喷流出口处当地的压力；A_j 和 A_∞ 为喷管出口和飞行器参考面积；RT 为喷流气体常数和总温的乘积。

表中有 5 个基本参数：p_j/p_∞、Ma_j/Ma_∞、γ_j/γ_∞、$(RT)_j/(RT)_\infty$ 及 A_j/A_∞，其中，喷流静压比 p_j/p_∞ 是喷流模拟试验中最主要的一个参数，试验中要求此参数相等；γ_j/γ_∞ 和 $(RT)_j/(RT)_\infty$ 体现喷流的温度效应，即喷流的温度变化导致了这两个参数改变；Ma_j/Ma_∞ 表示外流速度与喷流速度之间的关系；A_j/A_∞ 是保证模型喷管与飞行器几何相似所需要的相似参数。只要喷流试验时这五个基本参数完全与飞行器相同，模型几何外形和外流场参数（Ma、Re 等）又分别相似和相等，则模型喷流完全模拟了飞行器喷流流场。然而在试验中，同时模拟这五个参数是十分困难的，只能根据实际情况，保证主要参数相似。如：

1）当喷管的压力比 $1.0 \leqslant p_{0j}/p_\infty < 1.9$（$p_{0j}$ 为喷管气流总压）时，喷流引射效应起主要作用。

2）当 $1.9 \leqslant p_{0j}/p_\infty \leqslant 3.0$ 时，喷流的引射效应与膨胀效应均不可忽视。

3）当 $3.0 < p_{0j}/p_\infty$ 时，喷流的膨胀效应起主要作用。

a）喷流引射效应模拟。喷流的引射效应用喷流的质量流和喷流的动量来模拟。

质量流

$$\frac{\rho_j A_j V_j}{\rho_\infty A_\infty V_\infty}=\left[\frac{p_j^2 \gamma_j Ma_j^2 A_j^2 (RT)_\infty}{p_\infty^2 \gamma_\infty Ma_\infty^2 A_\infty^2 (RT)_j}\right]^{0.5} \tag{3-134}$$

动量

$$\frac{\rho_j A_j V_j^2}{\rho_\infty A_\infty V_\infty^2}=\frac{p_j \gamma_j Ma_j^2 A_j}{p_\infty \gamma_\infty Ma_\infty^2 A_\infty} \tag{3-135}$$

从上述公式可以看出，喷流动量相似需要模型和火箭的 p_j/p_∞、Ma_j/Ma_∞、γ_j/γ_∞、A_j/A_∞ 相等，质量流相似还需要 $(RT)_j/(RT)_\infty$ 相同。

b）喷流膨胀效应模拟。当 $1.9 \leqslant p_{0j}/p_{\infty}$ 时，模拟喷流的膨胀效应常用的模拟参数为喷管出口处膨胀角 δ_j 和 D_1/D_j（D_1 为喷流一元等熵膨胀最大直径），可按如下公式计算

$$\delta_j = \theta_N + \upsilon_1 - \upsilon_e \tag{3-136}$$

式中 υ_1——按照环境压力与滞止压力之比确定的普朗特-迈耶尔角；

υ_e——按照喷管出口压力与滞止压力之比确定的普朗特-迈耶尔角。

$$(D_1/D_j)^2 = \frac{(\gamma_j + 1)^{-\frac{\gamma_j+1}{2(\gamma_j-1)}} \left(1 + \frac{\gamma_j - 1}{2} Ma_1^2\right)^{\frac{\gamma_j+1}{2(\gamma_j-1)}}}{Ma_1 (A_j/A^*)} \tag{3-137}$$

$$Ma_1^2 = \frac{2}{\gamma_j - 1}\left[\left(\frac{p_{0j}}{p_{\infty}}\right)^{\frac{\gamma_j-1}{\gamma_j}} - 1\right] \tag{3-138}$$

$$\frac{p_{0j}}{p_{\infty}} = \frac{p_j}{p_{\infty}} f(Ma_j) \tag{3-139}$$

δ_j 相似，需要模型和火箭的 p_j/p_{∞}、γ_j 和 Ma_j 一致。D_1/D_j 相似，需要模型和火箭的 p_j/p_{∞}、Ma_j、γ_j 及 A_j/A^* 一致。

从上述相似参数可以看出喷流试验模拟的难度之大。用高压冷空气做介质模拟飞行器喷流是国内外用得较为广泛的喷流模拟技术。NASA 在 20 世纪五六十年代做了大量关于喷流对底阻影响的试验。其中，Musial & Ward 和 Cbarazenko & Hayes 两个小组的试验结果，被很多学者引用，目前仍被用于校核工程计算和数值模拟结果。国内关于含喷流的风洞试验起步较晚，从 20 世纪 70 年代以后开始在风洞中进行喷流试验，采用脉冲燃烧风洞，对典型的四喷管火箭底部喷流加热以及超燃发动机的工作性能进行了研究。

相对于热喷流而言，冷喷流所用设备简单，费用少，试验数据精度高，但是冷喷流试验只适用于温度不起主要作用的喷流模拟。真实发动机的高温燃气可通过加热空气、氢和空气燃烧、过氧化氢燃烧及

火药燃烧等提供的热喷流来模拟。但由于增加了燃料、点火及控制系统，使热喷流试验装置和运行都更加复杂。此外，由于燃烧的不稳定性、时间短等因素，使热喷流试验的精度明显低于冷喷流试验。

③Musial & Ward 的四喷管热喷流试验

20 世纪五六十年代 Norman T. Musial 和 James J. Ward 在 NASA 的刘易斯研究中心的风洞中对四喷管火箭缩比模型底部对流热进行了大量试验研究，分析了底部构型对底部热环境的影响，成为底部喷流试验研究的里程碑，至今为很多研究者引用进行对比分析。试验模型为圆锥加圆柱组合体，圆柱段直径为 0.304 8 m，整个模型通过支架连接在刘易斯风洞上，如图 3－30（a）所示。发动机喷管采用两种类型，分别为钟形喷管和锥形喷管，模型的底盘可更换，用于研究喷管间距以及伸出长度对底部热环境的影响，如图 3－30（b）所示。试验对底部热流、温度和压力进行测量，喷管布局和安装位置如图 3－30（c）所示。试验模型变量见表 3－7，其中喷管间距比和伸出比都以喷管出口直径为基准。试验采用的是热喷流，四个 500 lb 的 JP－4（汽油与煤油 1∶1 混合）＋液氧火箭发动机可以稳定工作大约 10 s。刘易斯超音速风洞提供 $Ma=2.0\sim3.5$ 的来流，提供的环境压强对应高度范围为 14.33～30.48 km，喷流压比 $p_j/p_\infty=340\sim6\ 800$。

(a) 试验模型

图 3－30　Musial & Ward 的试验模型

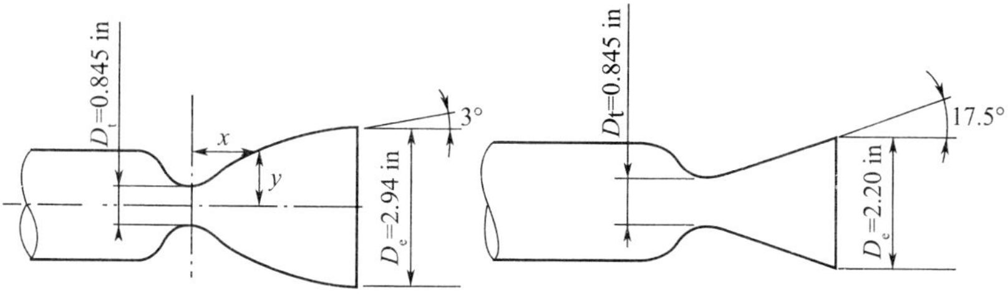

(b) 两种喷管外形

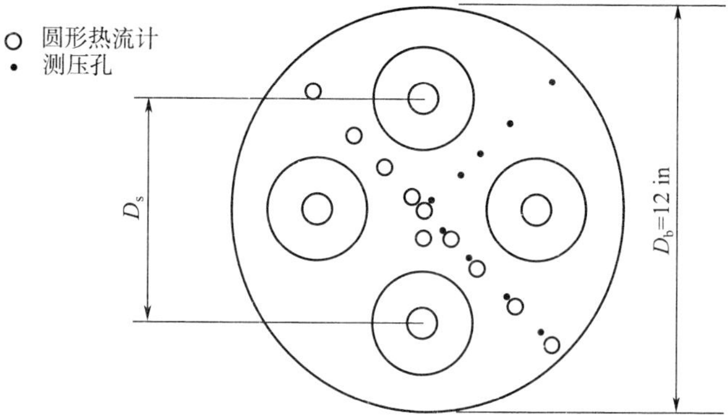

喷管间隙比D_s/D_e=2.18

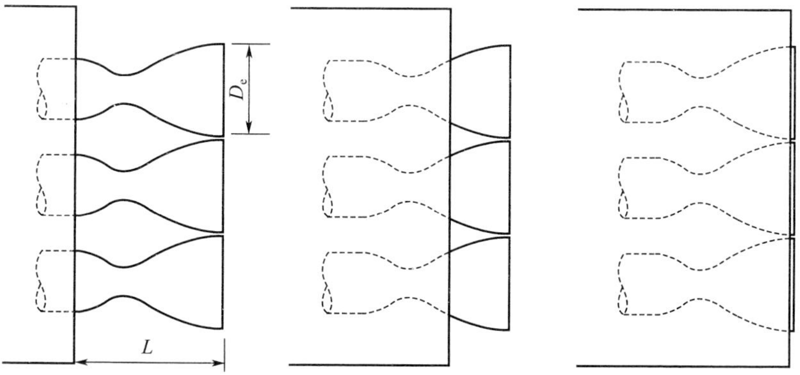

喷管间隙比D_s/D_e=2.18，喷管扩张比L/D_e=1.732 6

喷管间隙比D_s/D_e=2.18，喷管扩张比L/D_e=0.701 5

喷管间隙比D_s/D_e=2.18，喷管扩张比L/D_e=0.042 5

(c) 喷管的布局和安装位置

图 3-30　Musial & Ward 的试验模型（续）

表 3－7　试验模型变量

构型	喷管间距比	喷管伸出比	喷管类型	喷管面积比	备注
1a	2.18	1.732 6	钟形	12	
1b	2.18	0.701 5	钟形	12	
1c	2.18	0.042 5	钟形	12	
2	1.67	1.530 6	钟形	12	
3	2.97	0.680 3	钟形	12	
4	2.22	0.909 1	锥形	6.9	
5	2.18	0.680 3	钟形	12	发动机偏转 7°
6	2.22	0.909 1	锥形	6.9	装有氮气探针

由试验结果得到：对于四喷管构型火箭，由于相邻喷管间的射流相互碰撞回流，导致底部中心处的热流、压强和温度最高，应作为热防护的关注重点。试验结果显示以下规律：

1）底部中心区的热流受 p_j/p_∞ 影响明显，但基本不受 Ma_∞ 影响，不同马赫数下热流随喷流压比的变化如图 3－31 所示。

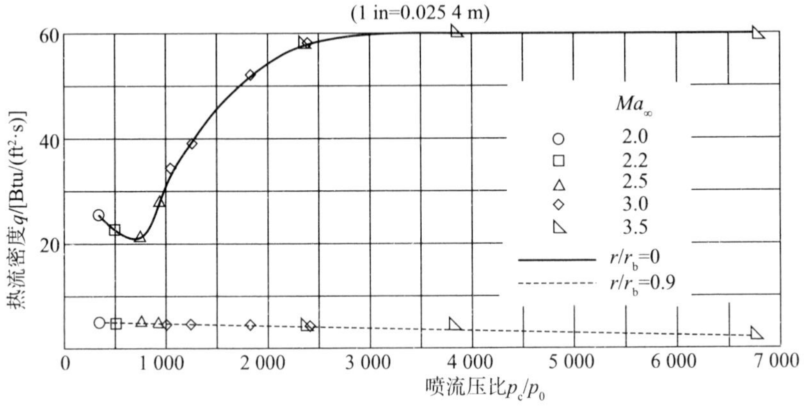

图 3－31　不同马赫数下热流随喷流压比的变化（Musial & Ward）
（$D_s/D_e = 1.67$，$L/D_e = 1.530\ 6$，1 Btu = 1 055.06 J，1 ft = 0.304 8 m）

2）底部热流、温度、压力都在中心区有最大值，沿径向减小。

3）增加喷管伸出尾舱的长度或喷管间距，都会减小中心区的热负载。

4）减小喷管面积比，或者增加喷口角度，都会增加中心区热流。

5）在底部中心区喷射少量氦气，或者采用锥形喷管外形，可以明显减小中心区热流。

为降低底部热流峰值，可以采取以下措施：

1）选用出口扩张角较小的钟形喷管；

2）增大喷管伸出长度；

3）增大喷管间距；

4）减小喷管出口扩张角；

5）使喷管有一定的向外偏转角；

6）在设备空间允许的情况下，可以考虑在底部中心安装气体注射器，以进一步降低热流。

3.3.1.3　底部防护设计

土星Ⅰ（Saturn Ⅰ）一子级（图 3-32）直径 6.53 m，采用 8 个 H-1 液氧/煤油发动机（单台推力小于 YF-100）。由于底部喷流加热问题，一子级尾部的蒙皮制成裙状，同时使外圈相邻两发动机之间的蒙皮向内凹进。在燃烧室之间嵌以厚的防火壁。防火壁用石英纤维布制成，外表面有反射率很高的镀金板。为保护一子级的泵、阀门、控制装置和测量设备等重要的发动机组件免受高温气流的喷蚀，使用了一种柔性防热屏，8 台发动机喷管穿过防热屏伸向外边。防热屏由玻璃纤维织物、硅橡胶材料和硅化纤维制成，并涂有发射涂层。在防热屏和助推火箭底部之间装有 1 个防热罩，它在空气中部分固化，并在飞行加热过程中完全固化。

宇宙神系列基础级均为液氧/煤油发动机，宇宙神 2AS-半人马座 2A 是在宇宙神 2A-半人马座 2A 的基础级（采用 MA-5A 液氧煤油发动机）周围捆绑 4 枚卡斯托 4A（Castor-4A）固体推进剂助推器，如图 3-33 所示。固体推进剂助推器在宇宙神芯级上的纵向和周向安装位置是根据固体推进剂助推器的火焰羽流冲击点与其相邻硬件和

图 3-32　土星Ⅰ一子级

宇宙神推力室的相关位置而确定的。箭体结构针对固体推进剂带来的热环境进行了改进，为应对底部高温和可能的涡轮富燃料排气的吸入而采取了绝热和密封措施。

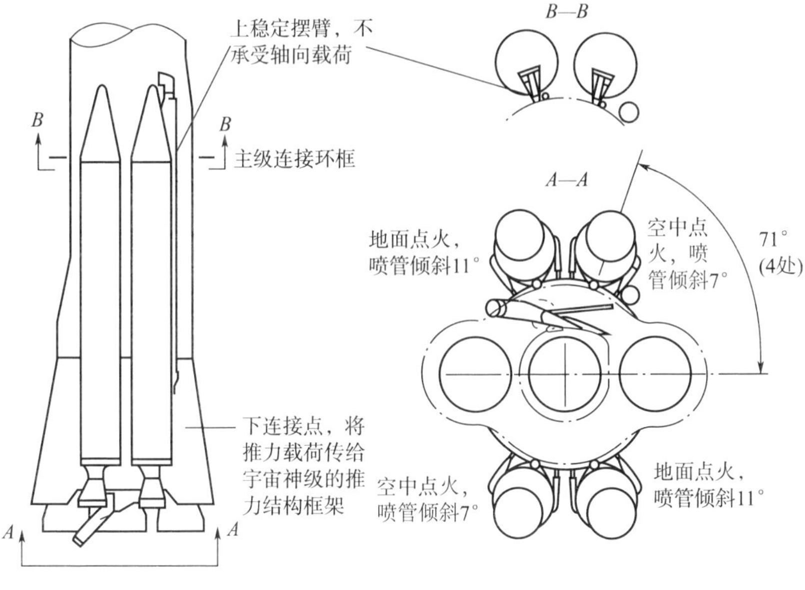

图 3-33　宇宙神 2AS 一级构型

尾段是结构的支撑件，并为助推发动机提供气动保护，为应对固体推进剂助推器给火箭尾部带来的热环境和压力分布变化，在尾段上采取了两项措施应对所有受固体助推器火焰和涡轮泵排出的可燃富燃料气体产生的爆炸：1）尾段用软木进行敷设隔热（包括推力筒前端框后的全部硬件、连接支撑杆、液氧输送管和增压气体管路等，固体助推器也用软木进行相应的绝热处理）；2）用硅橡胶密封结构缝隙，在底部设无孔保护罩和采用无源增压系统。

宇宙神 5 系列包括宇宙神 5 的 400 系列和 500 系列（捆绑固体火箭助推器），以及 HLV（捆绑 2 个液体火箭助推器，采用 RD－180）。各型一子级均采用通用芯级作为主要推进级，该通用芯级直径为 3.81 m，均采用单台 RD－180 发动机。400 系列可捆绑 0～3 个固体火箭助推器，500 系列可捆绑 0～5 个固体火箭助推器，HLV 则使用 2 个通用芯级作为液体火箭助推器。

宇宙神 5 系列发动机通过后过渡段结构和热防护罩安装到通用芯级上。后过渡段结构（图 3－34）由 7075 铝制隔框与 2040 铝蒙皮构成，用于传递发动机推力，内部装有为推进剂贮箱增压的氦气瓶。

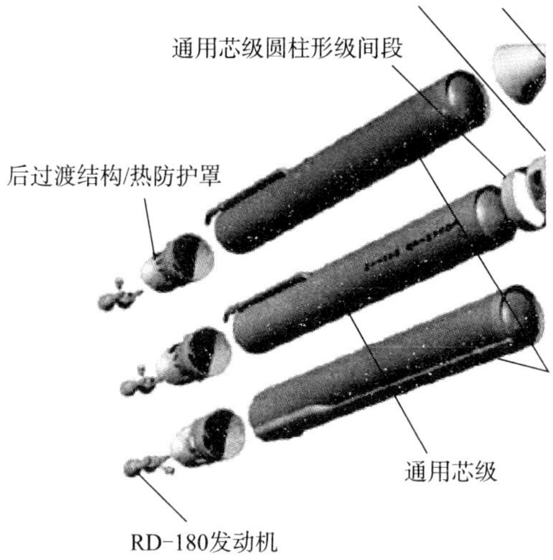

图 3－34 宇宙神 5 系列后过渡段结构

热防护罩用于在发动机点火工作时保护通用芯级，也是发动机舱的环境保护罩。热防护罩直径为 3.05 m，它是圆柱体复合材料结构件，在铝制蜂窝和铝制隔框结构上覆盖有石墨环氧树脂面板，有完整的发动机喇叭口、液氧流挡板和底盘组件。

我国新一代大型运载火箭长征五号一级采用 8 台 YF－100 液氧/煤油发动机和 2 台 YF－77 液氢液氧发动机，产生严酷的底部加热环境，为此，采用先进的防热结构对底部加热环境进行了有效防护。为防止回流高温气体进入尾舱，防热结构采取了严格的密封措施，确保一级尾舱内保持良好的热环境，如图 3－35 所示。

图 3－35　火箭底部防热

3.3.2　火箭上的各种喷流

火箭在飞行过程中，除了产生推力的主发动机喷流外，还存在多种喷流形式，如提供推力矢量控制的姿控发动机喷流，提供分离力的分离火箭喷流，以及用于推进剂管理的沉底发动机喷流等。这些发动机工作时，喷流羽流均可能冲击到箭体上，其主要的加热方式为喷流冲击的对流加热。辐射加热取决于喷流化学成分和结构表面相对喷流位置。除含有较多 CO_2 组分和三氧化二铝（Al_2O_3）粒子的喷流外，通常辐射加热相对较少。当采用固体燃料时，喷流中含有 Al_2O_3 粒子，此时粒子冲击引起很大的加热量。

喷流冲刷流动是一个强干扰问题，流场中存在许多复杂结构：喷流激波、马赫盘、板激波、尾激波、反射激波、喷流边界层、剪切层、壁面附面层、驻泡等，在某些情况下，流场还会出现不稳定振荡。这是由于自由喷流的结构本身就存在喷流边界层、马赫盘等复杂结构，当喷流冲刷壁面时，喷流自身的复杂结构与壁面产生激波相互作用，增加了冲刷流场的复杂性。喷流冲刷流场的复杂性受喷流马赫数、喷流压比、喷口与壁面距离、冲刷角度等影响，但冲刷流场的主体结构与喷管内部结构关系不大。

目前还不能从理论上对产生喷流冲刷现象的内部机理给出圆满解释。对超音速喷流的全面试验研究是很困难的，这是由于在喷流的复杂结构中马赫数和气体的流动方向变化非常剧烈，而且喷流自身结构复杂和自由喷流中激波与冲刷面之间存在相互作用。

3.3.2.1 喷流冲刷壁面情况

(1) 垂直冲刷壁面

当壁面与喷口距离（记为 Z_{np}）较小时，超音速自由喷流受到壁面的阻挡，被迫在壁面前形成一道激波，使气流的速度降低，这道激波称为板激波（Plate Shock）。板激波与壁面间的中心部分气流的流动为亚音速状态。随着 Z_{np} 的增大，板激波离开喷管出口的距离也增大，当 Z_{np} 增大到某一值时，板激波移动到对应的自由喷流的第一马赫盘的位置，板激波后的亚音速气流由于混合效应已加速到音速并再减速到壁面上，即这个 Z_{np} 壁面的存在已不再影响上游的流动。Z_{np} 继续增大，马赫盘后的亚音速气流由于混合效应已加速到超音速，将在马赫盘下游再次形成板激波，同样，马赫盘仍位于自由喷流第一马赫盘的位置。根据以上的流动结构，喷流垂直冲刷壁面，存在如下规律：

1）受超音速喷流垂直冲刷的壁面上会产生高压区，这个高压区是一个围绕喷流轴线的圆形区域，欠膨胀喷流状态下，它的大小与喷流压比有关，与壁面离开喷管出口距离的关系不大，壁面上的压力分布主要在这个区域内变化。

2）当喷流状态一定时，随着 Z_{np} 的增加，壁面上压力呈现有规律的周期变化，这种变化与自由喷流结构在空间周期性规律变化有内在联系。

3）壁面的压力分布形式与对应的自由喷流结构有密切关系。

（2）超音速喷流倾斜冲刷壁面

相对于垂直冲刷，倾斜冲刷又多了一个影响流场的重要参数，即倾斜角 θ。垂直冲刷中，板激波直接横跨于三激波交点；倾斜冲刷中的板激波由两部分组成，这两部分又形成三激波相交的结构，在交点处形成尾激波。在壁面附近，特别是在上三激波交点之下的流场中形成了新的形式各异的次生结构和亚次生结构，如图 3－36 所示。这些结构主要由激波、膨胀波和剪切层的相互作用形成。上述因素导致壁面上的压力分布更加复杂。

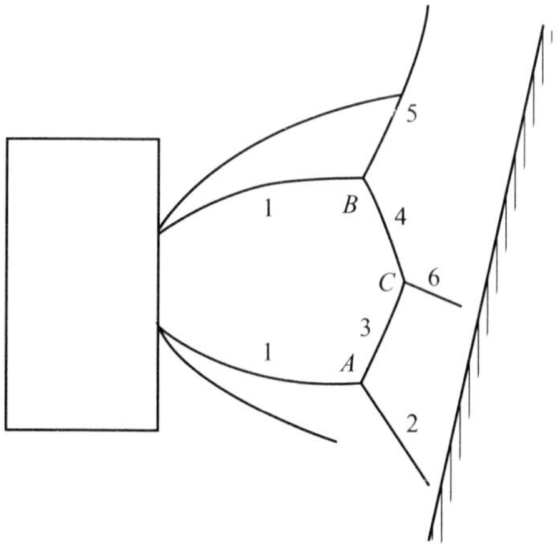

图 3－36　喷流倾斜冲刷壁面激波结构示意图

1—喷流激波；2—上尾激波；3—上板激波；4—下板激波；5—下尾激波；6—中尾激波

A— 上三激波交点；*B*— 下三激波交点；*C*— 中三激波交点

根据以上的流动结构，喷流倾斜冲刷壁面存在如下规律：

1）受超音速喷流倾斜冲刷的壁面上，喷流轴线附近会产生高压区，欠膨胀喷流状态下，它的大小与喷流压比有关，与壁面离开喷管出口距离的关系不大，壁面上的压力分布主要在这个区域内变化。

2）倾斜喷流冲刷时，壁面上的最大压力值可能比垂直喷流冲刷时的最大压力值大，在某些情况下会大很多。

3）当喷流状态和倾斜角一定时，随着 Z_{np} 的增加，壁面上的压力呈现有规律的周期变化，这种变化与自由喷流结构在空间周期性的规律变化有内在联系。

4）壁面的压力分布形式与对应的自由喷流结构有密切关系，相对于垂直喷流冲刷状态，这种关系更加复杂。

3.3.2.2　喷流冲刷试验

小火箭的喷流冲刷环境恶劣，流场形式复杂，但影响区域有限，工程上可以采取相对保守的防护手段，如局部喷涂防热、局部结构加强，再通过地面直接冲刷试验验证结构的适应性。目前使用较多的地面试验手段有真空舱喷流冲刷试验、地面喷流直接冲刷试验，如图 3－37 和图 3－38 所示。

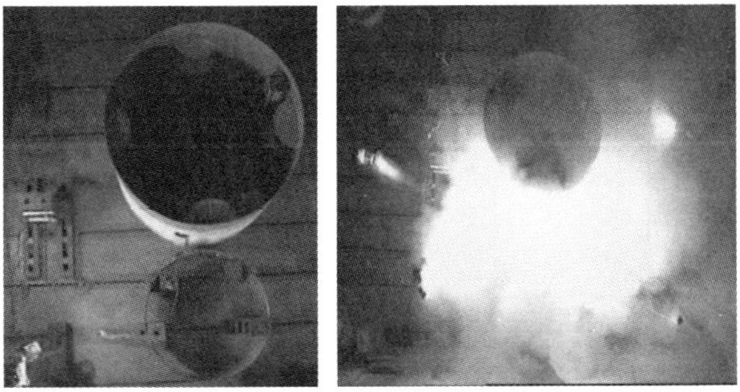

图 3－37　部段级地面喷流冲刷试验

3.3.2.3　喷流冲刷防护设计

阿里安－5 采用侧推火箭作为分离能源，安装在前、后裙上，前裙上安装 4 枚，后裙上安装 4 枚，单枚火箭峰值推力为 78 kN。为了防止前裙上侧推火箭工作对芯级的冲刷，在火箭芯一级氧箱和一级前裙正对侧推火箭位置部分进行了隔热及防冲刷处理，具体如图 3－39 所示。我国长征系列火箭也多采用局部喷涂防护涂层的方式对喷流冲刷范围进行有效防护。

图3-38　搭载地面喷流冲刷测量

图3-39　阿里安-5热防护措施及侧推火箭点火

3.4　舱段热环境

火箭舱段主要指由火箭壳壁和贮箱底、贮箱顶组成的封闭空间或腔体，通常包括整流罩、仪器舱、箱间段、级间段、发动机舱、助推器头锥等。火箭舱段是箭上各种仪器设备安装和工作所安置的空间，舱段空气温度是仪器设备工作环境的重要组成部分。受所安装仪器、设备正常工作允许条件的限制，一般要求舱内环境温度保持常温，或略高于常温，如50～60 ℃。特别是箭上仪器舱，是各种重要精密仪器集中安装的舱段，对使用温度环境有严格要求。

准确预示舱段空气温度是舱段热环境设计的重要内容。一般当舱体壁面温度不高于100 ℃时，舱内空气温度升高并不明显，基本能满足仪器设备温度环境的要求。当舱体壁面温度超过100 ℃后，舱内空气温度往往高于常温，甚至达到或超过60 ℃，超出设备使用温度环境的上限。如果超过常温不多，持续时间又较短，在结构强度允许的情况下，可不做特殊处理。当超过常温过多时，就需要寻求其他更有效的办法，如采用防热材料喷涂或包覆隔热等，不管采取何种降温方式，必须弄清楚飞行过程中舱内环境温度。

由于对舱体的结构，舱内设备，舱内的对流、热传导、辐射、接触热阻等很难用数学模型进行精确模拟，目前对舱内热环境的研究立足于飞行试验遥测，再从理论上进行粗略估算。舱内空气温度预示以部段内壁温作为边界条件，内部结构纵横交错，各类仪器、设备、电缆等部件的外形无特定规律，材料又各不相同，受舱段空间大小、仪器设备工作升温、贮箱底、增压输送管路、发动机高低温组件等冷/热源影响，舱内空气对流情况复杂，在如此复杂的边界条件下，通过解三维热传导方程精确计算舱内空气温度非常困难。一般结合经验设计、遥测参数参考、简化的工程计算方法、简化的节点热网络模型传热分析来实现。

3.4.1　舱段温度环境预示

3.4.1.1　简化的工程估算

对于内部不含较大热源的舱段，可根据能量守恒，建立分析方法进行舱内温度环境预示，为分析简便，对舱段进行简化和假设：

1）舱段上、下两端绝热。

2）金属壳体、壁厚不大，按当量厚度考虑热容，整个舱段壳段周向温度均匀分布。

3）舱段内、外表面积相同。

4）只有垂直于表面方向（径向）的热交换，即一维传热。外表面为气体强迫对流换热，中间为固体热传导，内表面为空气自然对流换热。

5）不计内部结构的热传导，即热辐射。

6）不计太阳辐射和大气辐射。

在简化条件下，整个舱体外表面的气动加热和喷流加热除加热壁面外，都传入舱内空气，根据能量守恒，热平衡方程为

$$Q_a + Q_p - Q_\sigma = Q_w + Q_c \tag{3-140}$$

式中　Q_a ——外表面吸收的气动热；

Q_p ——外表面吸收的喷流热；

Q_σ ——表面对外的辐射热；

Q_w ——引起壁面温度变化的热量；

Q_c ——舱内因空气对流向舱内空气传入的热量。

$$Q_a = \int q_a S_a \mathrm{d}t \tag{3-141}$$

$$Q_p = \int q_p S_p \mathrm{d}t \tag{3-142}$$

式中　q_a ——气动加热热壁热流；

S_a ——气动加热作用于舱段壳壁的面积；

q_p ——喷流加热吸收的有效热流；

S_p ——喷流加热作用于舱段壳壁的面积。

表面的辐射热 Q_σ 为

$$Q_\sigma = \int \varepsilon \sigma T_w^4 S \mathrm{d}t \tag{3-143}$$

式中 ε ——辐射系数；

σ ——斯忒藩-玻耳兹曼常数。

引起壁面温度变化的热量 Q_w 为

$$Q_w = \iint_0^\delta c\rho \frac{\partial T}{\partial t} \mathrm{d}y S \mathrm{d}t = c\rho \frac{\partial}{\partial t} \iint_0^\delta T \mathrm{d}y S \mathrm{d}t = c\rho\delta \frac{\mathrm{d}T_w}{\mathrm{d}t} S \mathrm{d}t = c\rho\bar{V} \frac{\mathrm{d}T_w}{\mathrm{d}t} \mathrm{d}t \tag{3-144}$$

式中 c ——材料比热容；

$\bar{V}$ ——舱段壳体体积，对壁厚不均匀的壳体可按照外形不变、质量相同、厚度均布的壳体体积（$\bar{V} = \delta S$）计算；

δ ——壁面厚度，对厚度不均匀壁面按当量厚度考虑；

ρ ——材料密度。

舱内因空气对流向舱内空气传入的热量 Q_c 为

$$Q_c = \int h_c (T_w - T_a) S \mathrm{d}t \tag{3-145}$$

式中 h_c ——舱内自然对流的平均表面传热系数；

T_a ——舱内空气温度（平均）；

S ——舱内表面面积。

h_c 可按铅垂平板和圆柱的自然对流计算方法来估算，也可按下述公式进行求解

$$h_c = Nu \frac{\lambda}{l} \tag{3-146}$$

$$Nu = 0.18 \left(\frac{Pr}{0.2 + Pr} \right)^{0.29} (Gr Pr)^{0.29} \tag{3-147}$$

$$Pr = \frac{\mu c_p}{\lambda} \tag{3-148}$$

$$Gr = \frac{c\rho_a^2 l^3 \Delta T}{\mu^2 T_a} \tag{3-149}$$

$$\rho_a = \frac{p_a}{R_g T_a} \tag{3-150}$$

式中　Nu ——努塞尔数；

l ——舱段的特征长度；

λ ——空气热导率；

Pr ——普朗特数；

Gr ——格拉晓夫数；

μ ——黏度；

c_p ——空气比定压热容；

c ——当量重力加速度，当量重力加速度 $c = b + g$，b 为飞行器的运行加速度，g 为重力加速度；

ρ_a ——舱内气体密度；

ΔT ——壁面与气体温差；当 $Gr < 2\ 430$ 时，气体只有导热传热，而无自然对流换热；

R_g ——摩尔气体常数；

p_a ——舱内气体压强。

若对流部分热量全部为舱内空气吸收，则

$$Q_c = \int c_V \rho_a \bar{V}_a \frac{\mathrm{d}T_a}{\mathrm{d}t} \mathrm{d}t \tag{3-151}$$

式中　c_V ——空气比定容热容；

$\bar{V}_a$ ——舱内空气容积。

上述公式，给定初始条件，即 $t = 0$ 时刻的 T_w 和 T_a，可以得到壁温和舱内空气温度随飞行时间的变化。

该方法建立在舱体能量守恒原理的基础上，其最大的简化之处在于，将舱内空气温度看作均匀一致的，本质上也是一种集总参数方法。同时，计算时没有考虑到仪器发热等对舱内温度的影响，以及飞行中由于重力和加速度导致的强迫对流换热影响。

3.4.1.2　节点热网络模型分析法

舱段热环境是多物理场多层次耦合作用的结果。从热量的产生与传输机制看，包括：

1）火箭发射过程中，气动加热引起的对流换热。

2）箭体壳体在内、外热环境耦合作用下的非稳态导热。

3）箭体内各设备间的非稳态导热、对流和辐射耦合换热。

4）火箭壳体外露表面由于太阳照射、地球反照及地球红外辐射形成的非均匀辐射换热。

5）发动机喷流所形成的对流和辐射换热。

6）仪器舱壳体在内、外热环境耦合作用下的非稳态导热。

7）二级尾舱内各设备与内、外热环境耦合作用下的非稳态导热。

8）各设备间的非稳态导热、对流和辐射耦合换热。

从热量传输的耦合特性看，箭体热环境的形成包含以下三个层次的热耦合问题：

1）箭体内部热效应与外部热环境耦合作用，属于第一层次的耦合问题。

2）箭体内部各种设备、构件间的多种传热方式耦合；壳体外表面辐射散热与外热流的耦合作用，属于第二层次的耦合问题。

3）箭体内设备单元的各种热源与多种传热方式的耦合，属于第三层次的耦合问题。

上述舱段热物理过程通过这三个层次的动态耦合作用，形成了火箭的整体热环境，也决定了箭体内各设备的瞬态温度场。

根据过程的物理本质与宏观规律，所有的热量传递现象归纳、划分为三种基本传热方式：导热（热传导）、热对流、热辐射。

开展火箭热分析的主要过程如图 3－40 所示。

进行温度场计算时，可分为系统级热分析和元件级热分析两大类。系统级热分析中，模型中存在大量的复杂多体结构，并包括辐射、对流和导热的多场耦合问题。元件级热分析主要指连续介质区内（单个物体）的温度计算。在元件级的温度场计算时，主要基于有限差分法、有限容积法、有限元法。在系统级热分析中，

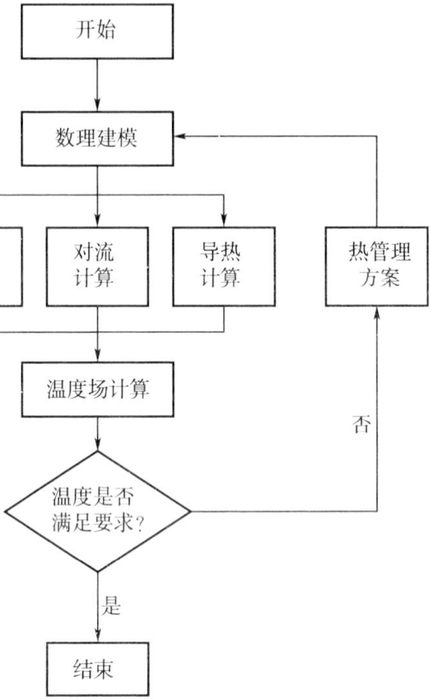

图 3-40　热分析流程

由于存在复杂的三维空间多体结构，传热方式存在导热、对流与表面辐射耦合作用。考虑到问题的复杂性，整体温度场计算并不采用数值传热学中的导热求解方法，而普遍采用基于热阻、热容概念的节点热网络法建立热分析模型，开展节点热网络模型分析，各结构间的辐射换热作用则通过蒙特卡罗法求解。节点热网络模型分析法在卫星和上面级的空间热环境分析中应用成熟，将在本书 3.5 节详细阐述，这里给出一种舱段壁面节点与舱内空气节点之间的传热系数的确定方法。

火箭穿越大气层过程中，随着飞行高度的增加，内部气体不断向外泄出，期间还受飞行速度、加速度的影响，舱内气体对仪器设备存在对流换热影响。由于火箭内部气体不断外泄及火箭飞行加速度的影响，舱内气体存在强制对流，这部分强制对流影响较小，设计中忽略其影响。针对舱段存在的自然对流，可结合火箭的飞行高度考虑内部气体密度、压强等因素变化对自然对流换热的影响。

由于各仪器与周围壁面的距离远大于仪器表面的热边界层厚度，因此热边界层不会受到干扰，可以认为其自然对流传热区域为大空间自然对流。对于这种情况，工程中普遍采用以下的试验关联式来计算自然对流。

$$Nu_m = C(GrPr)^n \tag{3-152}$$

$$h = Nu_m \frac{\lambda}{l} \tag{3-153}$$

式中　Nu_m ——努塞尔数；

l ——特征长度；

Gr，Pr ——格拉晓夫数、普朗特数；

C，n ——待定常数；

h，λ ——表面平均自然对流传热系数、气体热导率。

通过式（3-152）和式（3-153），可以看出，表面传热系数主要与 C 和 n 的选取有关，下面着重介绍不同换热情况的 Nu 的表达式，并且设定温度均为壁温和气体温度的平均值。

对于竖直平板或竖圆柱的情况，近似认为局部均匀壁温，特征长度均选取为高度，具体如下：

当 $1.43 \times 10^4 \leqslant Gr \leqslant 3 \times 10^9$ 时，流态为层流：$Nu = 0.59(GrPr)^{\frac{1}{4}}$。

当 $3 \times 10^9 < Gr \leqslant 2 \times 10^{10}$ 时，流态为过渡流：$Nu = 0.0292(GrPr)^{0.39}$。

当 $Gr > 2 \times 10^{10}$ 时，流态为湍流：$Nu = 0.11(GrPr)^{\frac{1}{3}}$。

对于横圆柱的情况，也近似认为局部均匀壁温，特征长度取为外径，经验公式选取如下：

当 $1.43 \times 10^4 \leqslant Gr \leqslant 5.76 \times 10^8$ 时，流态为层流：$Nu = 0.48(GrPr)^{\frac{1}{4}}$。

当 $5.76\times10^{8}<Gr\leqslant4.65\times10^{9}$ 时，流态为过渡流：$Nu=0.0165(GrPr)^{0.42}$

当 $Gr>4.65\times10^{9}$ 时，流态为湍流：$Nu=0.11(GrPr)^{\frac{1}{3}}$。

对于水平热面向上（冷面向下）的情况，同样认为局部均匀壁温，特征长度为平板的换热面积与其周界长度的比值，从而对流换热情况如下：

当 $10^{4}\leqslant GrPr\leqslant10^{7}$ 时，$Nu=0.54(GrPr)^{\frac{1}{4}}$。

当 $10^{7}<GrPr\leqslant10^{11}$ 时，$Nu=0.15(GrPr)^{\frac{1}{3}}$。

对于水平热面向下（冷面向上）的情况，假定局部均匀壁温，特征长度为平板的换热面积与其周界长度的比值，情况如下：

当 $10^{5}\leqslant GrPr\leqslant10^{10}$ 时，$Nu=0.27(GrPr)^{\frac{1}{4}}$。

对于球体的情况，假定局部均匀壁温，特征长度为球体半径，公式求解较为复杂：

当 $GrPr\leqslant10^{11}$ 时，$Nu=2+\dfrac{0.589(GrPr)^{\frac{1}{4}}}{[1+(0.469/Pr)^{9/16}]^{\frac{4}{9}}}$。

Pr 随压强变化很小，所以 Nu 的求解等价于 Gr 的求解，Gr 的求解按公式（3-149）。

典型的节点传热分析结果如图3-41所示。

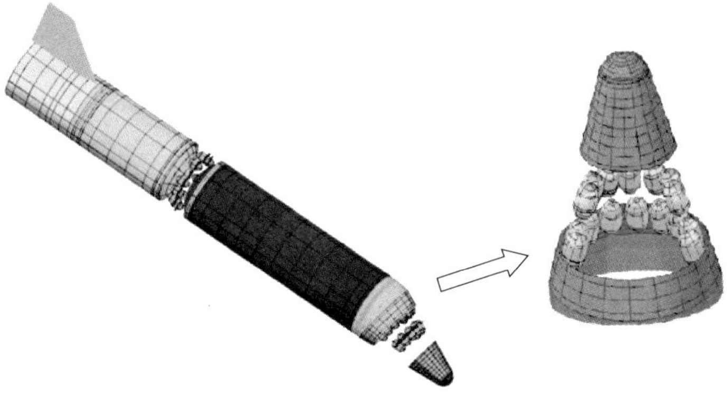

图3-41　典型的节点传热分析结果（见彩插）

3.4.2　舱段热环境控制

火箭舱段内安装的仪器设备，除了各种自身工作发热的电气设备之外，往往还有其他一些重要的热源，如尾舱中发动机系统的燃烧室、燃气发生器、火药启动器、高温增压管路，表面温度往往达到几百甚至近千摄氏度。对于低温火箭而言，很多舱段不可避免地与低温推进剂贮箱相连，或者低温推进剂贮箱底或贮箱顶本身就是组成舱段的一部分，对舱内仪器设备形成恶劣的低温环境。对于这些舱段，严酷的环境往往超出大部分仪器设备的耐受范围，需要采取一些特殊的环境控制措施来改善局部恶劣的环境，保障舱内的环境需求。它意味着改变舱段的环境影响因素，从而降低其对设备施加的环境应力。为改善舱内热环境，火箭采用了多种舱段温度控制措施。

1）舱段壳壁表面敷设隔热层或喷涂高温涂层，以克服动力段飞行时的气动加热，使舱内温升减缓。隔热层或高温涂层表面再喷涂白漆，增大反射率，防止太阳辐射，降低起飞时的舱内温升。

2）火箭尾段采用严格的防热和防护措施，防止发动机高温燃气回流和辐射加热影响，降低尾舱内温升。尾舱进出口、操作口等密封封堵，防止高温燃气回流进入尾舱。尾舱内发动机燃烧室、高温燃气路等高温热源和低温推进剂管路等低温热源采取隔热包覆措施，降低对尾舱漏热/漏冷。

3）在舱段温度预示结果的基础上，划定舱内环境友好区域，供仪器设备安装位置选取，并在各类研制试验如动力系数试车、靶场合练试验中验证舱段温度预示结果，优化仪器设备安装环境。在冷壁面和热壁面安装的仪器采用隔热垫或非金属隔热支架安装，增大接触热阻，防止接触导热。

4）进行热调节。对惯性器件、电池等对温度敏感的电子设备，采用热调节，以保持设备恒温。例如：装设温控回路，应用电加热器、热管、热百叶窗等温控部件，保障设备内部合适的温度范围。

3.5　空间热环境

在现役火箭中，美国宇宙神5火箭配置低温半人马座末级以及俄罗斯质子号M火箭配置微风M末级执行GEO卫星发射任务时，均需要末级在轨滑行至少5.2 h；日本H-2A火箭也在规划后续的改进目标，将火箭末级在轨滑行时间延长至5h。随着火箭任务的逐步扩展，尤其是深空探测脚步的迈进，火箭末级在空间停留的时间越来越长，工况越来越复杂，也就意味着真空热环境必须成为全任务剖面设计中重要的一环。

真空热环境对结构和航电设备的影响包括：在压力低于10^{-2} Pa时空气的传导和对流换热可忽略，只存在固体的导热和物体表面热辐射；固体表面之间接触界面热阻加大，影响热量传递；材料会产生挥发物而导致对其他表面的污染，特别是光学表面和热控表面；运动部件可能出现冷焊或滞涩；电子器件在10～10^{-1} Pa低真空度条件下，可能产生放电（低气压放电），致使电子设备出现故障。

真空热环境对低温推进剂的影响主要体现在蒸发量上。低温推进剂液氢、液氧在常温常压下沸点只有20 K、90 K，极易蒸发。火箭末级在轨受到太阳辐射、地球反照、地球红外辐射、各连接结构件的导热等多种内外部传热的影响以及空间微重力环境的综合作用，如果不能有效地进行末级的防绝热设计，将导致低温推进剂蒸发无法控制，直接影响整体任务的成败。美国重返月球计划的地球出发级（EDS，图3-42）需要在轨道上等待与猎户座交会对接，因此具备长时间在轨能力将非常重要。它采用液氢/液氧推进剂，低温推进剂的蒸发损耗将是一个关键问题。面对真空热环境，通过被动防热措施，EDS的低温推进蒸发量可控制在每天0.35％的量级。

图 3-42　美国重返月球计划地球出发级

3.5.1　空间环境

航天器在轨运行时，处于真空、深冷环境，并受到宇宙射线、太阳辐射、高能粒子、等离子体、原子氧、微流星与空间碎片等各种空间因素的影响，这些因素共同组成空间环境。据世界航天中心分析，地球同步轨道卫星发生故障的异常事件中 70% 与空间环境有关。

空间环境的主要特点如图 3-43 所示。我们只讨论空间热环境，即图 3-43 左侧的部分。空间热环境主要由真空、冷黑背景、空间外热流三部分组成。

3.5.1.1　真空

随着火箭飞行高度的上升，大气密度越来越低，在进入地球轨道时已经接近真空。表 3-8 是真空度随飞行高度变化的数值。

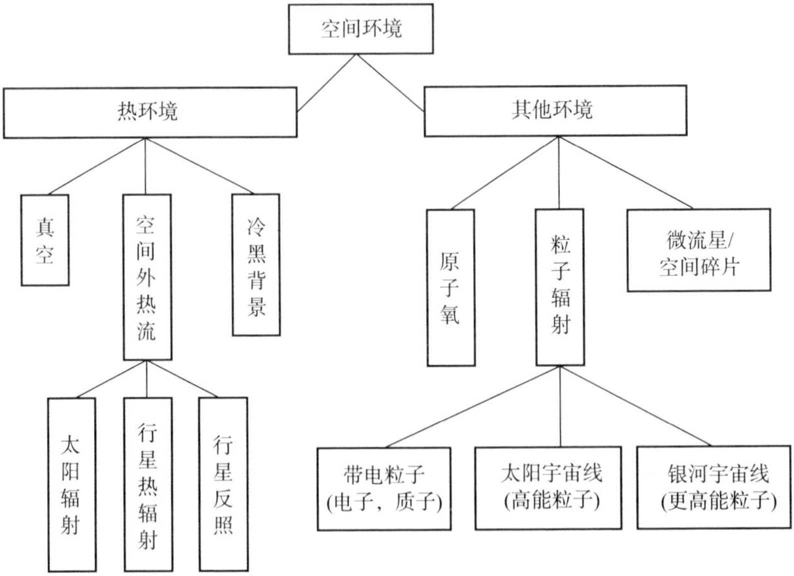

图 3-43 空间环境的构成

表 3-8 高度与真空度的对应关系

高度/km	真空度/Pa
200	8.47×10^{-5}
300	8.77×10^{-6}
500	3.02×10^{-7}
800	1.70×10^{-8}
1 000	7.51×10^{-9}
3 000	4.25×10^{-11}

真空对于火箭的热环境最主要的影响是改变传热途径。在大气压力低于 10^{-2} Pa 以后，空气的传导和对流换热可以忽略不计。因此航天器与外部换热的主要形式是通过辐射。除了载人飞船等特殊需求的舱段密封有气体之外，火箭末级的其他舱段内部也是真空的。舱内设备和部件间的换热只有导热和相互表面热辐射，这是与大气环境最重要的区别。

随之而来的，由于微观不平度的存在，固体表面之间只有一些点是实际接触上的，其余空间在地面时由大气填充，进行对流换热，在真空中则只能通过辐射，因此接触热阻和交界面温差都会增大。

3.5.1.2　冷黑背景

宇宙中除了各种星体以辐射的形式发射能量外，其余为无限广阔的宇宙空间。研究表明，宇宙空间的辐射能量极小（约 10^{-5} W/m^2），相当于 4 K（−269 ℃）的极低温天体，此即“冷”的含义。同时，航天器辐射出去的能量将被无限的宇宙空间全部吸收而无任何的反射，犹如石沉大海，这样的宇宙空间背景就像热沉一样，此即“黑”的含义。

3.5.1.3　空间外热流

对于地球轨道内的航天器而言，面临的空间外热流主要有太阳辐射、地球反照以及地球红外辐射。如图 3－44 所示，随着航天器在轨位置的变化，接收到的热流也不尽相同。例如，当航天器运行至地球阴影区时，照不到太阳，只接收地球红外辐射。

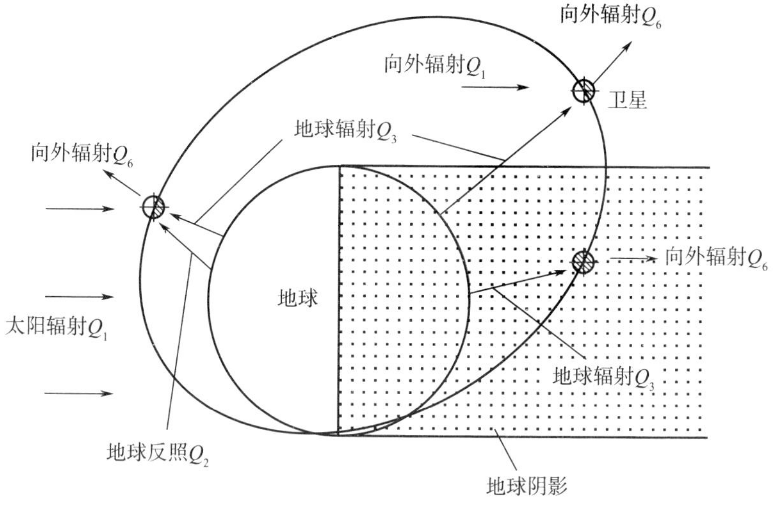

图 3－44　地球轨道空间外热流示意

当然，对于执行深空探测的航天器，所到之处自然受到其他星体的辐射。限于篇幅，这里只讨论地球轨道内的空间外热流，这也是火箭末级主要承受的热流条件。

1）太阳直接辐射——太阳辐射。太阳是一个平均温度约为 6 000 K 的高温球体，通过辐射向外界传递能量。在近地轨道，大气层外辐射取值平均为 1 353 W/m^2，称为太阳常数。

2）地球反射太阳辐射——地球反照。太阳辐射到地球上的热流，会有一部分被地球反射回空间，这部分热流称为地球反照热流。热流大小 $Q=\rho S$ ，其中，ρ 为地球反照率，约为 0.3；S 为太阳常数。地球反照热流随轨道高度变化，轨道越高，反照热流密度越小。

3）地球吸收太阳辐射后转化为地球自身热辐射——地球红外辐射。地球吸收太阳辐射能达到平衡温度后，会向宇宙空间辐射热流，这一热流称为地球红外辐射热流。工程计算时，地球表面平均温度取 $T=254$ K。地球红外辐射热流随轨道高度变化，轨道越高，地球红外辐射热流密度越小。

3.5.2 外热流计算与辐射仿真

本节以运载火箭末级低温贮箱在轨运行为例，对空间外热流的计算方法进行描述。如图 3－45 所示，火箭末级在此轨道高度所接收的空间外热流主要包括太阳辐射、地球反照辐射和地球红外辐射三种，下面分别对这三种换热方式进行分析计算。

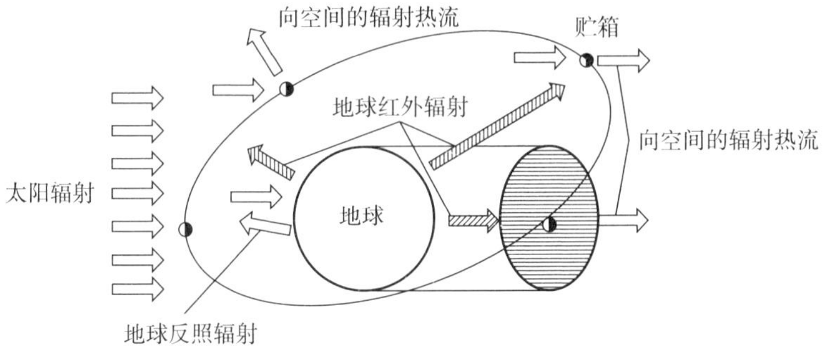

图 3－45　低温贮箱在轨运行受热示意图

3.5.2.1 太阳辐射外热流

从近地轨道至地球同步轨道的高度内，太阳光被认为是均匀的平行光束，其辐射强度为一个太阳常数 S（$S=1\ 353\ \mathrm{W/m^2}$）。

飞行器外表面任一微元面积 dA 上所收到的太阳辐射外热流（图 3-46）

$$dq_1 = S\cos\beta_s dA \tag{3-154}$$

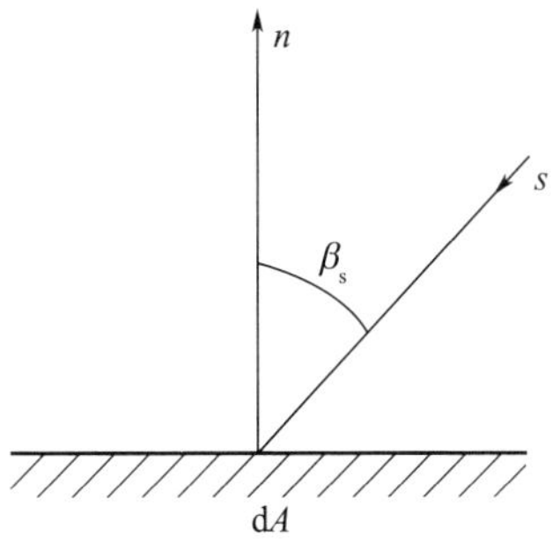

图 3-46 太阳辐射外热流

当 $\cos\beta_s < 0$ 时，贮箱外表面微元面积 dA 不接收太阳照射，太阳辐射角系数 $\phi_1 = 0$。另外当贮箱处于地球阴影区内时，$\phi_1 = 0$。

由于飞行器表面所受外辐射的计算过程非常复杂，其所受热量与地球、太阳、飞行器的相对位置有关，飞行器表面各点在同一轨道位置受到的热量也不尽相同。在计算太阳辐射外热流时，需要判断贮箱是位于地球阴影区还是光照区。当位于地球阴影区时，太阳辐射角系数 ϕ_1 及太阳辐射外热流均等于零。现做如下假设：

1）地球阴影为一圆柱体，横截面直径等于地球平均直径（图 3-47）。

2）地球为全影，半影忽略不计。

3）大气散射影响忽略不计。

由图 3-47 可以看出，卫星位于地球阴影区的角度为（$\pi - 2\theta$），而位于光照区的角度为（$\pi + 2\theta$），角度 θ 可根据地球半径及

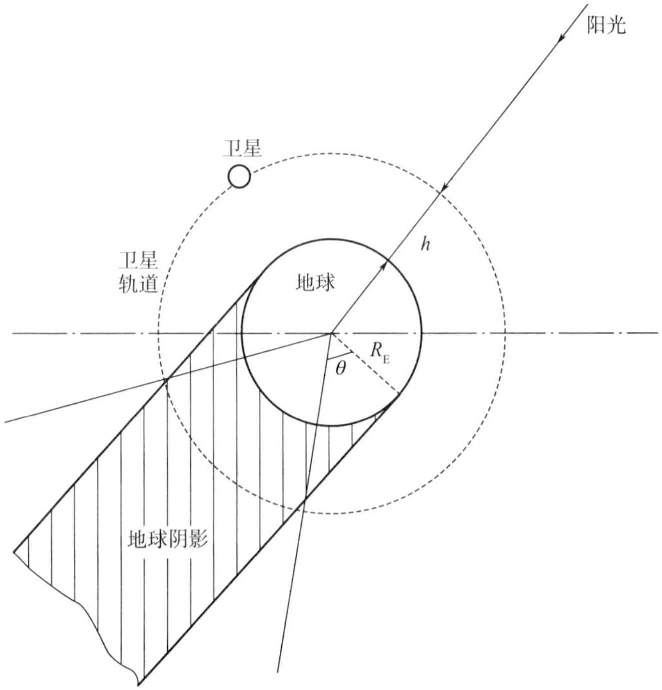

图 3 - 47　地球阴影图

贮箱轨道高度确定。

$$\cos\theta = \frac{R_E}{h + R_E} = k \tag{3-155}$$

低温贮箱绕地球旋转过程如图 3 - 48 所示，贮箱自 O_1 点开始接收太阳辐射，从 O_7 点开始进入阴影区。

将火箭末级的模型进行简化，如图 3 - 49 所示，求得从顶部、侧面、底部三个方向看过去的投影面积（$A = A_1 + A_2, B = B_1 + B_2, C$）。

在火箭末级低温贮箱接收太阳直射辐射的整个过程中，简化组合体在太阳直射方向上的投影面积会发生变化，根据贮箱投影面积变化可将该过程分为几段分别进行积分求解，见表 3 - 9。

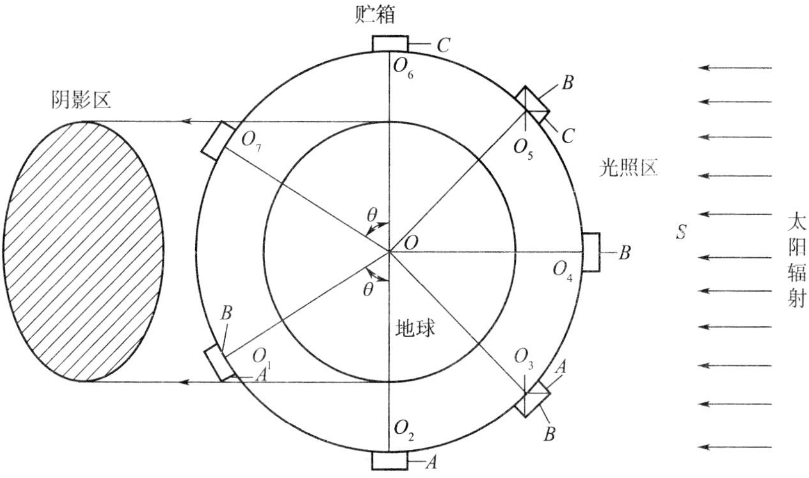

图 3-48　贮箱绕地球旋转图

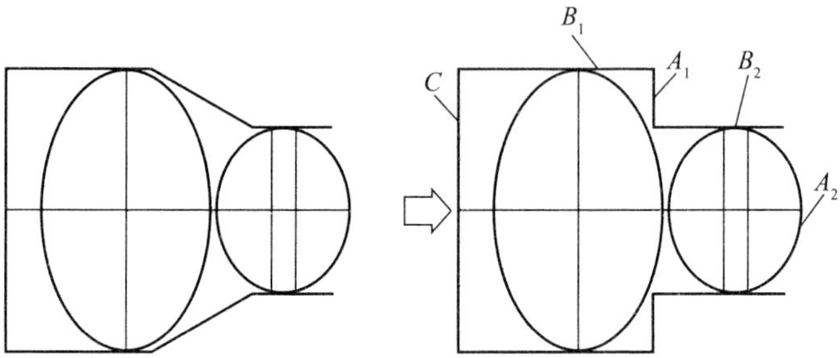

图 3-49　火箭末级模型简化图

表 3-9　光照区不同区间太阳直射辐射热流

运转区间	太阳直射辐射热流
OO_1-OO_2	$Q=\int_{OO_1}^{OO_2}\left[A\cos\left(-\theta-\frac{\pi}{2}\right)+B\sin\left(-\theta-\frac{\pi}{2}\right)\right]\mathrm{d}\theta$
OO_2-OO_4	$Q=\int_{OO_2}^{OO_4}[A\sin(-\theta)+B\cos(-\theta)]\mathrm{d}\theta$

续表

运转区间	太阳直射辐射热流
OO_4-OO_6	$Q=\int_{OO_4}^{OO_6}[B\cos\theta+C\sin\theta]\mathrm{d}\theta$
OO_6-OO_7	$Q=\int_{OO_6}^{OO_7}\left[B\sin\left(\theta-\frac{\pi}{2}\right)+C\cos\left(\theta-\frac{\pi}{2}\right)\right]\mathrm{d}\theta$

3.5.2.2　地球红外辐射外热流

假设地球是一个均匀辐射的热平衡体，并且地球表面上任一点红外辐射强度相同。火箭外表面任一微元面积 $\mathrm{d}A$ 接收到整个地球表面 A_E 的红外辐射外热流为（图 3－50）

$$\mathrm{d}q_2=\frac{1-\rho}{4}S\,\mathrm{d}A\iint_{A'_E}\frac{\cos\alpha_1\cos\alpha_2}{\pi l^2}\mathrm{d}A_E \tag{3-156}$$

式中　$\mathrm{d}A_E$ ——地球表面被太阳照射到的微元面积；

A'_E ——整个受到太阳直接照射的地球表面面积；

l ——$\mathrm{d}A$ 至 $\mathrm{d}A_E$ 之间的距离；

α_1 ——面元 $\mathrm{d}A_E$ 法向与 $\mathrm{d}A-\mathrm{d}A_E$ 连线的夹角；

α_2 ——面元 $\mathrm{d}A$ 法向与 $\mathrm{d}A-\mathrm{d}A_E$ 连线的夹角。

3.5.2.3　地球反照外热流

假设地球为一漫反射体，对太阳辐射的反射遵守兰贝特定律并且各处均匀，反射光谱与太阳光谱相同，反照率以平均反照率 ρ 表示，且按常数取值（$\rho=0.3\sim0.35$），则地球表面对火箭末级表面任一微元面积 $\mathrm{d}A$ 的地球反照辐射外热流为（图 3－51）

$$\mathrm{d}q_3=\rho S\,\mathrm{d}A\iint_{A_E}\frac{\cos\eta\cos\alpha_1\cos\alpha_2}{\pi l^2}\mathrm{d}A_E \tag{3-157}$$

式中各项含义与地球红外辐射热流公式（3－156）相同，只是增加了太阳光线的方位关系 η ——太阳光线与 $\mathrm{d}A_E$ 面元之间的夹角，这给计算带来了很多复杂程度，因为地球上每一面元 A_E 对太阳光线的方位角都不一样。

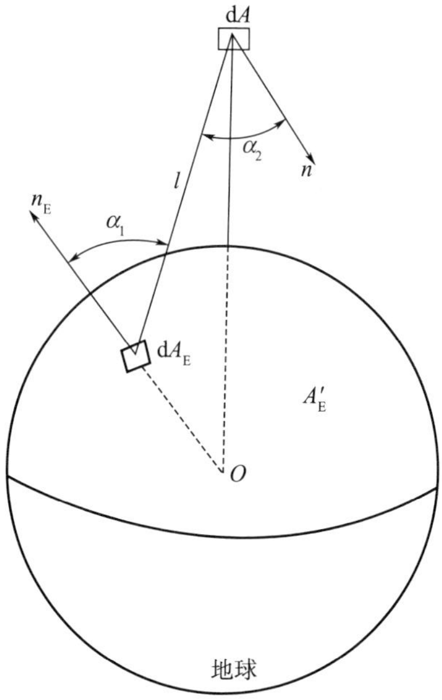

图 3-50　地球红外辐射外热流示意图

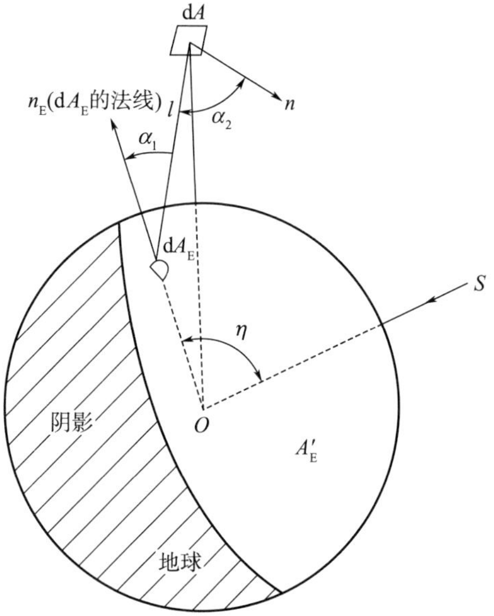

图 3-51　地球反照辐射外热流示意图

上述外热流的计算在原理上十分简单，但针对复杂外形的具体航天器热流计算程序仍旧十分复杂，不仅与轨道参数有关，还需考虑飞行器的姿态和外形，因为辐射换热与表面的形状和朝向密切相关。目前多种在轨热分析工具已经被开发出来，以 Thermal Desktop 软件为典型代表，设计者只需输入火箭发射的时间、弹道和姿态角，就可以得到飞行器在轨道上任何一点的空间外热流，如图 3－52 所示。同时根据其姿态和表面外形，计算其与辐射热源之间的角系数，可得到该点吸收的辐射热流。

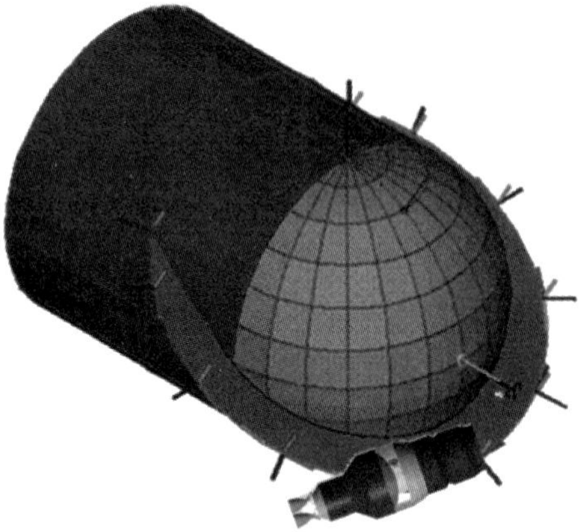

图 3－52　使用 Thermal Desktop 计算火箭末级在轨外热流

3.5.3　温度仿真计算

对于真空热环境下舱体及舱内物体的温度仿真，在工程上多用热网络（热节点）法来解决。将整个飞行器划分为若干个一定大小的单元体，单元体的几何中心称为节点，节点的温度和热物性参数代表了整个单元体内的平均温度和平均热物性，因此这是一种集总参数法。

如图 3－53 所示，飞行器上的设备和结构可以简化为多个节点 F_j，每一个节点都可建立热平衡方程。观察热平衡方程不难发现，其与电路方程极为相像。在节点之间的传导、辐射和对流换热过程可以归结为节点之间由于各种热阻（电阻）连接起来的热量传递过程，如果用图形表示将成为一幅热网络图，与电网络图有类比的关系，借用电学上的欧姆定律和克西霍夫定律可得到各节点的热平衡方程式。详见表 3－10。

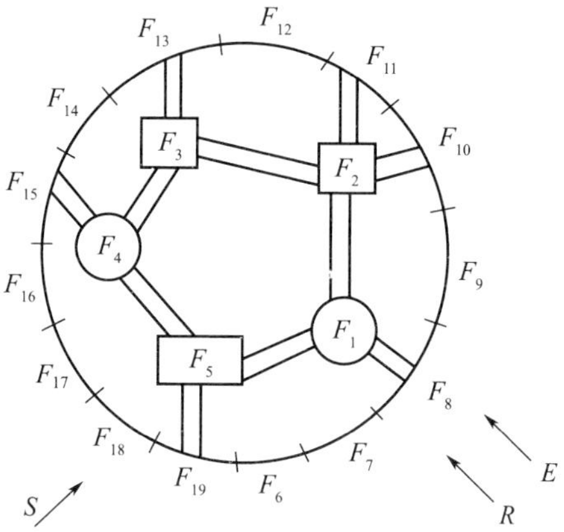

图 3－53　热网络（热节点）法

表 3－10　热网络与电网络的类比

类比参数	热学	电学
热/电势	T	E
热/电流	Q	I
热/电阻	R	R
热/电导	G	$1/R$
热/电容	C	C
欧姆定律	$Q=GT$	$I=E/R$

前面已经提到，真空环境下对流换热的作用可以忽略，因此当火箭处于二级飞行和在轨滑行阶段时，舱内的各个部件和设备在真空环境下通过传导和辐射传递热量，趋于一种温度平衡的方向。

相较于对流作用下的温度场，真空下的温度分布往往偏离人们在地面获得的生活经验。前者的最大特点在于，强势的对流效应使得舱内不同部件之间的相互作用往往可以忽略，而只考虑与周围气体的一对一换热即可。而当对流效应消失时，接触下的传导作用发挥了更显著的作用。舱内各个部件形成了紧密相连的传热关系，即上述“热网络”模型。

将节点热方程改写成网络模式

$$(cm)_j \frac{\mathrm{d}T}{\mathrm{d}t} = \sum_j R_{i,j}(T_j^4 - T_i^4) + \sum_j D_{i,j}(T_j - T_i) + Q_{pj} \tag{3-158}$$

式中　$R_{i,j}$——热辐射网络传热系数；

$D_{i,j}$——热传导网络传热系数；

Q_{pj}——节点的热功耗。

热系统中每个单元体的热性质集中在节点上，每个节点具备两个基本的物理量：温度（势能）和热容（热质量）。因为由一个节点代表单元体的集中特性，所以在计算传热时，以节点温度表示的单元体温度假设为线性分布。这种节点分为三类：扩散节点、算术节点和边界节点。

扩散节点代表了有限热容的单元体（真实物体），热流进出改变其内部的温度。在数学上的表达式为

$$\sum \dot{Q} = (C\Delta T)/t \tag{3-159}$$

算术节点代表了零热容的节点，是一种简化假设的节点，近似模拟表面温度、胶层温度和节点耦合温度等。在热系统中可代表热容比较小的元件，例如螺钉等。这样的简化对精度影响不大，可缩短运行时间。在数学上其温度对环境的反应迅速

$$\sum \dot{Q} = 0 \tag{3-160}$$

边界节点代表了无限大热容的节点，无论多少热流进出都不变化的边界或热沉，如深空温度、月球表面温度等。热容很大的大容量贮箱和模型中的恒温元件也可看作边界节点。其数学表达式为：

$T=$常数。

在求解热网络方程前要完成热网络系数的计算，各种热网络系数计算公式简介如下：

(1) $D_{i,j}$ 热传导网络传热系数

对于同一块材料上的两个节点之间

$$D_{i,j}=\frac{\lambda A}{L_{i,j}} \tag{3-161}$$

式中 λ ——材料的热导率；

A ——导热面积；

$L_{i,j}$ ——导热路径的长度。

对于两个节点之间并联多路传导路径的情况：

$$D_{i,j}=D_{i,j}^{(1)}+\cdots+D_{i,j}^{(n)} \tag{3-162}$$

对于两个节点之间串联多个传导单元的情况：

$$\frac{1}{D_{i,j}}=\frac{1}{D_{i,j}^{(1)}}+\cdots+\frac{1}{D_{i,j}^{(n)}} \tag{3-163}$$

(2) $R_{i,j}$ 热辐射网络传热系数

$$R_{i,j}=A_i\varepsilon_i B_{i,j} \tag{3-164}$$

式中 A_i ——单元面积；

ε_i ——辐射系数；

$B_{i,j}$ ——布哈尔系数，代表了 i 和 j 两个单元的几何关系。

(3) $D_{i,j}$ 接触热导

对于两个面间的接触热导而言

$$D_{i,j}=A_c\lambda_c \tag{3-165}$$

式中 A—— 接触面积；

λ_c ——接触热导率。

接触热阻是接触热导率的倒数，大小与多种因素有关，如两接触面材料性质、接触表面状况、连接方式、连接力的大小等，导致真实的接触热阻很难被正确地预计出来。对于只依靠导热和辐射换热来散热的设备而言，接触热阻的大小对于其长期正常工作至关重要。

接触热阻是由于两接触表面的实际接触面积仅占名义接触面积的很小一部分形成的（图 3－54）。这个比例大约只有 0.1%，甚至还不到。其未接触的部位处于真空或气体占优状态，气体的热导率远小于金属的热导率，而真空辐射的散热能力更低，因此接触热阻很大程度上增加了热通路上的损失。

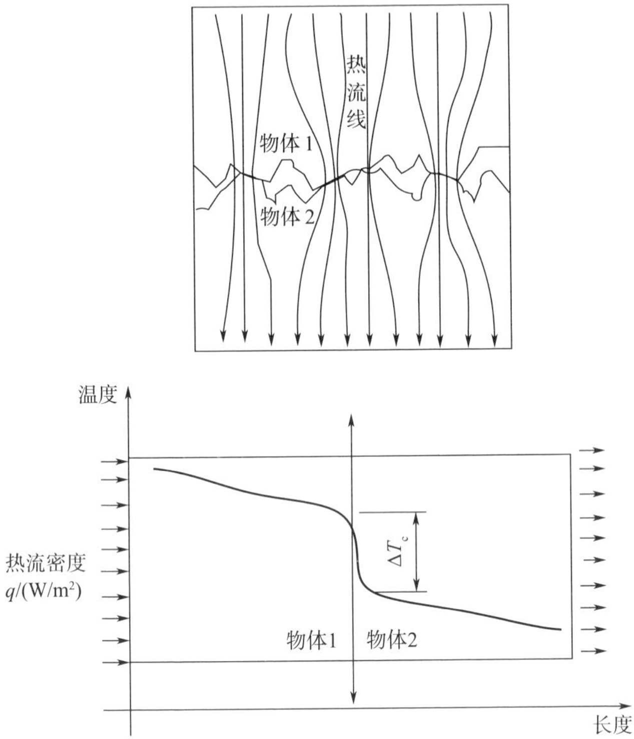

图 3－54　接触热阻示意图

影响接触热阻的因素可以归为以下几类：

①接触压力

试验表明，接触热阻随压力增加而减小。这是由于压力增加使得原来表面上的突出部位塑性变形，导致接触面积增大所致。当压力达到一定程度时，塑性变形停止，接触热阻的增加也停止。图 3－

55给出了真空下具有一定粗糙度的铝表面接触热导率与压强的关系。

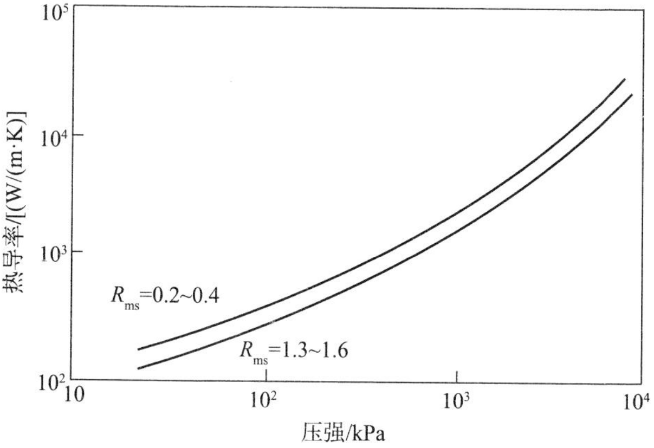

图3-55　铝表面接触热导率与压强

②表面粗糙度

接触面表面粗糙度越小，实际接触面积就越大，接触热阻就越小。生产加工中，要求对接触热阻小的界面严格控制表面粗糙度。

③表面平整度

平整度是表面宏观不平的度量。装配过程造成的偏差、翘曲等都将增加不平度，导致接触热阻增加。如果在接触面上存在与热流方向垂直的温度梯度，就可能使接触面发生变形，导致两表面的接触情况变差，使得接触热阻增加。

④表面处理状况

金属表面经处理，如淬火、退火和镀层，其表面硬度会发生变化，从而影响接触情况。一般软表面的接触热阻小于硬表面。

⑤温度

温度的影响主要体现在对材料热导率和表面间隙中的辐射换热上。对于大多数工程金属材料而言，热导率随温度的升高而略有下降，但非金属材料则相反。此外温度升高，间隙的辐射换热增加，在火箭仪器设备工作的温度范围内，辐射影响较小。

⑥填料

为减小设备间热阻，增强仪器的散热能力，往往在安装表面填充某些材料，如导热脂、硅橡胶、金属箔等。这些填料在界面压力的作用下，逐渐充满界面之间的空隙，增加接触面积，从而减小热阻。

研究接触热阻的理论很多，但都是在许多简化假设条件下完成的，实际情况千差万别。在进行热设计时，一般采用试验得到的数据，或者使用和实际情况相近的经验公式。例如，表 3－11 给出了铝材表面螺接的平均热导率 λ_c。

表 3－11　铝材表面螺接（拧紧力矩 2.5 N·m）的平均热导率

单位：W/(m·K)

接触形式（粗糙度）	全接触（$\sigma=5.9\mu m$）		全接触（$\sigma=1.2\mu m$）		条接触（$\sigma=5.9\mu m$）		耳片接触（$\sigma=1.2\mu m$）
	裸面	导热脂	裸面	导热脂	裸面	导热脂	裸面
平均热导率	70～90	560～600	80～150	1 500～1 750	790～840	5 100～6 400	3 700～3 900

按照以上的方法构建热网络模型，并得到模型中各节点（扩散节点、算术节点、边界节点）之间的传热系数（$D_{i,j}$、$R_{i,j}$），则可以联立这些节点之间的导热方程，得到一个方程组，求解该方程组即得到整个热网络中各节点的温度，从而获得真空下整舱温度分布。

随着计算机技术的迅猛发展，当前复杂的在轨温度预示可借助各种软件程序来完成。由于真实航天器的结构和仪器电缆安装复杂，且随弹（轨）道和时间的变化而变化，热分析工作非常复杂。目前采取离散化的数学处理，运用有限差分技术进行数值求解，这是一种普遍而有效的方法。美国和欧空局都已采用自主研发的大型软件进行温度计算，其计算结果与实际温度的偏差能够控制在 2～5 ℃以内。常用的热分析软件见表 3－12。

表 3－12　分析软件

序号	软件	主要功能
1	NEVADA	主要用于计算热辐射和空间外热流
2	SINDA/G	主要用于计算温度场
3	SINDA/FLUINT	主要用于计算温度场和单相/两相流体的一维流动
4	Thermal Desktop	主要用于计算热辐射(最新版本已并入 SINDA/FLUINT)
5	I－DEAS TMG/ESC	主要用于计算热辐射和空间外热流，热网络方程求解和三维流动
6	ABAQUS	主要用于求解传热问题
7	PATRAN/THERMAL	主要用于求解传热问题
8	FLUENT	主要用于求解流动问题

3.5.4　热控措施

根据对所控制对象的温度是否有反馈响应，热控制技术分为主动热控制技术和被动热控制技术。表 3－13 对比了主、被动热控制技术的优缺点，列出了一些具体的主、被动热控制技术。

表 3－13　常见主、被动热控制技术及其优缺点对比

热控制技术	控制方式	优/缺点	举例
被动式	开环式	优点：技术简单、运行可靠、工作寿命长、经济性能好 缺点：对总体布局和结构的依赖性强、没有调节能力、所控对象的温度波动较大	热控涂层 多层隔热组件 挡热板 热管 导热填料、隔热垫 相变材料热控装置
主动式	闭环式	优点：有调节能力、对外部变化适应能力强、温度调节精度高 缺点：装置较复杂、可靠性不如被动热控制技术、质量较大、需要能耗	主动电加热 热控百叶窗 热开关 可控热管 单相/两相流体回路 主动制冷

对于火箭末级而言，其在轨时间较短，经历的空间环境也比较单纯，因而主要采用一些被动热控制手段。例如，美国登月计划地球出发级（EDS）采用液氢/液氧推进剂，需要具备最长近 30 天的在轨工作能力，因此对低温推进剂蒸发量进行严格控制。该方案主要采用泡沫塑料、MLI、复合材料连接结构并配合相应的姿态控制等被动防护措施，如图 3 - 56 所示。下面介绍一些常用的被动热控制措施。

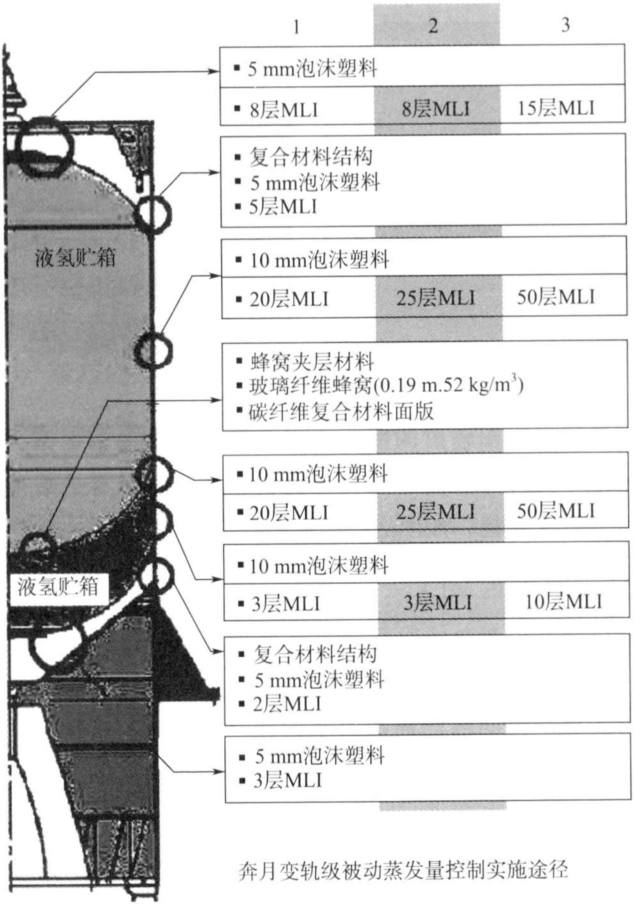

图 3 - 56　EDS 在轨末级的被动防护措施

控制组件。图 3 - 61 为一典型的热管及其工作原理图。外层是一个密封的容器壳体，沿管的内壁铺设有一定厚度的毛细材料（如若干层金属丝网）。热管中的这些毛细材料又称为管芯。在管芯的毛细孔隙中充满着液态工质（如水）。管中心的空间就是蒸汽流通通路，充满着饱和工质蒸汽。

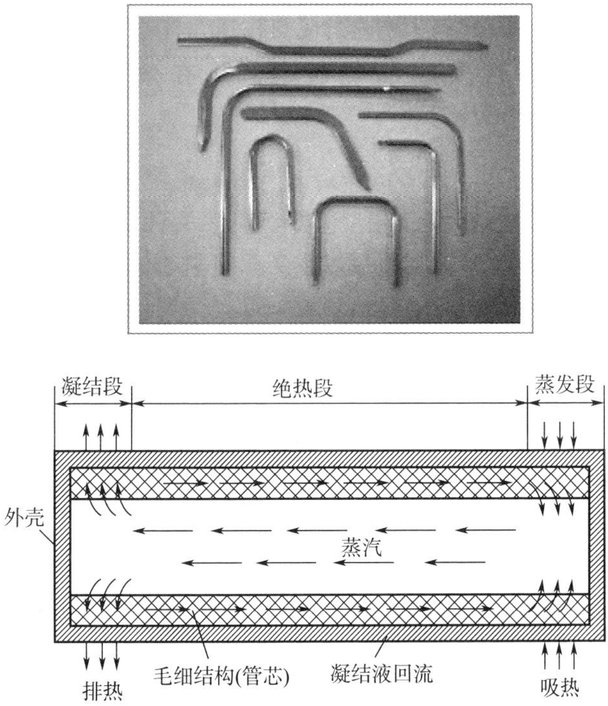

图 3 - 61　热管及其工作原理图

当热管的一端与热源相连接时，热管通过管壁传递给管芯及其中的液态工质。工质温度升高使其自由表面上的蒸发加强，热管的这一部分称为加热段或蒸发段。由于工质的蒸发，蒸汽压力升高，驱动蒸汽流向另外一端，在另外一端蒸汽冷凝，释放潜热，热量通过管壁排出管外。这一段称为冷凝段或排热段，而中间的管壁对外绝热，称为绝热段。冷凝段释放的热量等于蒸发段吸收的热量，记

为 Q

$$Q=\dot{m}_{\mathrm{v}}r \tag{3-170}$$

式中　$\dot{m}_{\mathrm{v}}$——蒸汽的质量流量，也就是冷凝或蒸发的质量速率；

r——工质的蒸发潜热。

在冷凝段冷凝下来的液态工质，在管芯毛细力的驱动下，流回到蒸发段，从而完成一个循环。

3.5.4.5　热阻断桥

在某些情况下，需要增加接触界面之间的热阻，以达到减少热量传递、保持设备温度的目的，这就是隔热。隔热的一般措施是在界面之间增加热导率低的材料，如玻璃钢或聚酰亚胺制成的垫片。玻璃钢本身的热导率就很低，再加上垫片两面的接触热阻，使总的传热热阻增大。图 3-62 给出了螺栓连接界面的隔热结构示意图。

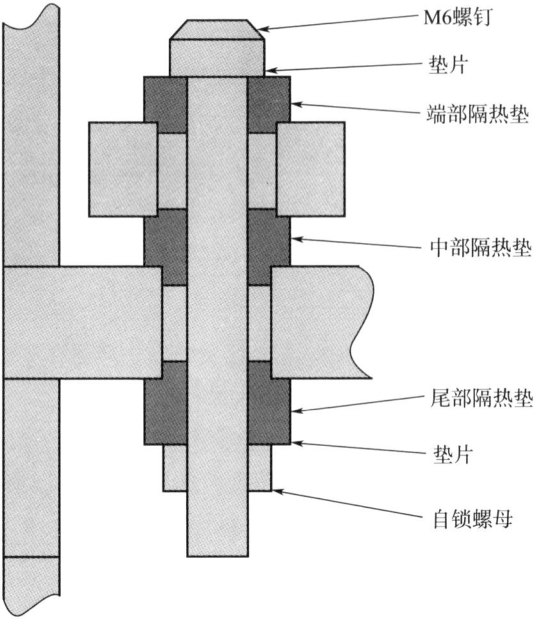

图 3-62　螺栓连接界面的隔热结构

3.6 地面热环境

相比于军用武器装备，运载火箭面临的地面热环境相对友好。首先，火箭发射场的选址已经避开了极端气候区域，并且很少存在全天候发射的硬性要求。箭体在运输、总装和停放过程中均处于室内遮蔽环境，对温湿度/洁净度都有控制。

但是当火箭完成总装后离开环境控制良好的总装厂房，在真正发射之前还要经历运输、测试、加注和停放的过程，同样面临着各种地面上的热环境。尤其是在发射工位期间，火箭处于半露天放置状态，此时对环境要求苛刻的有效载荷（卫星、飞船等）已就位，火箭各舱段内部必须具备较为良好的环境，为此，需配置环境控制系统（Environment Control System，ECS）。

图 3-63 给出了阿瑞斯火箭塔架热环境因素和热（冷）源情况。图中，热（冷）源主要包括太阳辐射和低温推进剂作用。换热的途径主要由箭体与外界大气的对流换热、箭体壳体之间的热传导以及舱内吹除带来的强迫对流换热等。

3.6.1 自然界的高低温

当研究大气环境条件对火箭的影响，制定火箭的设计、使用、储运环境标准时，首先要考虑的是大气温度的极值，地球上自然环境可从−88 ℃变到 58 ℃，变化幅度为 146 ℃。

我国高气温极值通常在七八月间，出现在强烈阳光照射和弱风的情况下。全国记录高温度极值出现在新疆的吐鲁番。位于 42°56′N，89°1′E，观测场海拔 34.5 m 的吐鲁番气象台，1986 年 7 月 23 日出现了 47.7 ℃的记录。被 GJB 1172—1991 选取为高气温全国记录极值。美国军用标准 MIL-STD-210C 中的高气温记录极值为 58 ℃，是 1922 年 9 月 13 日出现在利比里亚的阿济济亚（32°32′N，13°01′E，观测场海拔 112 m）。

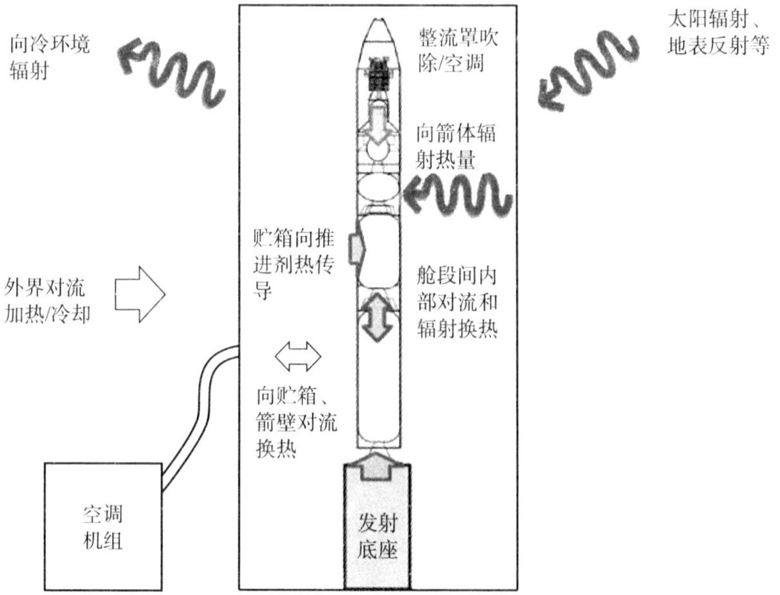

图 3-63　阿瑞斯火箭塔架热环境因素和热流情况

低温极值通常出现在长期缺乏太阳辐射、夜间晴空、静风等气象条件下。我国各地低温极值多出现在 1 月、2 月、12 月。冬季我国都处在极地大陆气团控制之下，等温线与纬圈近于平行，温度梯度很大。我国内陆地区，最低气温都可达 0 ℃以下，与同纬度其他国家相比，我国冬季比较寒冷。由全国 671 个观测站低气温单站记录极值分布可以看出，大兴安岭北部及北疆是我国冬季最冷的地方，单站记录极值为漠河测站（−52.3 ℃）。美国军用标准 MIL-STD-210C 中给出的低气温全球范围的记录极值为 −68 ℃，出现在西伯利亚地区的奥伊米亚康和维尔霍扬斯克，比我国的极值低近 16 ℃。

表 3-14 是我国气候分类的简表。

表 3-14　我国气候分类表

<table>
<tr><th>气候带</th><th>气候区</th><th colspan="2">特征</th><th>地域</th></tr>
<tr><td>热带</td><td>湿热</td><td colspan="2">月平均气温≥25 ℃的月份，有 6～12 个月，2～12 个湿热月</td><td>雷州半岛、海南岛、台湾南部</td></tr>
<tr><td rowspan="2">亚热带</td><td>亚湿热</td><td rowspan="2">全年月平均气温≥25 ℃ 的月份，有 3～5 个月以上，8 个月以上的平均气温＞10 ℃</td><td>全年连续有 1～4 个月湿热月（全月各天均是湿热天）</td><td>秦岭以南、长江流域、四川、珠江流域、台湾北部</td></tr>
<tr><td>亚干热</td><td>全年连续有 1～4 个月干热月（月平均气温高于 25 ℃，全月不出现湿热天）</td><td>新疆天山以南，戈壁沙漠</td></tr>
<tr><td rowspan="2">温带</td><td>温和</td><td rowspan="2">月平均气温＞10 ℃ 最多为 7 个月，年极端最低温度 ≥－4 ℃</td><td>湿热天（一天中温度高于 20 ℃，相对湿度不小于 80%，连续 12 h 以上）连续不到 1 个月</td><td>秦岭以北、内蒙古南部、华北、东北南部</td></tr>
<tr><td>干热</td><td>仅出现 1 个干热月</td><td>内蒙古中部和西部、陕西北部、青海、新疆天山以北</td></tr>
<tr><td>寒带</td><td>寒冷</td><td colspan="2">极端最低气温＜－40 ℃</td><td>内蒙古北部、黑龙江</td></tr>
</table>

3.6.2　太阳辐射

太阳辐射是来自太阳的红外线、可见光和紫外线。太阳光谱的能量主要集中在 0.1～2.2 μm 范围内，属于短波范围；地面及大气辐射的能量主要集中在 6.8～100 μm 波长范围内，属于长波范围。此外，太阳辐射也经过地球表面反射。其中几种典型的地表物体的反射率值是：新雪 0.8；陈雪 0.5；浅色干沙土壤 0.4；大多数田间作物 0.25；草 0.2；森林 0.15；水 0.1 等。

太阳辐射及其地表反射对竖立在开场环境的火箭具有明显的加热作用。美军标中将太阳辐射确定为 1 120 W/m^2，实际上由于测量方法和日地平均距离的不同，太阳辐射值略有不同。当太阳辐射穿过大气时，因大气吸收、反射和散射等的削弱作用，到达地面的太阳辐射与大气之上的太阳辐射有很大差别。地球上大多数地区，太阳辐射强度不超过 1 045 W/m^2，中国青藏高原地区，由于海拔高，空气稀薄，地面太阳辐射强度可达 1 115～1 184 W/m^2。气温和有关气象要素的日变化见表 3－15。

表 3－15　气温和有关气象要素的日变化

时间(时)	气温/℃	相对湿度(%)	太阳辐射/(W/m^2)
6	31.7	29	103
7	34.4	29	240
8	36.4	26	429
9	38.2	24	598
10	40.4	21	721
11	42.1	18	819
12	43.2	17	887
13	44.4	16	890
14	45.5	15	832
15	45.5	14	734
16	45.2	15	609
17	44.4	16	438
18	43.4	18	264
19	41.7	19	116

太阳辐射除了给火箭箭体加温外，还可能对火箭及其部组件、元器件产生如下影响：织物和塑料退色；涂层龟裂、粉化和退色；天然、合成橡胶及聚合物，受较短波长辐射激发的光化反应而破坏；胶接位置的破坏等。

3.6.3　湿热环境

为了提高运载能力，发射场往往选址在中低纬度区域。例如欧洲主流的大型火箭发射场库鲁航天中心（easa）等。我国新一代运载火箭发射场场址，位于海南省东北部，东侧毗邻南海，地处热带北缘沿海地带，气候类型上属于热带季风岛屿型，常年高温、高湿、高日照（“三高”）。可以通过查询相关的气象数据集，得到其年平均温湿度、温湿度极值和逐月分布等，如图 3-64 所示。

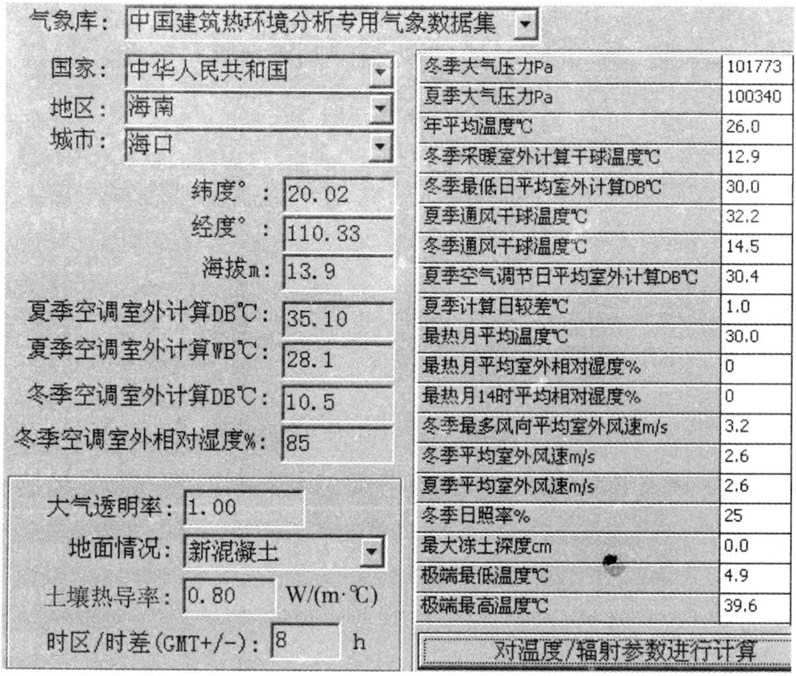

图 3-64　海南省海口市的平均气象数据

“三高”的特殊环境为火箭系统带来很大挑战。在高温高湿的环境中，金属器械容易锈蚀，微生物繁殖迅速，致使有机物容易发生腐变；非金属材料由于吸收了水分而肿胀和一般性变质，造成机械强度的降低和电气/电子元件特性的改变；湿气能够导致电路和器件绝缘电阻的减小或破坏，性能或可靠性降低或电气/电子系统的完全失效，发生短路（漏电）现象；光学系统则可能因为镜片上的水汽和水渍而降低性能。

潮湿的环境对运载火箭有较大影响，在研制过程中通常采用无孔的绝缘材料、避免使用吸潮和多孔材料，并通过加涂层、采取密封措施等方式来预防湿度对箭体可能造成的损害。

3.6.4　低温推进剂

对于采用液氢液氧（LH_2/LOX）作为推进剂的火箭，还面临低温推进剂带来的低温环境。液氢的温区在 20 K（−253 ℃）左右，液氧的温区在 90 K（−183 ℃）左右。当火箭竖立在发射场进行加注期间，液氢液氧贮箱对其他舱段的影响不容忽视。

如果不采取任何防护手段，靠近或夹在低温贮箱的其他舱段壁面温度会降到很低，最低的温度超过了仪器电缆的自然环境温度限制−40 ℃，这些地方不再适宜贴壁安装仪器。如果受其他条件约束而不得不安装仪器，必须增加具备隔热性能的衬垫，阻断壁面的热桥。

壁面的低温不仅制约了贴壁安装的仪器，对于舱内各类通过支架悬挂安装的仪器同样具有影响。因为舱段内的空气同样被贮箱这个低温冷源持续冷却，仪器设备浸润在冷空气中，同样可能对正常工作产生危害。例如对于某些姿控发动机使用的单组元推进剂肼类，其冰点很高（大约在 1～4 ℃）。当肼瓶置于低温空气中时，内部的液体温度接近冰点，并在随后的使用过程中从瓶内挤压出来，存在沿程冻结的风险。

实际上，低温推进剂的影响远不止于此。正如夏天从冰箱里拿出的啤酒瓶一样，低温火箭贮箱表面（绝热层）将凝结大量的露水，在贮箱根部的裸露金属上（温度更低）空气中的水蒸气将直接结霜，并不断地累积，甚至结冰，如图 3－65 所示。

结露和结冰都是我们不期望出现的现象。因为露水顺着火箭外壁流淌，将在壁面的孔洞缝隙处流入箭体内，从而对舱内仪器电缆的绝缘安全带来威胁。结冰则会在起飞时的剧烈振动环境中被抖落，继而存在砸到下方结构的风险。

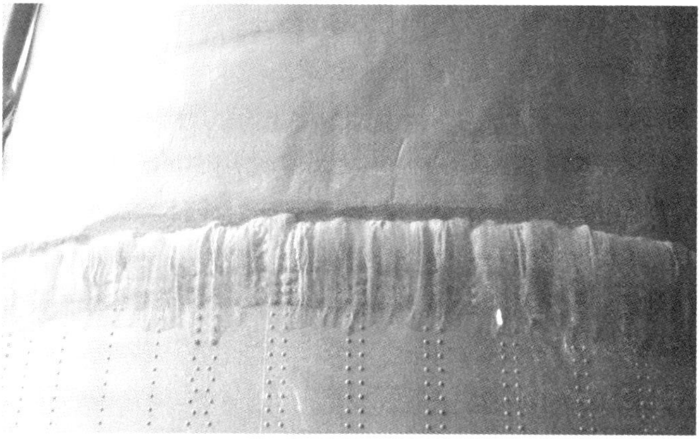

图 3-65　低温火箭贮箱外表面的结冰现象

3.6.5　地面环境控制

火箭在技术厂区和装配车间内所处的环境比较友好，一般不需要在箭上进行额外的环境控制措施。而一旦火箭转运到发射工位，则面临着暴露在外界环境的情况。正如前文所述，在不同纬度、不同地形的发射场，温度可能极度寒冷或炎热，也可能存在高湿和盐雾等环境。一般采取外套保温衣、空气调节等手段改善箭体环境。对于低温火箭而言，在发射前的加注阶段，低温推进剂本身对舱内仪器设备形成恶劣的环境，往往需要采取加温吹除等手段消除。

3.6.5.1　保温衣

对抗发射工位的极端高/低温天气，最直接的方法是为火箭穿上保温衣。如图 3-66 所示，(a) 图为竖立在沃洛普斯岛发射场的米诺陶火箭，其固体燃料部分外侧套上了厚实的黄色保温衣（Banana Bag)。(b) 图为我国某型火箭整流罩保温衣，该保温衣由块状拼接而成，迎风飞行时分开掉落。我们在电视机前收看发射直播时，经常能看见火箭在起飞过程中有许多白色片状物散落，实际上就是上述保温衣在迎风飞行时分片掉落。

(a) 米诺陶火箭的保温衣　　(b) 某型火箭的保温衣

图 3-66 火箭的保温衣

3.6.5.2 整流罩空调送风

当火箭停放于发射塔架，其整流罩内的有效载荷往往提出较严苛的环境要求。一般地，罩内温度需控制在 20 ℃左右，相对湿度需控制在 40%（20 ℃时）以下。而有些发射场，例如我国新一代火箭的文昌发射场，在夏季地表附近气温可达 40 ℃，相对湿度常年在 80%以上，在下雨和台风期间湿度可接近 99%，这样的湿热环境是有效载荷（卫星等）所难以接受的。因此需通过通风与空调系统来进行人为的干预控制。以下以整流罩空调通风为例，简述该过程。

假设某火箭整流罩由三层材料组成，则其壳体综合传热系数可按下式计算

$$\alpha = \frac{1}{\dfrac{1}{\alpha_1} + \dfrac{1}{\alpha_2} + \dfrac{\delta_1}{\lambda_1} + \dfrac{\delta_2}{\lambda_2} + \dfrac{\delta_3}{\lambda_3}} \tag{3-171}$$

式中 α ——整流罩综合传热系数 [$W/(m^2 \cdot K)$]；

α_1 ——整流罩内侧表面传热系数 [$W/(m^2 \cdot K)$]，该传热系数与罩内流动的速度和环流方式有关，在空调专业书目中有相应参考值；

α_2 ——整流罩外侧表面传热系数 [$W/(m^2 \cdot K)$]，该传热系数与场坪内风速、箭体直径等有关，可以按圆柱扰流进行考虑；

δ_i —— 第 i 层材料的厚度（m）；

λ_i —— 第 i 层材料的热导率 [$W/(m \cdot K)$]。

细心的读者一定发现，该式所描述的传热系数（热阻的倒数）里，将对流换热以传导的形式给出，却没有对辐射换热部分进行处理。这是因为对流和传导都是温度差的“一次方”关系，而辐射热流与温度的四次方相关，不易进行处理。工程上，由于太阳辐射热引起渗入热量增加，从效果上相当于外墙外表面的温度增加了一定值，这一增加的温差与筒壁朝向、表面颜色和粗糙度有关。理论上可导得

$$T_s = PJ/(2a) \tag{3-172}$$

式中 T_s ——内外表面增加的温差（℃）；

P ——外表面太阳辐射吸收系数；

J ——筒壁各朝向的日平均辐射强度值（W/m^2）；

$2a$ ——外表面加热系数 [$W/(m \cdot K)$]。

这样就用一个简单的综合热导率和壳体两侧温差，将整个结构的传热表述清楚了，即壳体传递进来的热量等于面积 A 上的温差与热导率的乘积，即

$$Q = \lambda A \Delta T \tag{3-173}$$

为抵抗这一热量，需要额外提供相等的冷量，以维持舱内合适的温度。

如果整流罩内的气体和空调提供的气体都足够干燥，那么该冷量交换仅表征为气体温度上的置换。而实际中罩内气体和空调气体

（尤其是前者）都是具备一定湿度的，其冷量有一部分用于干燥罩内空气，总体上表征为气体焓值的置换，即

$$V = Q/[\rho(h_c - h_i)] \tag{3-174}$$

式中 ρ——送风密度（kg/m^3），对于海平面空气密度一般为1.25 kg/m^3；

h_i、h_c——空调送风焓值和罩内气体控制点焓值（kJ/kg），已知温湿度时空气的焓值可以通过湿空气的焓湿图查到。

以上只是一个简单的例子，用于估计在给定发射场湿热环境下，某一舱段需要的空调供风参数。实际上发射场空调系统是一个需要考虑风机、制冷、除湿过滤、管网等诸多因素的复杂系统。

3.6.5.3 低温加注与吹除控制

对于氢氧低温火箭而言，加注低温推进剂后，舱段的环境受低温影响而变得更加严苛。根据国内外研制经验，对氢氧火箭常采用氮气（或加温氮气）作为介质在射前进行舱段吹除，防止仪器设备在射前低温环境的影响下无法正常起动和工作，同时防止氢气在舱内聚积引发危险。

现有国内外运载火箭低温舱段的环境控制多采用环管吹除的形式。例如我国现役火箭的低温三子级在仪器舱安排有吹除环管，吹出较高温度的气体调节空间温度，防止仪器设备在射前低温环境的影响下无法正常起动和工作，同时防止氢气在舱内聚积引发危险。国际主流的低温火箭，如大力神火箭、阿瑞斯火箭、阿里安-4 火箭、土星Ⅴ火箭等，均在射前采用吹除方法调节舱内环境，以起到调节舱内温度的作用，并对危险气体进行稀释。例如阿瑞斯Ⅰ中采用了管道吹除系统，吹除压力为（0.03～0.05）$\times 10^5$ Pa，在低温加注 2～6 h 前即开始氮气吹除，如图 3-67 所示。

通过吹除对舱内气体进行置换，最终达到控制舱内气体温度的目的。对于尚未加注低温推进剂的舱段，由于没有冷源，如果吹除温度过高，反而会对仪器产生不利影响。此外，吹除温度过高会导

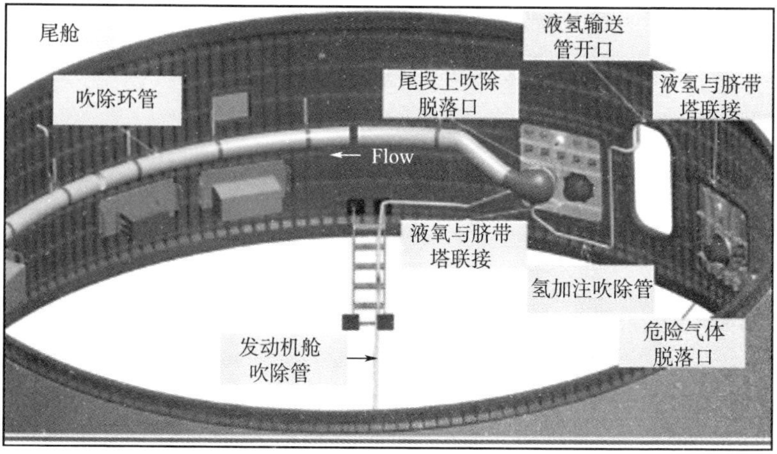

图 3-67　阿瑞斯Ⅰ/猎户座级间段中的吹除模型

致贮箱表面换热加快，从而加大低温推进剂蒸发量。

吹除流量由工程方法计算而来，其具体的原理为

$$m_i c_p (T_i - T_o) = \alpha_{eff} A_1 (T_i - T_1) + \alpha_{eff} A_2 (T_o - T_2) \tag{3-175}$$

其中，$\alpha_{eff} = \dfrac{1}{\delta/\lambda + 1/\alpha_f}$ 为当量传热系数，由绝热层厚度 δ、热导率 λ 和气流与贮箱外壁的表面传热系数 α_f 进行估算。其他参数的含义如图 3-68 所示。

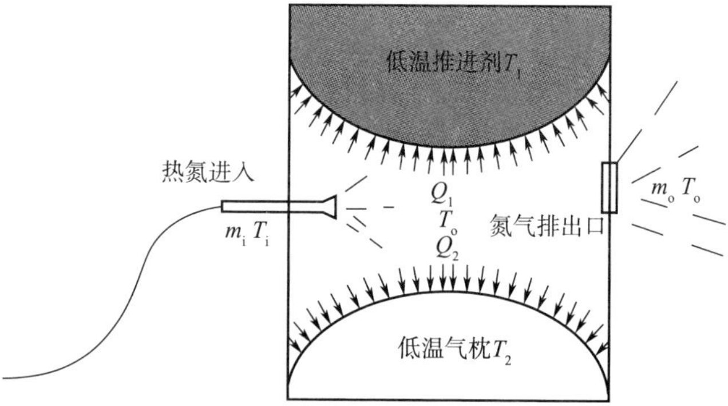

图 3-68　舱段热氮吹除流量计算示意图

该方法采用集总参数法确定吹除的流量和温度，假设进入的热氮与舱段内气体均匀混合，各处温度相等。按照稳态分析氮气流量、换热以及温度，可初步估计出舱段吹除用气量和调温范围。

更细致的吹除设计需要针对典型低温舱段建模并做 CFD 研究，CFD 模型中应包括箭体结构（壳体）、低温贮箱、贮箱绝热层、排气口、吹除环管和箭上航电设备等，如图 3－69 所示。

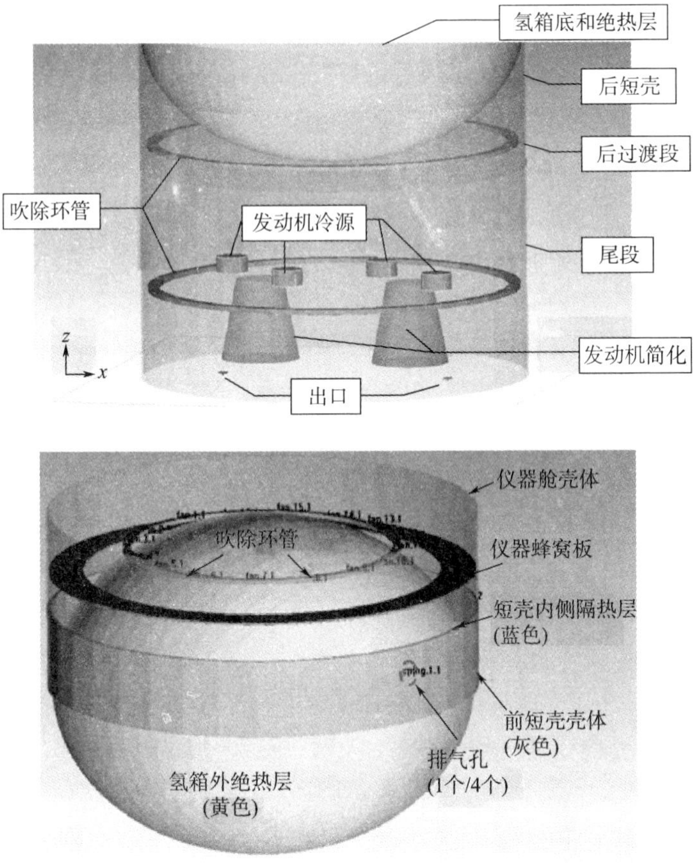

图 3－69　某火箭舱段吹除仿真模型（见彩插）

图 3－70 是阿瑞斯火箭舱段吹除的仿真结果（流线）。吹除气体

在舱段空间内形成较大范围的循环，由于热空气上升、冷空气下降的大趋势，吹除对贮箱下底的调节比较明显，而对贮箱上底的调节作用略低。通过 CFD 仿真手段求得舱内吹除气体的大致温度、速度分布，可以作为精确计算壁面传热模型的内部对流换热输入条件。

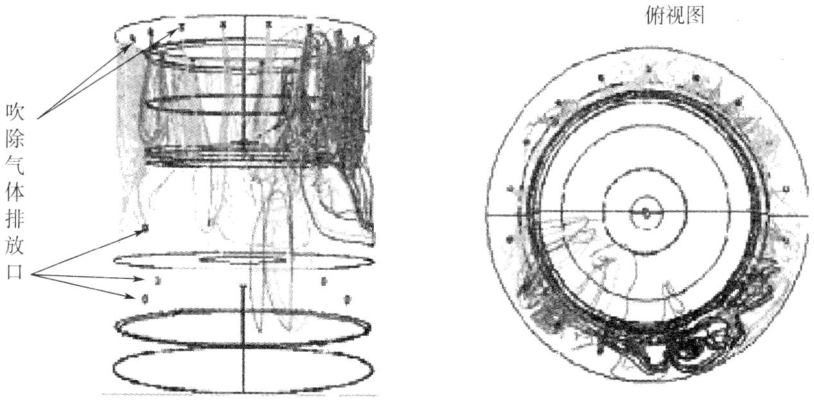

图 3-70　阿瑞斯Ⅰ级间吹除 CFD 仿真气体环流流线

由于火箭上的大量仪器、电缆和火工品等贴壁安装在舱壁内侧，因此对舱壁的温度预示提出较高要求。在上述 CFD 计算中耦合求解壁温虽然可行，但其精度不高。而工程实际中为了控制结冰结霜，需要提供分辨能力为 2～4 ℃的壳体温度预示，则需另外建立较为精确的传热计算模型。

建立如图 3-71 所示的纵向传热模型，忽略壁面厚度上的传热，只考虑纵向传热，并考虑在内外两侧施加对流换热。

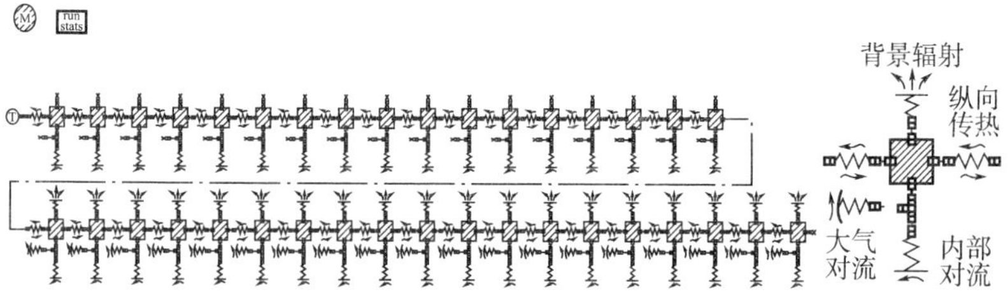

图 3-71　轴向传热和单个节点的换热方式

针对外界的大气换热可采用圆柱绕流对流换热模型来模拟，即图 3－72 中的左图。针对舱内的对流换热可采用平板强迫对流来模拟，如图 3－72 中的右图。原因是根据舱内 CFD 仿真结果可以看到，吹除气体在舱内形成了较大范围的循环，循环沿壁进行。

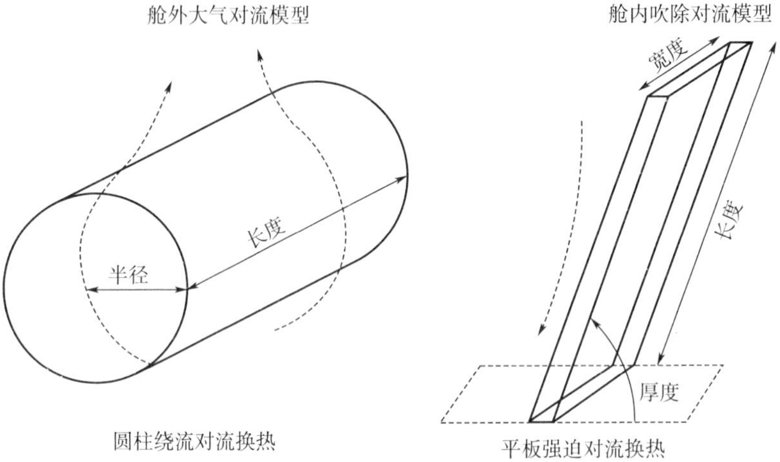

图 3－72　舱壁对流换热模型

图 3－73 是某型火箭氢箱后短壳温度计算结果，传热计算模型得到的结果与真实测量值比对较好。

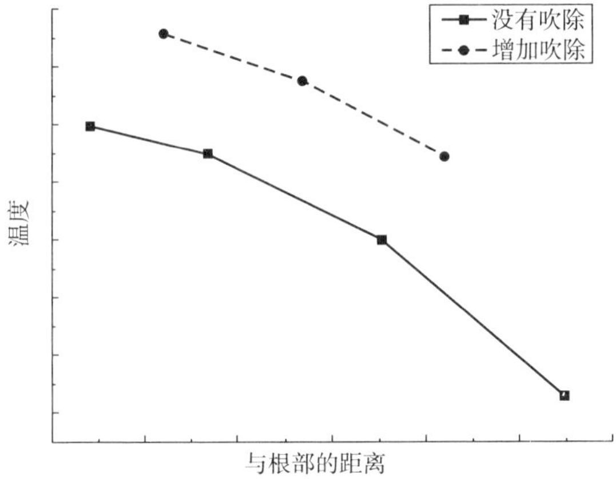

图 3－73　某型火箭氢箱后短壳温度计算结果

3.7 热环境设计与验证

如前所述，火箭从发射准备、起飞、大气层内飞行到大气层外飞行等寿命期工作期间，经历着各种极其复杂和严酷的热环境，典型的如火箭升空并在大气层中做超音速飞行时的气动加热以及发动机燃气的回流加热和辐射加热。其中气动加热的严重程度，取决于火箭飞行轨道、飞行速度、飞行攻角、部件的几何形状及大气条件等许多因素，以平板状物体为例，当其以 $Ma=3$ 在 15 km 高度飞行时，气动加热瞬时热流密度高达 350 kW/m^2，铝合金蒙皮温度可迅速升至 300 ℃以上，超过结构的允许工作温度。同一高度下飞行 Ma 越高，气动加热越严重。而高温燃气回流造成的底部加热，其热流密度可达 600 kW/m^2，这个数值还与高度和许多结构因素有关。对使用低温推进剂的液体火箭，贮箱内加注 −253～−183 ℃的低温介质，结构外表面和内部之间形成很大的温差。这些具有代表性的热环境产生的综合效应，在火箭设计时必须予以考虑，以防止不利的热环境效应发生或产生影响，导致火箭工作异常。

3.7.1 热环境效应

任何一种不利的环境因素都可能引起结构损坏、设备故障、功能异常等，从而导致飞行失败。因此弄清楚环境的性质和特性，研究环境对产品的效应，分析环境造成的危害，进而开展系统和设备环境适应性设计已成为火箭设计中的重要环节。

环境因素种类繁多，火箭系统遭遇的热环境因素以及与热环境紧密相关的环境因素主要有温度、湿度、压力、太阳辐射等。在火箭设计中，也按自然环境和诱导环境分类，诱导火箭是由人类活动所引起的环境。这些环境因素导致环境效应通常有高温环境效应、低温环境效应、温度冲击效应、低气压效应等。

（1）高温环境效应

高温环境影响箭体结构的刚度和强度，高温可导致材料的强度极限和弹性模量降低，结构的承载能力降低，甚至结构受热软化、融化、蒸发、烧毁、失效；运动机构受高温作用，产生不协调变形，影响机械的正常动作，还可能使不同材料膨胀程度不一样，使零件粘接在一起，因机件卡塞而导致飞行事故；炸药、固体燃料和相关壳体的尺寸变化导致装药分离；润滑剂黏度变低，外流造成连接处润滑剂减少；包装、衬垫、密封、轴承和轴发生变形、咬合和失效；热激活装置的无意工作；非金属材料的硬化和加速老化，诱发材料和表面涂层的开裂、分解、龟裂或退色；合成材料释放气体；电气/电子部件寿命缩短或者性能降低；静电的增长（特别是在干燥地域）；冲击和振动隔离系统性能的变化；固定电阻阻值改变；由于温度梯度导致电子线路稳定性变化；变压器和机电部件过热现象；继电器以及磁作动或热作动装置的吸合/释放范围变化；密封壳体（炮弹、炸药等）内产生的高压等。

（2）低温环境效应

低温几乎对所有的基体材料都有不利影响。对于暴露于低温环境的设备，由于低温会改变其组成材料的物理特性，因此可能会对其工作性能造成暂时或永久性的损害。低温环境对箭体及其内部的部组件、零件元器件产生的典型效应包括：材料在低温下变形和由此造成的配合间隙改变等；橡胶、塑料等非金属材料变硬、变脆、龟裂、易断裂，失去弹性，强度下降，抗冲击荷载能力降低，减振性能或密封性能失效；对半导体器件的影响，主要表现在对放大倍数及穿透电流的影响，因而装备中的半导体器件对温度的要求比较严格，如：低温下电器设备无法正常工作，发生黑屏等现象；液、气管路因低温而冻堵；高凝固点的润滑油、润滑脂等也因低温而变稠，防冻液冻结，影响机械动作的质量和精度，导致传动失灵等；发动机燃烧速度下降，影响飞行弹道参数；电动机、内燃机起动困难，蓄电池性能下降，使用寿命缩短。

（3）温度冲击效应

温度冲击对箭体及其内部的部组件、零件元器件产生重要影响。在快速加热条件下，结构中形成较大的热梯度，产生附加热应力，与载荷作用所产生的机械应力叠加，影响结构局部或总体的承载能力；加速金属材料的腐蚀或非金属材料的老化，且引起复合材料界面开裂；温差大、形成冷热冲击条件时，大气中的水分就会在产品上凝露，为大气电化学腐蚀创造条件；玻璃、光学设备碎裂；各组成部分分离；电子零部件性能变化；爆炸物中的固体药球或药柱产生裂纹等。温度冲击通常对靠近装备外表面的部分影响更严重，离外表面越远（与相关材料的特性有关），温度变化越慢，影响越不明显。运输箱、包装等还会减小温度冲击对封闭装备的影响。急剧的温度变化可能会暂时或永久性影响装备工作。

（4）低气压效应

低气压可导致密封容器膨胀变形、破裂、漏气、漏液；低密度材料的物理和化学性能发生变化；真空密封失效；随大气压力的降低，对流散热消耗的热量所占的比例越来越小，辐射散热消耗的热量所占的比重越来越大，散热产品的散热性能变差；接触热阻增大，设备因热传导降低而发生过热；润滑剂蒸发压力降低，使液体沸点降低，润滑油（或润滑脂）和有机材料中的增塑剂加速挥发，造成部件摩擦加剧，使有机材料老化，使其力学性能或电气性能发生变化。挥发物的挥发也会污染产品及其周围物件，导致产品或物件受污染甚至腐蚀破坏；发动机的起动和工作不稳定；对电工电子产品的电气性能产生影响，产生真空放电现象（电弧放电、电晕放电和微放电），电弧或电晕放电造成装备失灵或工作不稳定，导致产品性能下降，甚至击穿破坏。

3.7.2 热环境设计流程

不利的热环境因素可导致系统失效，火箭设计要求高可靠性，而系统是否失效取决于工作负荷是否超出系统的耐受能力。负荷是应力，热环境也是一种应力的根源。一方面要设法弄清火箭在各种工作状态下的使用环境，另一方面要彻底了解各种结构、设备、系统适应各种环境的能力，同时在设计中保证结构、设备承受环境的能力远大于使用环境。在火箭研制各个阶段，均实施严格规范的热环境设计和环境工程质量管控措施，确保各类产品在预期经历的各种环境条件下具有完成规定工作的能力。火箭热环境设计实施流程如图 3－74 所示。

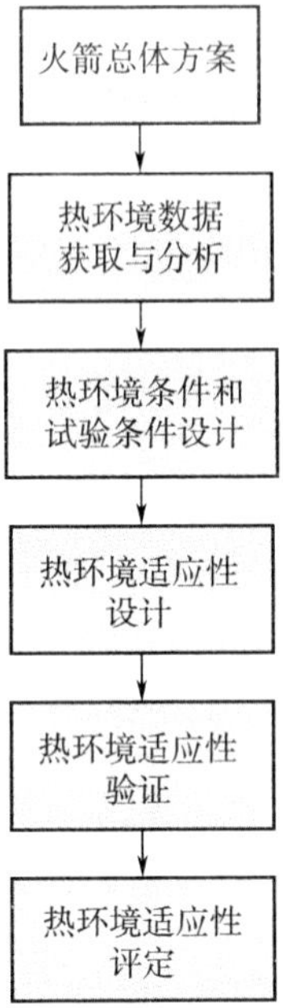

图 3－74　火箭热环境设计实施流程

（1）热环境数据获取与分析

在研制初期根据火箭总体设计方案，识别火箭的寿命期环境剖面，考虑各类热源影响因素，开展环境剖面的环境预示与分析，获取全箭所有位置、各类产品的使用环境数据。其实质就是对各种环境因素出现的概率、幅值、持续时间等进行统计分析，弄清真实环境的概率分布规律和数学模型。热环境预示的有效性取决于热环境数据信息量获取的多少、测量分析精度和预示模型的正确性。3.2节～3.6节阐述了火箭几类典型热环境数据的获取与分析方法，这里对此不再赘述。

（2）热环境条件设计

在获取了火箭的使用环境之后，需进一步开展全箭的环境条件和试验条件设计，作为系统和产品开展环境适应性设计和环境考核试验的依据。热环境条件设计需重点考虑如下因素：热环境分析结果的不确定度、使用环境的安全余量需求、不同类产品的失效模式、可靠性指标要求等。考虑到安全裕度，热环境条件为最高预示使用环境加上环境设计余量。热环境试验条件需重点明确如下要素：热环境试验项目、热环境试验条件、试验关键指标、产品参试状态等。

（3）热环境适应性设计

环境适应性是指产品在其寿命期内可能遇到的各种环境作用下能实现其所有预定功能、性能和不被破坏的能力，热环境适应性是产品的重要技术指标之一，由产品承研方主要负责产品的热环境适应性设计。应采用成熟的热环境适应性设计技术，并保证适当的设计裕度。

（4）热环境适应性验证

通常采用试验手段来验证产品的环境适应性。通过热环境适应性验证试验寻找产品的设计、工艺缺陷，确定产品对使用环境的敏感部位和薄弱环节，并通过试验—分析—改进的反复过程增强产品的热环境适应性。验收试验用于检查生产过程工艺操作和质量控制过程的稳定性，验证产品对使用环境的适应性；鉴定试验和摸底试验用于证明与确认产品在环境适应性上的裕度。

（5）热环境适应性评定

对各级产品进行环境适应性评定是火箭飞行之前必需的工作项目。采取自下而上的原则，从单机到分系统再到总体逐级开展环境适应性评定。热环境适应性验证试验是证明产品环境适应性的主要依据，然而并不是所有产品或所有热环境类型都具备开展地面验证试验的条件，因此在热环境适应性评定中，常常结合其他热环境适应性分析方法来开展。判定产品热环境适应性可按照图 3 - 75 所示的思路开展。

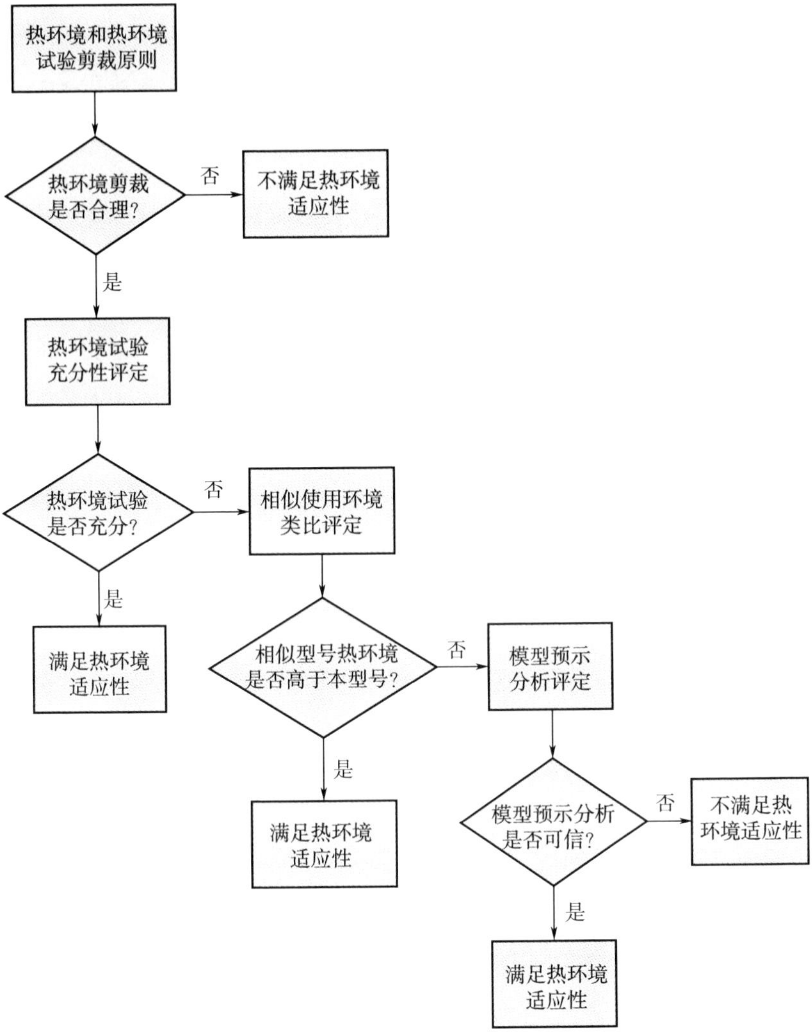

图 3 - 75　热环境适应性判定思路

3.7.3 热环境试验

热环境试验的主要目的是通过设计实施热环境试验，充分验证产品的设计方案和制造工艺，确保产品在预期的热环境条件下具有可靠完成规定工作的能力，并具有要求的设计裕度。同时，暴露设计和制造工艺中的薄弱环节并得到改正，不留下设计隐患。其实质目的就是在热环境试验条件下，观察产品的耐性，暴露产品的弱点，考核产品的热环境适应性。

环境试验在军用电子设备的研制和生产中广泛应用。火箭设计中的环境试验，内容广泛，条件更加苛刻，环境试验技术更复杂。对元器件、组件、部件、分系统、系统及全箭都有环境试验要求。

火箭在任务期间所遭遇到的热环境具有以下特点：

1）气动加热、喷流加热，具有热流密度大且随时间快速变化的特点，受热结构形成非均匀的温度分布，且随时间变化，其产生的热应力和变形是时间和空间的函数。

2）地面停放，舱段吹除和低温推进剂影响，具有时间长且温度分布随时间变化相对稳定的特点。

3）飞行时仪器舱内温度，具有随时间快速变化的特点，舱内空气温度迅速变化，仪器设备的响应温度快速变化，未达到温度平衡。

4）随着飞行高度增大，空气逐渐稀薄，高温、低压共同作用显现，产品的散热能力降低。

针对上述特点，热环境设计结果通常以热流的时间历程，以及温度及其作用时间的形式来描述，与此相应的环境验证试验包括热流试验和温度试验两大类。结合火箭的特点和产品的热环境效应，又可进一步细分为：地面热流试验、电弧风洞热流试验、真空热流试验、高温试验、低温试验等，如图 3－76 所示。

下面概要介绍几种火箭热环境试验类型。

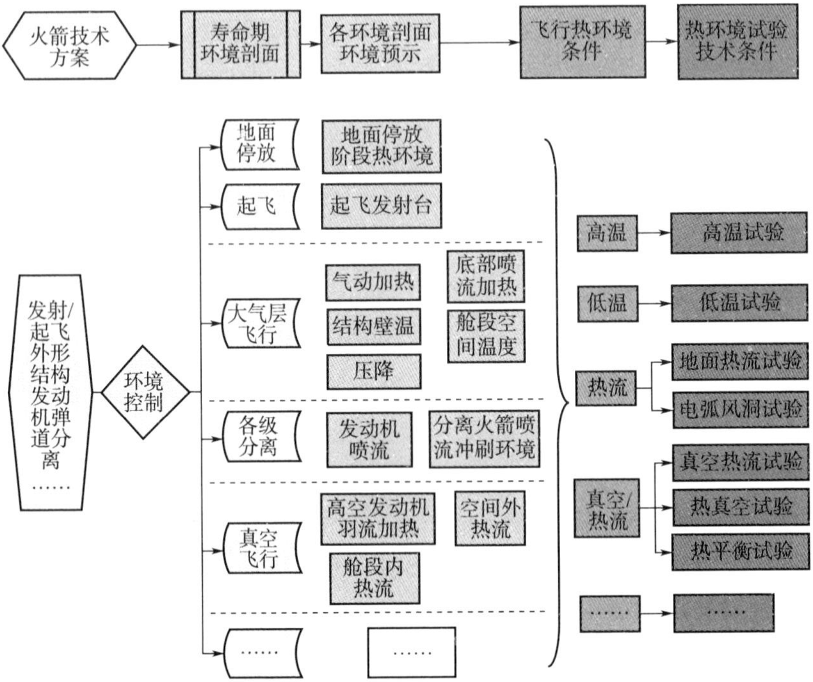

图3-76　热环境描述参数的由来

3.7.4　热流试验

3.7.4.1　地面热流试验

地面热流试验是通过地面模拟热流的试验方法，观察和研究产品在飞行气动加热、发动机燃气流加热、内部设备发热、太阳辐射等热环境的作用下的热学特性，如产品的温度分布、应力状态和工作性能等。气动加热是气体与飞行器表面相对运动所产生的强迫对流换热，喷流加热除了回流对流加热之外，还包含高温燃气对飞行器表面的辐射加热，太阳辐射是典型的辐射加热，各类热源对箭上产品的加热机理大不一样。地面热流加载手段受各种因素约束，只能从能量一致的基本原理出发，采用相对单一的加热方式来模拟火箭飞行中的各种热流环境，通常以传导或辐射加热为手段。结构受热后温度升高并形成温度差，产生热应力和热变形，这些结构热响应最终取决于表面吸收热的多少、时间历程的长短及变化规律。虽然从换热机理上讲有本质区别，但从研究结构特性的试验目的出发，可通过真实模拟结构表面吸收的热能，建立起两者之间的等效关系。

以厚度均匀、各向同性的热平板为例简要说明两者之间的等效关系。当上表面受到均匀的恒热流 q 加热且背面绝热时，如图 3-77 所示。根据一维非定常导热理论，通过求解下列偏微分方程，可以得到板上各部位的温度。

$$\frac{\partial^2 T(x,t)}{\partial x^2}=\frac{1}{a}\frac{\partial T}{\partial t} \tag{3-176}$$

边界条件为

$$x=0 \qquad \frac{\partial T(x,t)}{\partial x}=0 \tag{3-177}$$

$$x=\delta \qquad \frac{\partial T(x,t)}{\partial x}=-\frac{q}{\lambda} \tag{3-178}$$

初始条件是

$$t=0 \qquad T(x,0)=T_c \tag{3-179}$$

则平板的温度为

$$T(x,t)=T_c+\frac{qt}{\rho c\delta}+\frac{ql}{\lambda}\left\{\frac{(3x^2-\delta^2)}{6\delta^2}+\frac{2}{\pi^2}\sum_{n=1}^{\infty}\frac{(-1)^{n+1}}{n^2}e^{(-an^2\pi^2 t/\delta^2)\cos\frac{n\pi x}{\delta}}\right\} \tag{3-180}$$

式中 t ——时间；

x ——板厚方向坐标；

δ ——板的厚度；

a ——材料的导温系数；

λ ——材料热导率。

若平板材料的热物理性能参数不随温度变化，则板沿厚度方向的温度将呈现直线分布。由式（3-180）可知，平板受热后，某一

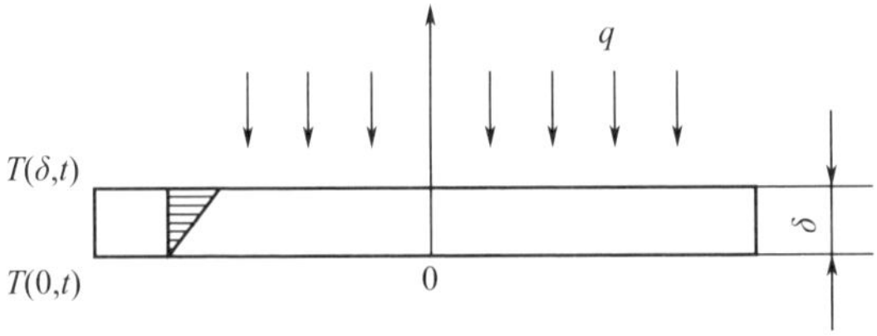

图 3 - 77 平板受热示意图

时刻的温度及温度分布不仅取决于板的厚度、材料的热物理性能和当时吸收的热流密度，还取决于该瞬间以前的加热过程，是整个受热过程积累的结果。因此结构热试验是建立在能量交换过程模拟基础上的，只要保证结构表面在每一瞬间吸收的热能与飞行情况一致，即可获得相同的结构响应，而与加热方式无关。

辐射加热是发热体以发射电磁波（红外线）的形式向周围空间传递能量，被物体表面吸收后转变为热能，换热量的大小取决于发热体的辐射能力和受热体的吸收及反射能力，还与两个物体的温度、相对位置及表面状态（黑度）有关。图 3 - 78 是两个灰体之间的辐射热交换示意图，S_1 和 S_2 分别为两个表面的面积，T_1 和 T_2 分别为两个表面的温度。根据辐射定律可以导出表面 S_2 在单位时间内、单位面积上吸收表面 S_1 所发出的热流密度，如式（3 - 181）

$$q_{1,2}=\varepsilon_n\phi_{1,2}\sigma_0(T_1^4-T_2^4) \tag{3-181}$$

式中 $\phi_{1,2}$ —— S_1 对 S_2 的辐射角系数；

ε_n —— S_1 和 S_2 构成的系统黑度；

σ_0 ——黑体辐射常数。

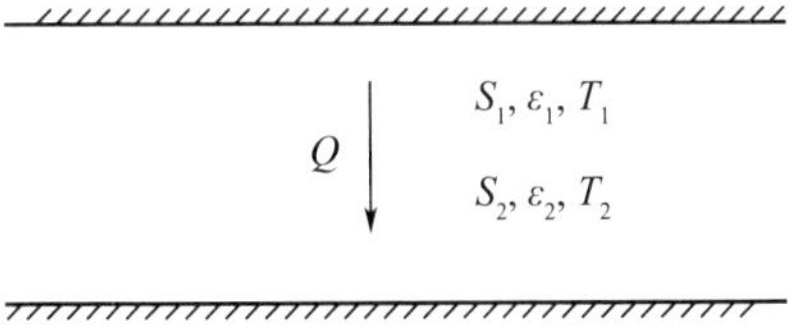

图 3 - 78 灰体表面辐射热交换示意图

由式（3－181）可知，当系统黑度 ε_n 和相对位置 $\phi_{1,2}$ 确定后，受热面接收热能的多少，与两个表面的温度差有关。当 $T_2 \ll T_1$ 时，热流 $q_{1,2}$ 主要取决于发热体的温度，即

$$q_{1,2} = \varepsilon_n \phi_{1,2} \sigma_0 T_1^4 \tag{3-182}$$

结构热试验采用石英灯加热器作为辐射热源，可视为发热面 S_1。由于石英灯的灯丝很细，且密封于充有惰性气体的石英玻璃管内，热惯性极小，即电热转换的动态过渡过程很短，可以快速达到很高的温度。调节石英灯两端的电压，改变灯丝的温度，可以达到控制加热器热输出的目的。

实际上，加热器与试件表面之间的换热关系，远比图 3－78 所示的热交换复杂。灯丝发出的辐射热，一部分直接辐射到试件表面，另外一部分辐射到反射板，其中大部分被反射回试件表面，小部分被反射板吸收，使其升温，成为派生的发热体进行二次辐射。另外，石英玻璃管、加热器的支撑构件以及灯丝与灯丝之间，都存在吸热和放热现象，使辐射热交换关系更为复杂。一般情况下，通过试验测定的方法确定加热器对试件表面的加热热流。

（1）地面热流试验特点

能量交换的大小与空间位置有关，且随时间变化，其所产生的结构响应既是状态函数，又是过程函数。从这一基本特点出发，对地面加热试验提出了严格按照指定的时间历程进行瞬态过程模拟的要求。地面加热试验具有如下特点：

1）必须模拟飞行时序过程。由于决定每一时刻结构热应力的瞬态温度场取决于此时刻之前热输入的积累效应，只有真实地安装飞行时序模拟整个加热时间历程，才能复现各时刻结构的温度、应力和变形情况。

2）需要采用全尺寸结构进行试验。由于温度和时间因素的引入，增加了模型设计和相似试验条件的难度，热结构模型试验须同时满足温度、应变、时间以及其他因素的相似关系，难以导出模型相似准则，不能采用缩比模型试验。

3）必须采用瞬态控制和测量技术。由于热试验所涉及的参数是瞬变参数，因此试验中对这些参数的控制和测量都要适应瞬变的特点，要求试验的控制和测量手段应具有良好的动态特性，响应时间短，动态误差小，以保证试验结果正确。

（2）地面热流试验系统构成

地面加热试验系统由加热装置（石英灯加热器、红外加热器等）、动力调节装置、测量传感器和数据采集装置、计算机等环节组成，与试验对象一起构成闭路调节系统。该系统采用有差调节原理进行实时控制，将控制参量的理论计算数据按时序输入计算机，作为程序给定值。试验过程中以传感器实际测量的信号作为反馈值，两者的偏差量经校正运算、放大和变换处理后，输往动力调节装置，调节伺服机构的工作电压，控制加热、加载装置的功率输出，达到瞬时控制结构热输入值的目的。

典型的防热结构筛选地面热流试验的系统构成框图如图 3-79 所示，试验场景如图 3-80 所示。防热结构筛选试验的目的是从数种防热设计方案中，优选出合适的防热方案，在诸多试验手段中，石英灯辐射加热模拟试验较为简便、有效，试验件的外形和尺寸不受严格的限制。作为性能筛选试验的试件，通常采用 100 mm×100 mm 的平板试件结构。试件安装在四周绝热的陶瓷框架上，为避免热源对试件背面温度的干扰，陶瓷框架镶嵌于水冷式的隔热挡板内。试件处于加热器中间偏上位置，距离石英灯 50～70 mm。采用压接式热电偶，测量试件背面中心温度，以检验防热效果。控制用热流密度传感器置于试件下端，受热面与试件表面齐平，整个受热区域要求均匀。为减小加热过程材料烧蚀引起的烟火干扰，试验支架下端安装一排吹气管，气流产生的散热效应，可通过预备试验进行实测，再通过加热程序进行补偿修正。通常加热热流越低，对流散热所占比重越大。例如某次试验，当加热的最大热流为 35 kW/m^2 时，对流散热量约占最大热流的 12%。

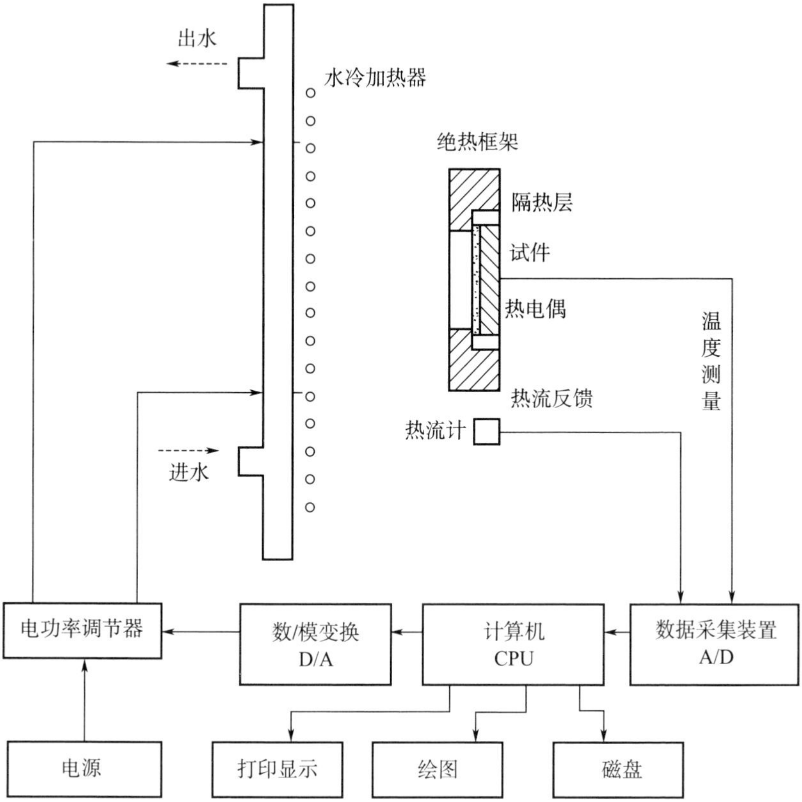

图 3-79　地面辐射加热试验系统框图

（3）热流的程序补偿

为提高加热效率，实际表面均进行“涂黑”处理，以增加表面吸收辐射热的能力。在热平衡条件下，物体的吸收率和辐射率相等，故在增加吸收能力的同时，也增加了对外辐射的能力，其额外增加的辐射热损失，应在热流控制程序中进行补偿，以使结构表面静吸收的热流与实际相同。地面环境条件下还存在着结构表面与空气之间的自然对流换热。以气动加热的地面热流试验为例，对结构表面附加的辐射散热和自然对流散热补偿后的控制热流计算方法可以写成式（3-183）

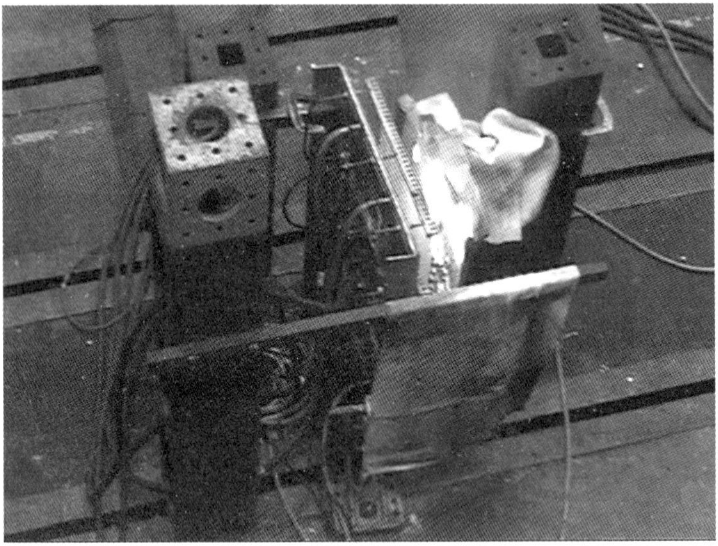

图 3-80　地面辐射加热试验

$$q = q_N - \varepsilon_1 \sigma_0 T_\delta^4 + \varepsilon_2 \sigma_0 T_\delta^4 + \alpha_l (T_\delta - T_a) \qquad (3-183)$$

式中　q_N——气动加热对流热流；

ε_1——飞行条件下结构表面黑度；

ε_2——地面试验条件下结构表面黑度；

T_δ——结构表面温度；

T_a——结构表面附近空气温度。

为了确定辐射散热和自然对流散热量的大小，一般不进行复杂的理论计算，而将式（3-183）中的后两项统一视为地面环境条件下结构表面因升温而引起的附加热损失，通过预备性试验测量得到。试验件采用与正式件外形相同的金属模拟件，安装位置和表面状态与正式件条件一致。预备试验方法一般有下列几种：

1）按恒温程序加热，建立恒温状态下的试验件表面温度 T_δ 与吸收热流 q 的关系曲线，如图 3-81（a）所示。

2）按恒热流程序加热，测量试件表面的升温过程，根据试验件比热容的大小，计算表面吸收的热流 q'，与施加的恒定热流进行比较，其差值即为时间的散热损失部分，如图 3-81（b）所示。

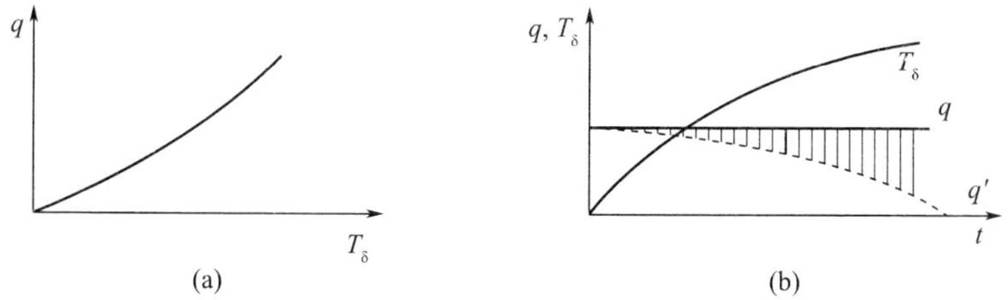

图 3-81 测定地面试验热流损失量的试验方法

3.7.4.2 电弧风洞试验

电弧风洞作为高超音速风洞的一种，利用电弧加热器产生的高焓值气体配合压缩气体模拟高超音速飞行时的高温高压环境，主要用于模拟航空航天飞行器冲击大气层时经受的压力和温度或热流，评估飞行器的防热材料和系统的性能，广泛应用于高温气体动力学的研究。

电弧风洞结构示意图如图 3-82 所示，主要包括电弧加热器、电源系统、空气加压系统、加速段、试验段、扩散段、冷却器、过渡段和循环段等。试验主要模拟的参数包括表面热流密度、气流焓值、表面压力（分布）、表面剪力及加热时间（总加热量）。

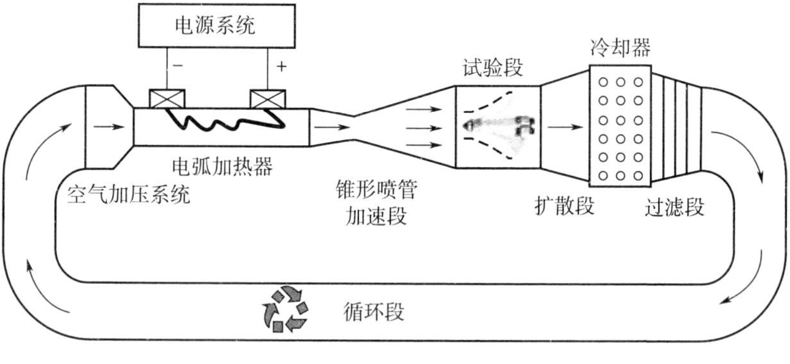

图 3-82 电弧风洞结构组成

电弧风洞的运行程序是：电弧加热器电源系统产生的瞬时高电压将电弧加热器中的空气击穿，产生稳定燃烧的等离子体电弧，同时空气加压系统将干燥纯净的压缩气体注入到电弧加热器中，经由等离子体电弧加热变为高温高压气体，然后经锥形喷管加速达到超音速或者高超音速。该试验气体在温度、速度以及压力等各项参数指标满足试验要求的情况下，冲击在试验段的试验模型或测量探针上，进行高温气体动力学试验，评估航空航天飞行器的防热材料和结构的设计性能等。试验段要求高温高压气体流场均匀、稳定并且重复性好；试验后的气体经由扩散段减速减压并由冷却系统进行冷却降温过滤后进入循环系统。最后将气体回收储存到外围的气罐中为下次试验做储备。电弧风洞试验场景如图3－83所示。

图 3－83　电弧风洞试片试验状态

钝楔试验技术是用途较广的电弧风洞试验技术之一，其基本原理是将钝楔置于高温超音速流场中，其头部产生一道斜激波，沿楔形表面形成高温边界层流动，距头部前缘一定距离后的表面，其压力和热流分布均匀，这个区域可以模拟试验件表面的压力和分离环境。钝楔表面形成的压力梯度还可以模拟一定的表面剪力，并且只需改变钝楔的攻角，就可以改变其模拟参数。可将防热材料或防热结构部件置于该区域进行防热材料的筛选、防隔热性能考核、局部热结构部件考核等试验。试验件在钝楔上的安装示意图如图 3－84

所示。试验参数测量包括气流参数测量与钝楔表面参数测量，气流参数主要测量气流驻点焓、气流驻点压力、驻点热流，钝楔表面参数主要测量表面热流和表面压力。

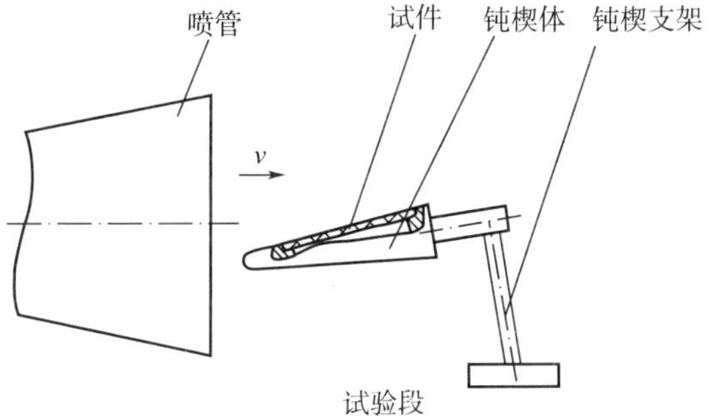

图 3-84　试验件在钝楔上的安装示意

3.7.4.3　真空热流试验

真空（低气压）和热环境是火箭在稠密大气层外飞行期间遇到的主要热环境类型。特别是二级、三级发动机尾舱，除了真空（低气压）、太阳辐射、地球反照、地球红外辐射、冷黑背景外，再加上发动机喷流的对流、辐射加热影响。一方面由于低气压作用，设备的散热性能变差，更易发生热量积累；接触热阻增大，设备因热传导降低，部件之间温差更大，更易发生故障。另一方面火箭承受严酷的喷流加热作用，多种因素共同影响，加剧了设备的综合环境效应。进行真空环境下的热试验，其目的是要验证仪器设备对真空热环境的适应性，确保仪器设备能够在真空加热条件下可靠工作。真空热流试验主要针对火箭二级、三级长时间真空（低气压）环境工作的仪器设备，以及二级、三级发动机尾舱遭受真空（低气压）和大热流持续加热同时作用的仪器设备。

火箭真空（低气压）飞行时的热环境主要体现在三方面：真空（低气压）、低温和冷黑背景、热流，试验中控制试验件外表面吸收的热流等效于飞行时箭体表面的吸收热流。

1）真空模拟。火箭飞行时，环境压力从 1 个大气压 10^5 Pa 下降

到 10^{-5} Pa。要在大型空间环境模拟设备中长时间保持 10^{-5} Pa 真空，技术实现上有较大难度。真空热环境实质上就是去掉了空气对流的作用，箭体的换热仅剩下传导热和辐射。从这个角度讲，只要空间模拟设备中，抽真空后的残余空气所引起的对流换热效果可以忽略，那么试验的真空度就是允许的。根据气体传热和压强关系可知，在 1×10^{-1} Pa 的压力下，气体的传热性能只相当于一个大气压下传热性能的 0.01%。真空环境是为了保证热传递方式以辐射为主，压力低于 1×10^{-2} Pa，气体对流换热和传导换热只有辐射换热的万分之一。因此，从工程角度讲，用 1×10^{-2} Pa 的试验真空条件来近似模拟飞行中的真空环境，对火箭的真空热流试验带来的影响是完全可以忽略的。

2）低温和黑背景模拟。空间黑背景的含义是指，从火箭发射出去的热辐射不再被宇宙空间发射回来，宇宙空间犹如黑洞，完全吸收了火箭发射出去的热辐射能。宇宙空间背景发射的辐射能量大约相当于 4 K 黑体的热辐射能量，要在地面空间模拟器中大面积模拟 4 K 温度环境是不可能的，通常采用液氮低温介质来模拟空间低温环境。液氮在 1 个大气压下的饱和温度约为 77 K，相当于黑体辐射热流为 2 W/m^2，这个数值只有太阳常数的 0.14%，地球表面红外辐射的 1%左右，从火箭设计要求来看，在大多数情况下，这种影响是允许的。为了模拟宇宙空间低温和黑背景这两个特征，一般在空间模拟器内安装用铝、铜或不锈钢材料制成的冷却筒体（即热沉）。热沉内表面焊有冷却介质（如液氮）流通的冷却管道，并敷设高吸收比的黑漆（一般 α 或 ε 大于 0.9），用来模拟太空的低热辐射（低温）和黑背景。

3）热流模拟。对试件加热常采用栅网式红外加热笼，加热笼由多根镍片串联而成，属于电加热方式。调节电压来控制输出功率，镍片对着试验件的一面涂耐温黑漆，使 ε 大于 0.9，这样可使加热笼 90%的功率到达试验件表面。另一种方式是使用红外石英灯加高反射率的反射器使热量均匀地向着试验件辐射，一般用于大热流试验。

试验系统的主要组成如下：

1）真空容器。真空容器试验舱一般有立式、卧式、球式，通常有一个全开的大门用于试验设备安装出入，1～2 个观察窗和若干可拆卸的法兰，用于安装各种形式的密封插头，试验舱内设活动底板、试验安装平台，如图 3-85 所示。

图 3-85　真空容器试验舱

2）真空抽气系统。采用无油系统，有载真空度可达 10^{-3} Pa，并配有真空测量、检漏、残余气体分析、污染监测分析等系统。

3）热沉。一般用铝、铜或不锈钢制造，其内表面喷涂吸收率大于 0.90 的黑漆。温度为（100±5）K，或在－100～＋100 ℃可调，无热沉面积不大于 5％。

4）液氮系统。采用开式沸腾或闭式循环系统，要求有足够的制冷量。液氮系统和热沉的配合工作原理如图 3-86 所示。

5）加热系统。加热器作为试验的热源，是加热系统重要的组成部分，一般采用栅网式红外加热笼或红外石英灯阵＋反射器组合，能较好满足热流的模拟品质要求。

6）控制及数据采集系统。试验中主要监测的参数有三类：真空度、温度和热流。真空度监测可以用常规的各种真空测量仪表，如

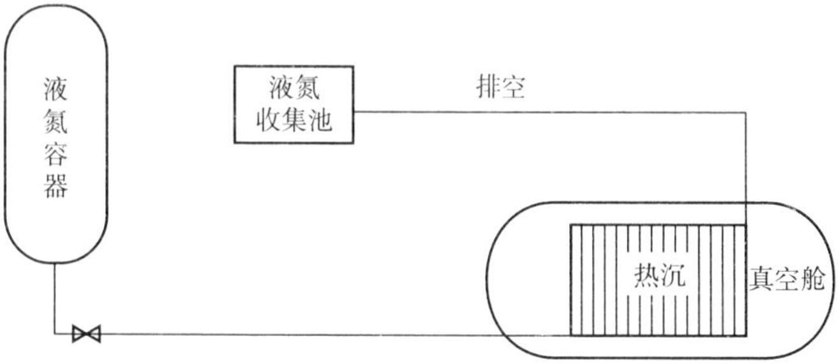

图3-86　液氮系统原理图

电容式薄膜真空计、热偶真空计、电离真空计等。温度测量一般用铜-康铜热电偶或镍铬-镍硅热电偶。

箭上设备的真空热流试验场景如图3-87所示。

图3-87　箭上设备真空热流试验

3.7.5　温度试验

(1) 高温试验

高温试验是把产品放置在高温且空气干燥的试验箱中进行的试验，其目的是探索或评价产品能否在高温条件下贮存和工作而不受到物理损坏或引起性能下降，从而确定产品在使用期的高温条件下的适应性。高温试验是最常见的热环境试验，用于元器件和整机的筛选、老化试验、寿命试验、评价试验。高温试验在产品失效分析的验证上起重要作用。箭上仪器设备高温试验的关键参数为：高温值和持续时间。试验方法在 GJB 150.3A—2009《军用装备实验室环境试验方法　第 3 部分：高温试验》的基础上，根据运载火箭的任务剖面特点，合理剪裁、加严。

（2）低温试验

低温试验是把产品放置在低温且空气干燥的试验箱中进行的试验，其目的是探索或评价产品能否在低温条件下贮存、使用和工作而不受到物理损坏或引起性能下降，从而确定产品在使用期的低温条件下工作的适应性。箭上仪器设备低温试验的关键参数为：低温值和持续时间。低温试验方法在 GJB 150.4A—2009《军用装备实验室环境试验方法　第 4 部分：低温试验》的基础上，根据运载火箭的任务剖面特点，合理剪裁、加严。

（3）温度冲击试验

温度冲击试验是探索或评价产品能否经受周围温度突然急剧变化（“急剧变化”是指温度变化率大于 10 ℃/min）而不产生物理损坏和工作性能下降而开展的试验，其目的是确定产品在使用期温度冲击条件下工作的适应性。温度冲击试验方法在 GJB 150.5A—2009《军用装备实验室环境试验方法　第 5 部分：温度冲击试验》的基础上，根据运载火箭的任务剖面特点，合理剪裁、加严。

（4）高低温试验设备

高低温试验一般在各种高低温试验舱中完成。典型的高低温试验舱如图 3-88 所示，该试验舱包括 1 000 m^3、145 m^3 和 45 m^3 三个环境室，采用一套空气制冷系统和各自独立的电加热设备，低温可达 −100 ℃，高温可达 80 ℃。

（5）热真空与热平衡试验

为了验证火箭末级或上面级在空间真空、太阳辐射、地球反照、地球红外辐射、冷黑背景下的整体适应性，需要在地面进行充分的

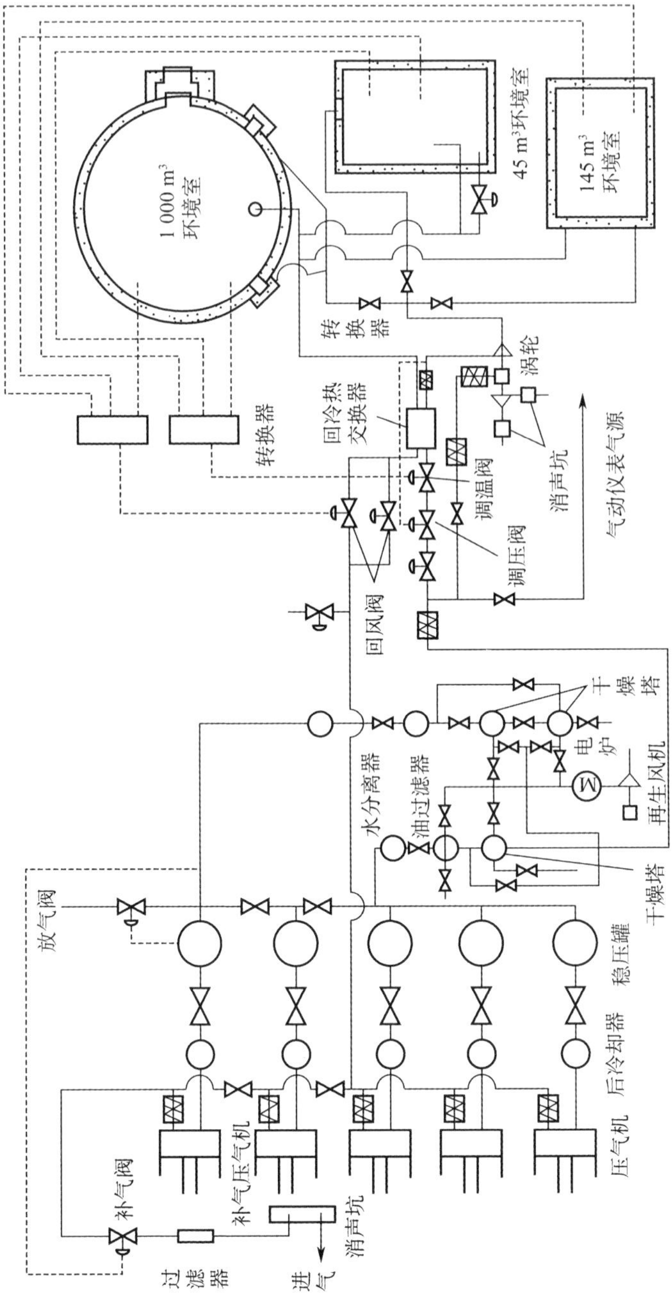

图 3－88　典型的高低温试验舱流场图

模拟试验，就试验目的而言，主要可分为两大类：热真空试验和热平衡试验。热真空试验主要以验证各部件/仪器功能、发现和排除早期故障为目的，而热平衡试验以验证整舱热设计的正确性为目的。两者的区别总结在表 3-16 中。

表 3-16 热真空试验与热平衡试验

比较项目	热平衡试验	热真空试验
试验目的	验证热设计的正确性，考核热控分系统的能力，获取舱段整体温度数据，修正热分析数学模型	暴露设计、材料和制造工艺缺陷，排除早期故障，评定设备和系统工作性能
试验模型	航天器初样、首飞正样	航天器每发正样
控制参数	外热流值	温度。控制设备温度，达到鉴定级或验收级温度水平
试验过程	按工况施加外热流，直至舱段达到热稳定，测出各部位温度	按循环剖面图，调整加热装置的功率或设备工作状态，使仪器设备的温度达到要求的高低温度值，保持一定时间进行电性能(功能)测试

试验在航天器空间环境模拟室开展，典型的空间环境模拟系统运行原理如图 3-89 所示，空间环境模拟室如图 3-90 所示。

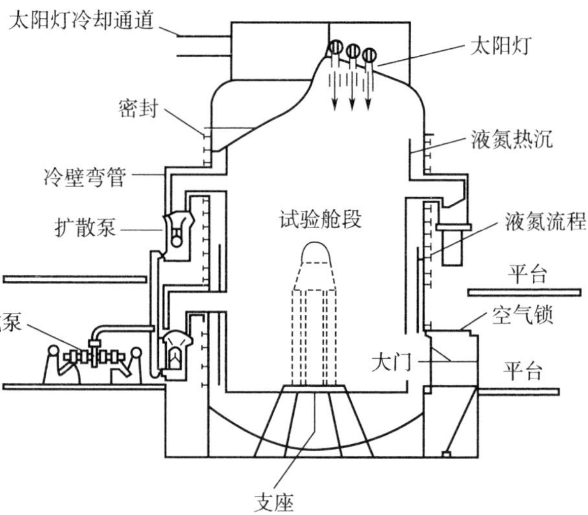

图 3-89 典型空间环境模拟系统

图 3-90　空间环境模拟室

附录 A　国外运载火箭力学环境试验条件

A.1　德尔它 4H

德尔它 4H（德尔它Ⅳ－H）以单发动机低温通用芯级（CBC）为第一级的中央芯级，其主发动机是洛克达因公司制造的 RS－68 发动机，运载能力及总体结构如下。

德尔它 4 重型（德尔它 4H），GTO 运载能力为 13 200 kg，第一级由 1 枚通用芯级和 2 枚作为捆绑助推器的通用芯级组成，采用液氢＼液氧燃料；第二级为加长型德尔它 3 低温上面级，其有效载荷运载能力略低于大力神 4，有效载荷整流罩直径达 5.09 m，整流罩使用金属或复合材料。结构示意图如附图 1 和附图 2 所示，总体及各主要部分的技术性能见附表 1 和附表 2。

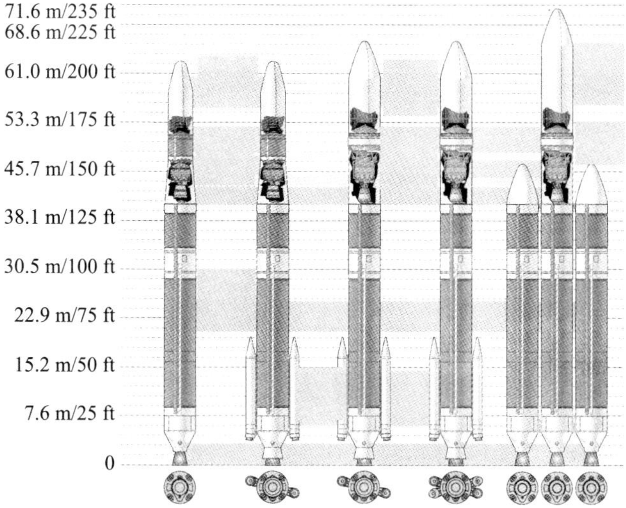

附图 1　德尔它 4H 系列火箭整体结构示意图

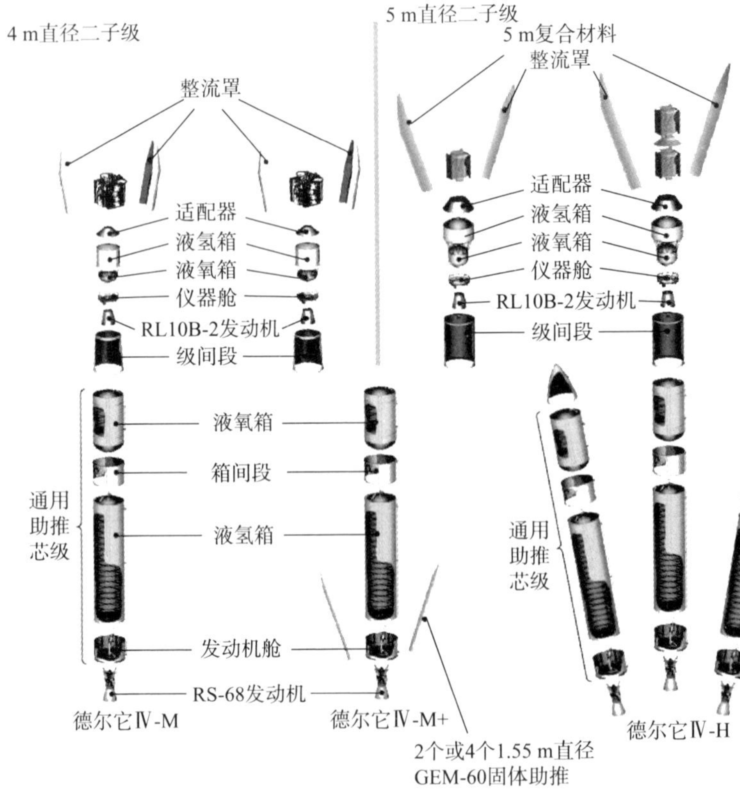

附图 2 德尔它 4 火箭整体结构图

附表 1 德尔它 4 系列运载火箭的总体技术性能

型号 项目	德尔它 4H
级数	2
全长/m	≈71
芯级直径/m	5
芯级发动机	RS－68(1 台,液氢/液氧,真空推力:3 314 kN)
第二级直径/m	5
第二级发动机	发动机:RL10B－2(液氢/液氧,推力:110 kN)

续表

项目＼型号		德尔它 4H
助推器		2 个 CBC
整流罩直径/m		5
运载能力/t	LEO	21.9
	GTO	13.1
起飞过载		1.20
首飞时间		2004
发射场		范登堡空军基地(6 号发射台)/卡纳维拉尔角发射场(37 号发射台)

附表 2　火箭箭体各组成部分的主要技术性能

参数	通用芯级	二级
长度/m	38	13.7
直径/m	5	5.13
级质量/t	218.03	30.84
推进剂	液氢/液氧	液氢/液氧
推进剂质量/t	200	27.20
发动机型号	RS-68	RL10B-2
发动机数量(台)	1	1
平均推力/kN	3 314(真空) 2 891(海平面)	110.1(真空)
比冲/s	410(真空) 365(海平面)	462(真空)
燃烧室压力/kPa	9 720	3 206
节流能力	58%～102%	100%
膨胀比	21.5	250
混合比	6	6
推重比	51.2	40.5
燃烧时间/s	249	1 125
多次起动	无	有

（1）过载环境

一级工作时典型轴向静过载和有效载荷重量的关系如附图 3 所示。二级关机时典型轴向静过载和有效载荷质量的关系如附图 4 所示。设计动态过载（载荷）因数如附图 5 所示。

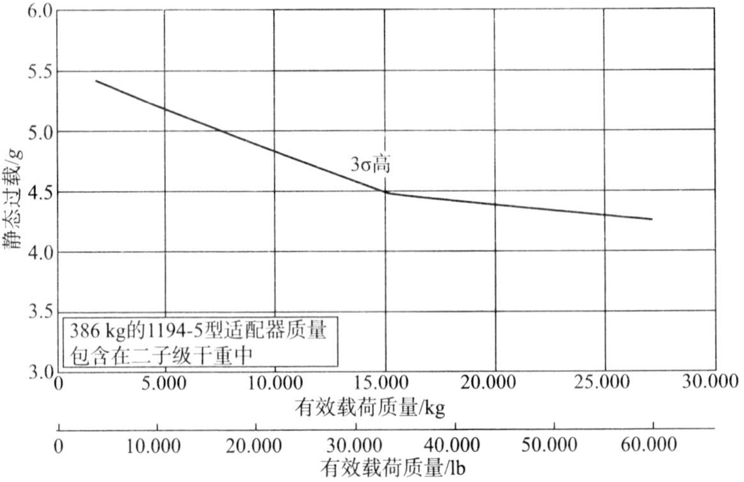

附图 3 德尔它 4H 一级工作时最大轴向过载与二级有效载荷质量

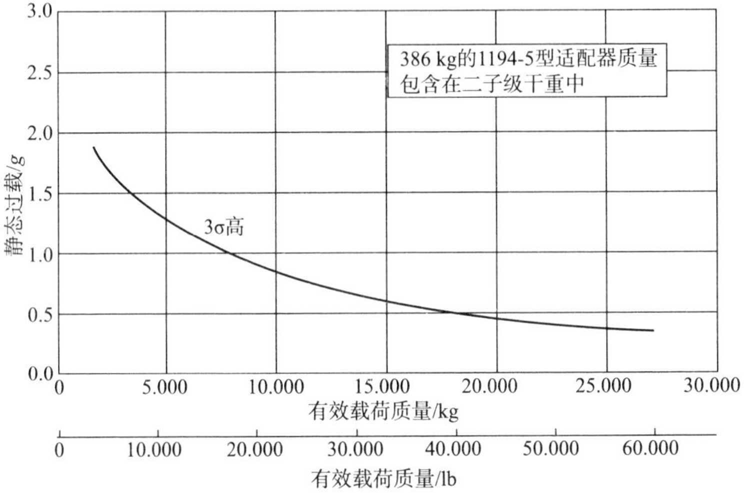

附图 4 德尔它 4H 二级分离时轴向过载

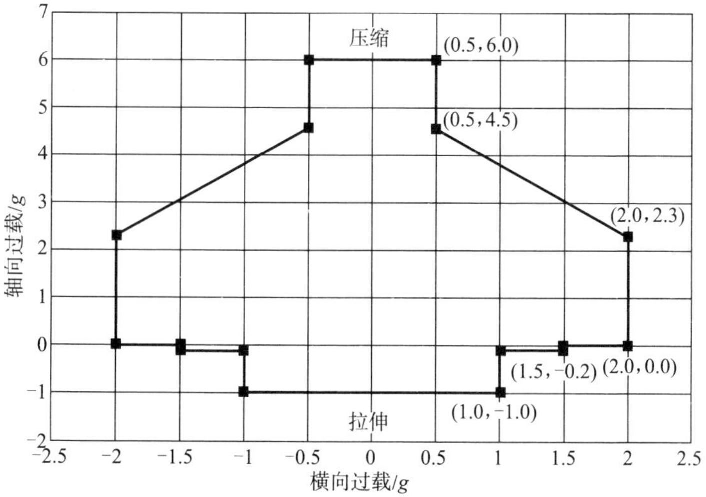

附图 5　德尔它 4H 设计载荷因数

（2）声环境

5 m 复合材料整流罩的噪声环境条件如附图 6 所示，5 m 金属整流罩的噪声环境条件如附图 7 所示。

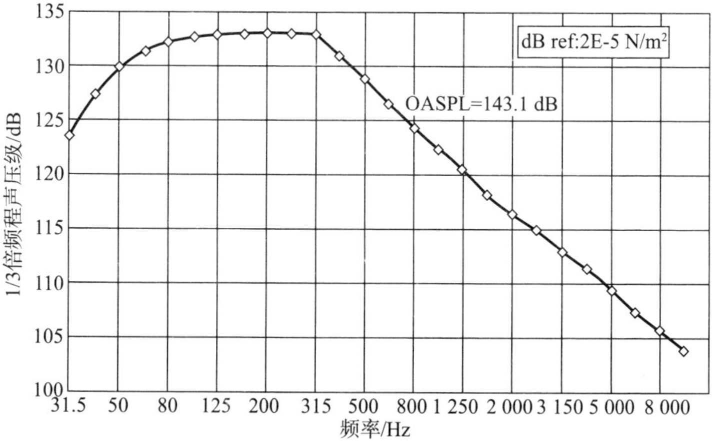

附图 6　德尔它 4H（5 m 复合整流罩）内部有效声载荷 95%，50%置信区间，60%填充因子

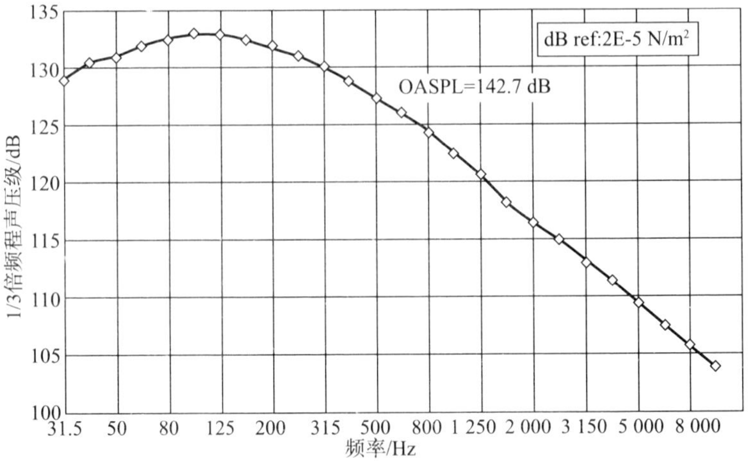

附图7 德尔它4H（5m金属整流罩）内部有效声载荷95%，50%置信区间，60%填充因子

(3) 瞬态正弦扫描环境

环境包括点火、跨音速、最大动压、发动机关机的工况，分推力方向与横向给出，见附表3。

附表3 德尔它4H正弦振动级别

Axis	频率/Hz	最大飞行量级
Thrust	5～6.2	1.27 cm(0.5 in)双振幅
	6.2～100	1.0 *g* 单边峰值
Lateral	5～100	0.7 *g* 单边峰值

(4) 冲击环境

最大冲击环境发生在飞船分离时，冲击大小与分离系统的结构、冲击源距离、冲击源数量等因素有很大关系，最好的验证手段是冲击试验。有效载荷界面冲击环境如附图8所示。

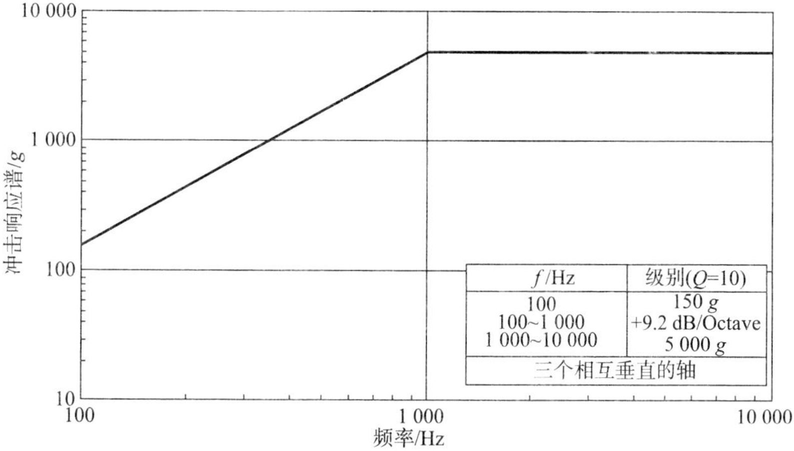

附图 8　运载火箭最大有效载荷冲击级别（95%，50%置信区间）

A.2　阿里安-5 系列

阿里安-5 系列运载火箭的主要技术性能见附表 4，阿里安-5 ECA 为例的构型如附图 9 所示。

附表 4　阿里安-5 系列运载火箭的主要技术性能

项目 \ 型号	阿里安-5G	阿里安-5E		
		ESV	ECA	ECB
级数	2（低温芯级/2 个固体助推器＋上面级）			
全长/m	52	52	—	
起飞质量/t	710	—	—	—
低温芯级（直径/m）/（长度/m）	H158 型 5.4/30.5	H173 型 5.4/30.5		
芯级发动机	火神	火神 2		
上面级型号	EPS	EPS 改	ESC-A	ESC-B
上面级发动机	Aestus	Aestus	HM-7B	VINCI

续表

项目 \ 型号		阿里安-5G	阿里安-5E		
			ESV	ECA	ECB
助推器		直径:3 m,长度:31.6 m,真空推力:5 000 kN/个			
整流罩直径/m		5.4			
GTO 运载能力/t	单星	6.5	8	10.5	12
	双星	6	7.3	10	11
首飞时间		1999	—	2002	—
发射场		库鲁发射场 ELV3 号发射台			

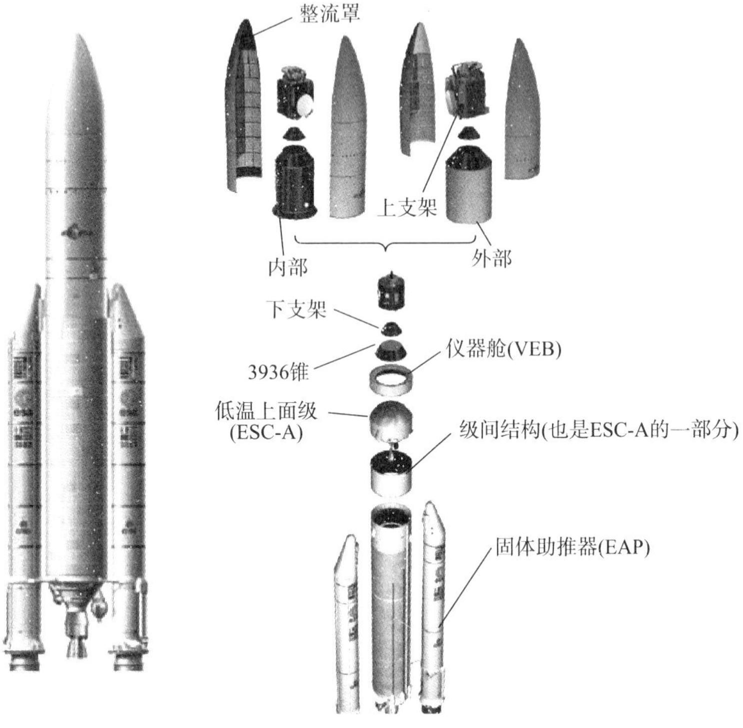

附图 9 阿里安-5 ECA 构型图

（1）过载环境

阿里安系列火箭最高纵向过载加速度小于或等于 4.55g，最高水平方向过载加速度为 0.25g，如附图 10 所示。

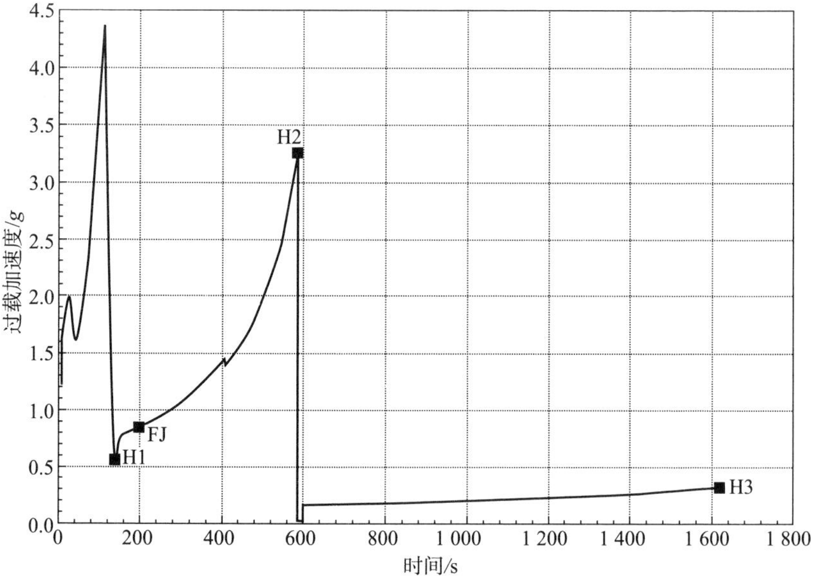

附图 10　纵向过载加速度

（2）瞬态正弦扫描环境

①阿里安-5ECA 低频振动条件

纵向：航天器底部正弦振动试验量级为≤1g，频率范围：5～100 Hz。该谱考虑了所有在该频段内的正弦或瞬态振动。

水平方向：航天器底部正弦振动试验量级：≤0.8g，频率范围：2～25 Hz；≤0.6g，频率范围：25～100 Hz。

②阿里安-5G 的低频振动条件

阿里安-5G 的低频振动条件见附表 5。

附表 5 低频振动试验量级和时间

试验类型	纵向（X 轴）		横向（Y/Z 轴）	
	频率/Hz	加速度/g	频率/Hz	加速度/g
低量级	5～40 40～150	0.2 0.1	5～30 30～150	0.04 0.1
中间量级	5～100	0.65	5～25 25～40 40～100	0.5 0.4 0.45
原型鉴定量级	5～100	1.25	5～25 25～40 40～100	1 0.8 0.875
低量级	5～40 40～150	0.2 0.1	5～30 30～150	0.04 0.1
扫频速率＝4 oct/min				

③阿里安-5G 飞行预示与飞行遥测对比

阿里安-5G 不同位置飞行预示与飞行遥测低频振动响应对比如附图 11～附图 14 所示。

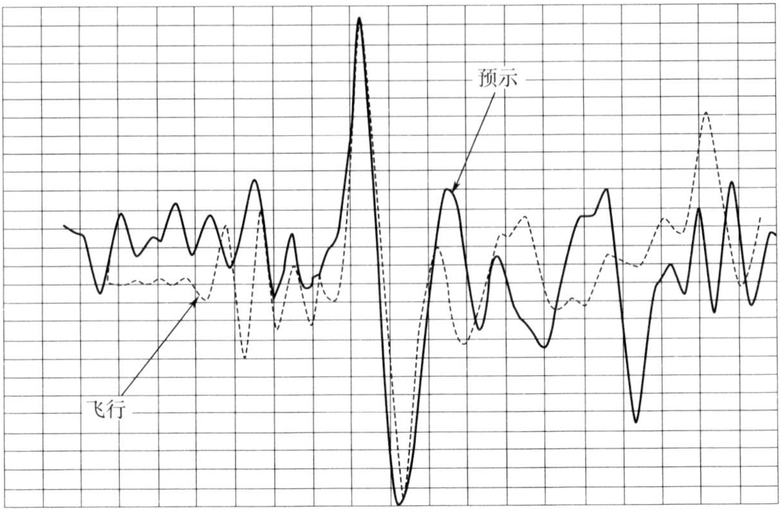

附图 11 起飞时整流罩外部压力飞行与预示的对比（V503）

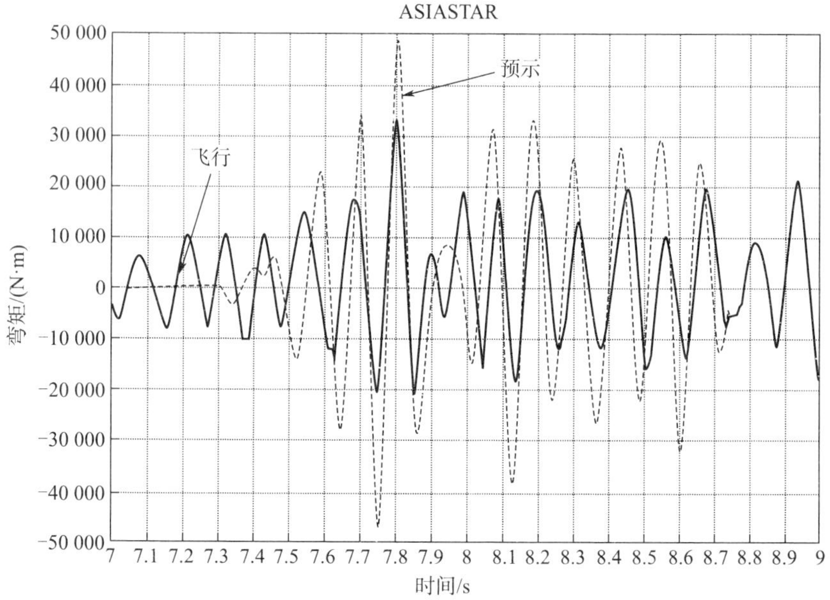

附图 12　起飞时上面级卫星水平 S. Q. L. 飞行与预示的对比（V505）

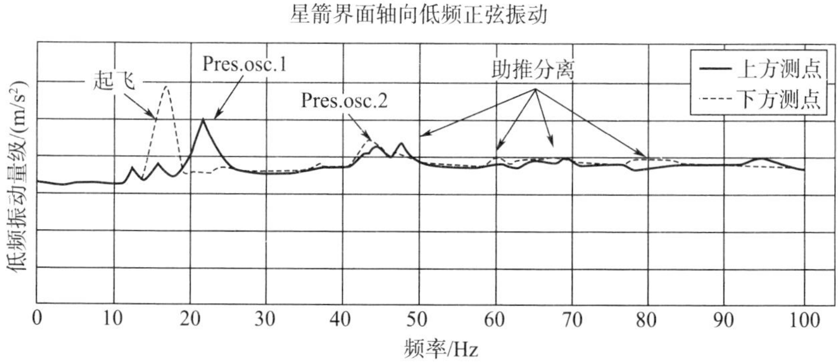

附图 13　上面级及下面有效载荷界面纵向量级（等效正弦～SRS Q ＝20）（V505）

（3）声环境

阿里安-5 系列火箭噪声环境的最高量级主要集中在点火起飞及跨音速段，如附图 15 所示。

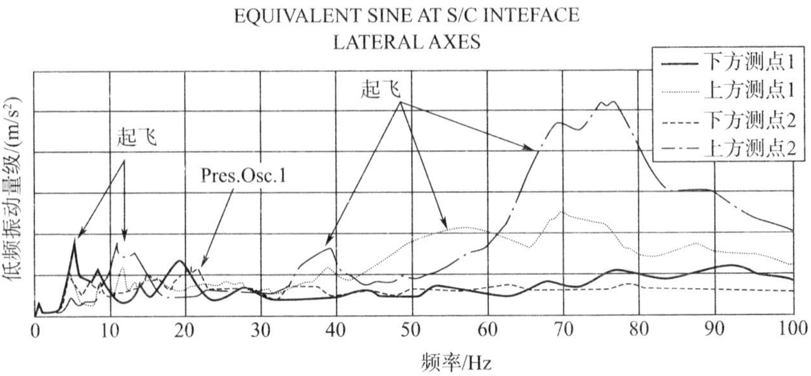

附图 14　上面级及下面有效载荷界面横向量级（等效正弦 SRS $Q=20$）（V505）

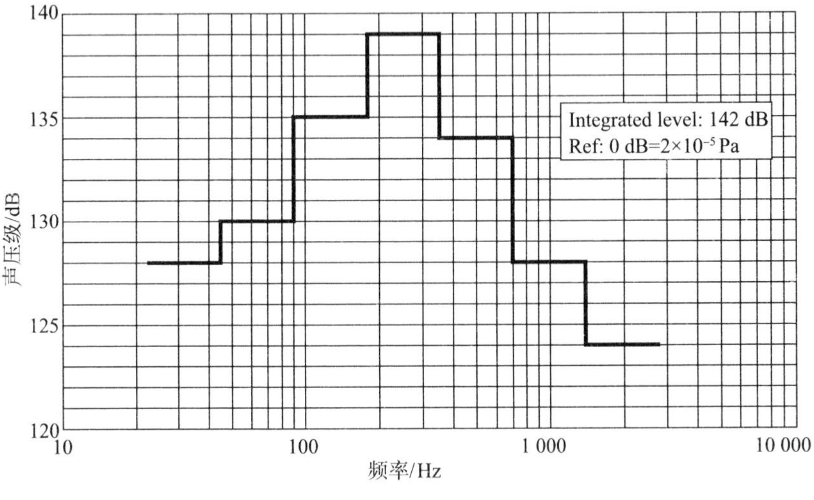

附图 15　噪声谱

（4）冲击环境

阿里安-5 系列的有效载荷冲击环境如附图 16～附图 19 所示。

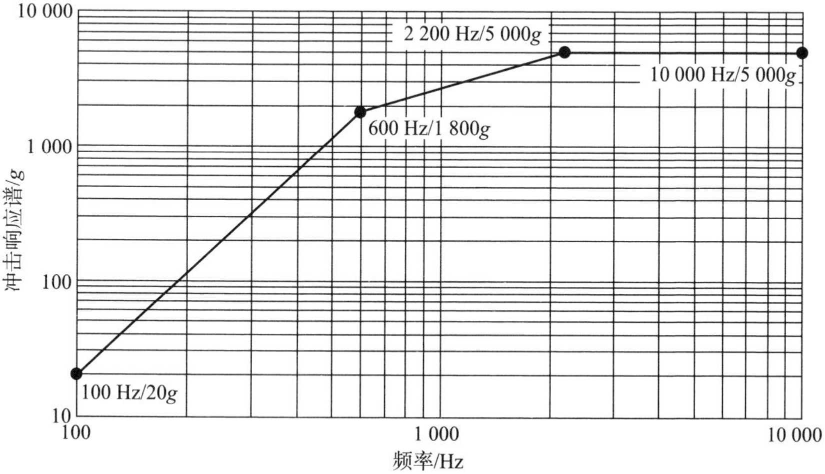

附图 16　飞行器分离界面的包络冲击谱

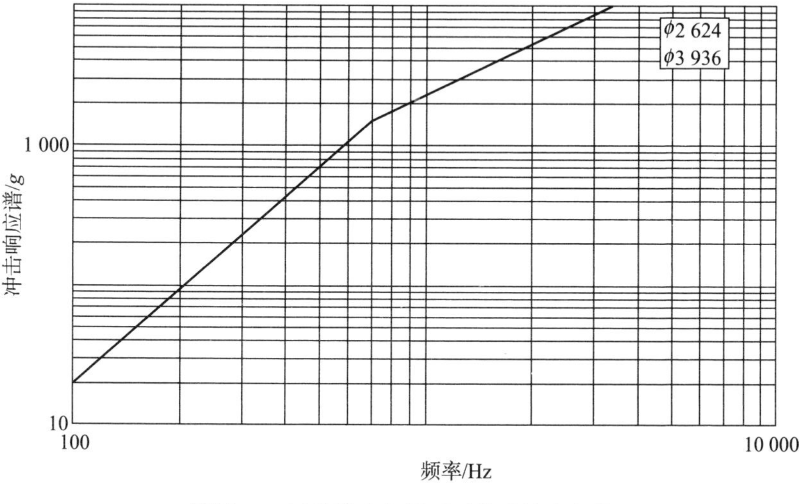

附图 17　运载器连接界面可接受的冲击谱

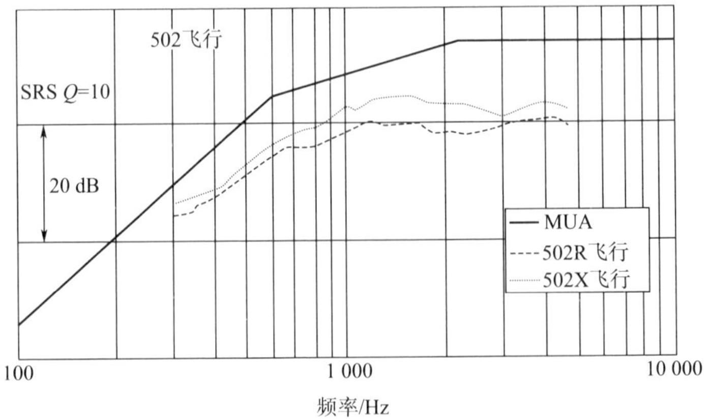

附图 18 整流罩分离时上有效载荷受到的冲击（V503）

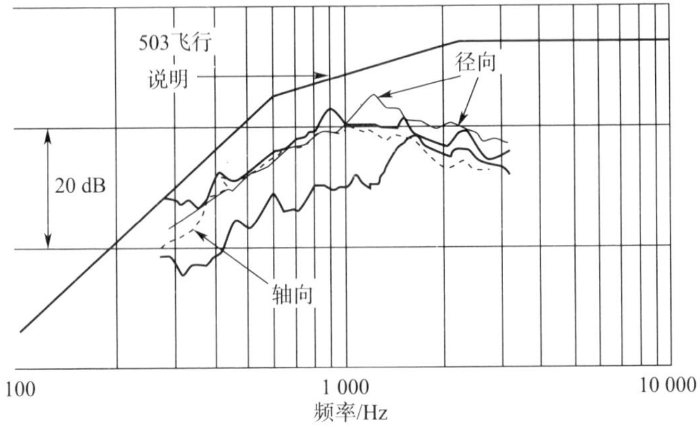

附图 19 低温上面级分离时下有效载荷所受的冲击（V503）

A.3 质子 M

（1）过载环境

质子 M 的有效载荷过载因数如附图 20 所示。

（2）瞬态正弦扫描环境

质子 M 的有效载荷横向正弦扫描环境条件如附图 21 所示，轴向正弦扫描环境条件如附图 22 所示。

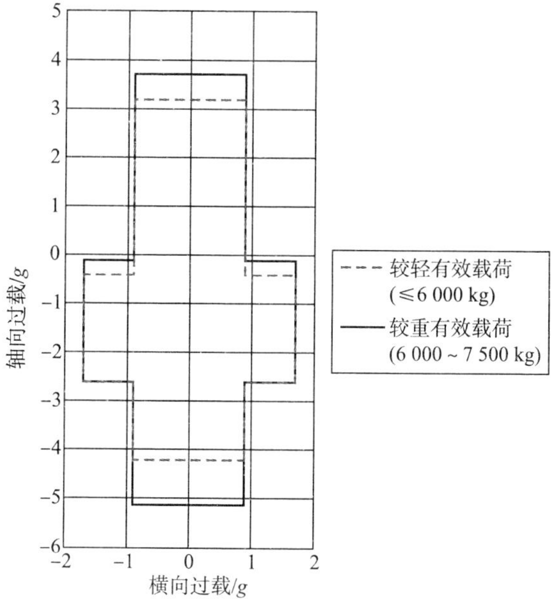

附图 20　质子 M 的有效载荷过载因数

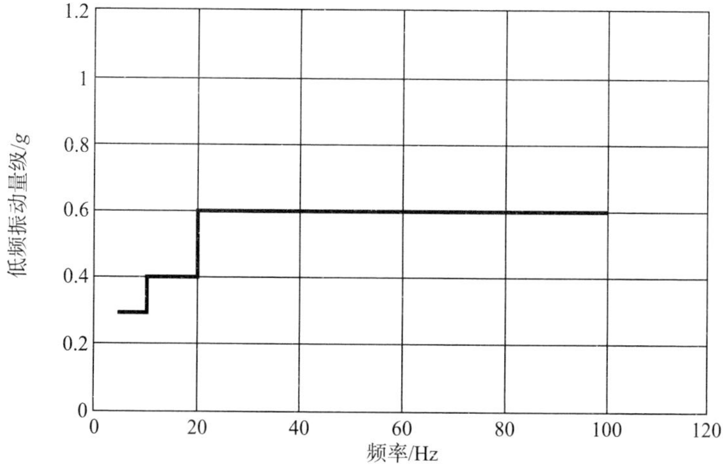

附图 21　质子 M 的有效载荷横向正弦扫描环境条件

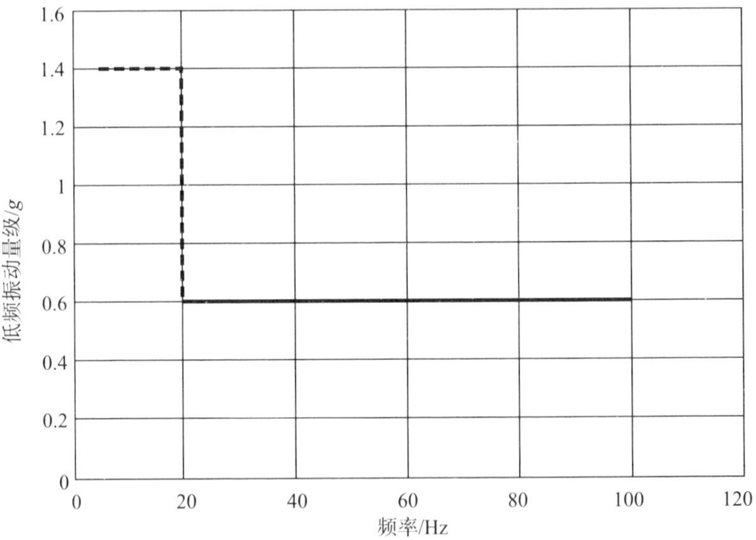

附图 22　质子 M 的有效载荷轴向正弦扫描条件

(3) 声环境

质子 M 的有效载荷噪声环境条件如附图 23 所示。

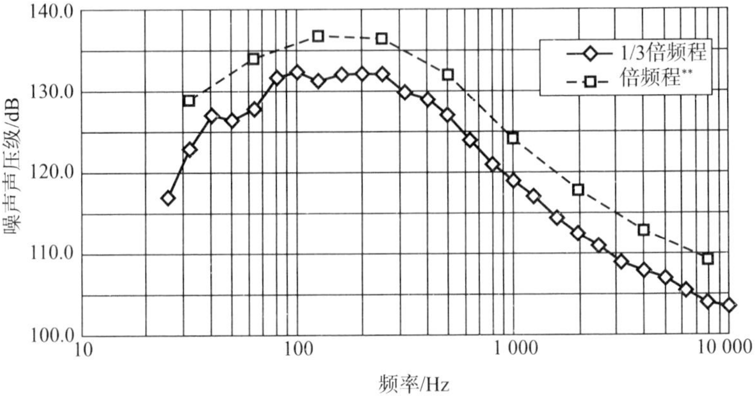

附图 23　质子 M 的有效载荷噪声环境条件

(4) 冲击环境

质子 M 的有效载荷冲击环境条件如附图 24 所示。

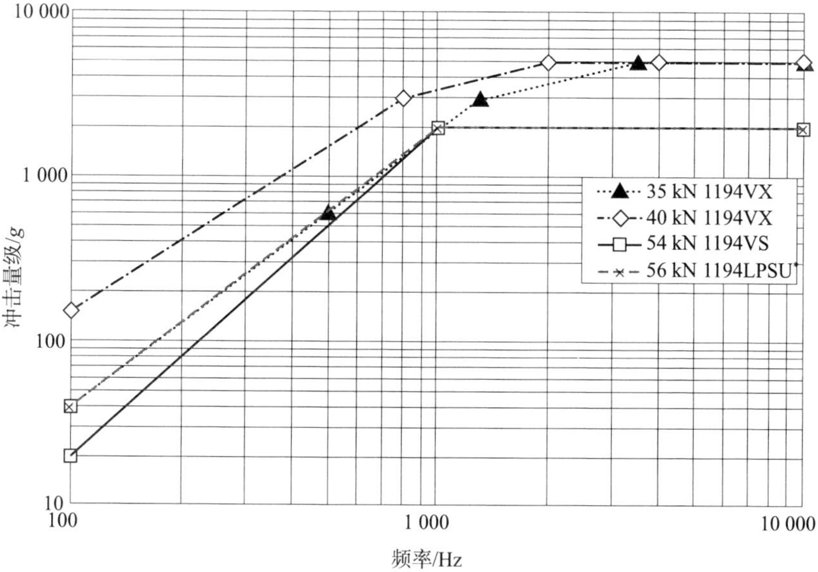

附图 24　质子 M 的有效载荷冲击环境条件

A.4　宇宙神 5

(1) 过载环境

宇宙神 5 的有效载荷过载因数如附图 25 所示。

(2) 瞬态正弦扫描环境

宇宙神 5 的有效载荷正弦扫描环境条件如附图 26 所示。

(3) 声环境

宇宙神 5 的有效载荷噪声环境条件如附图 27 所示。

(4) 冲击环境

宇宙神 5 的有效载荷冲击环境条件如附图 28 所示。

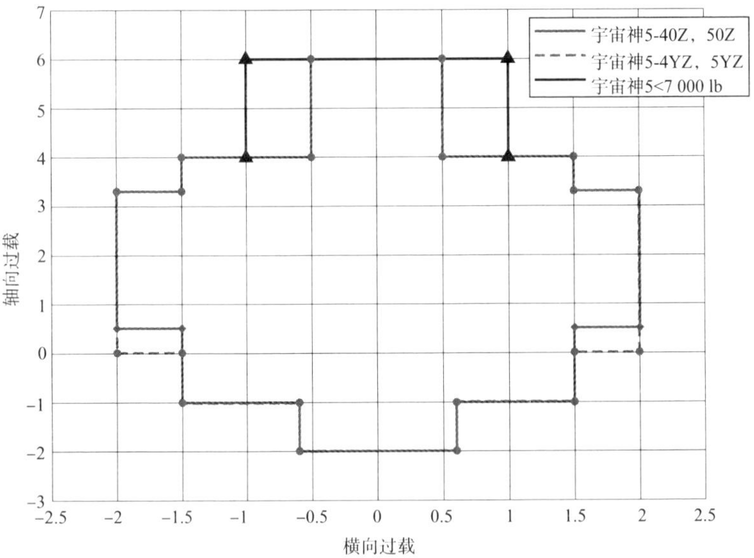

附图 25　宇宙神 5 的有效载荷过载因数（见彩插）

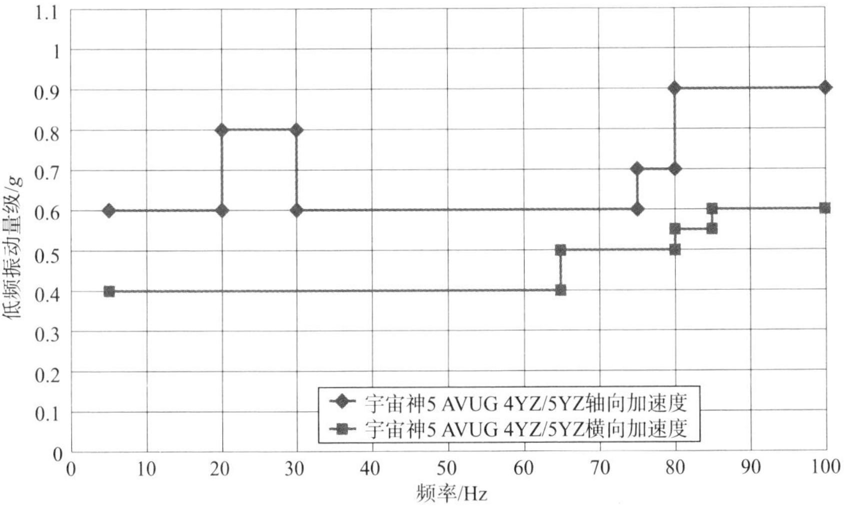

附图 26　宇宙神 5 的有效载荷正弦扫描环境条件（见彩插）

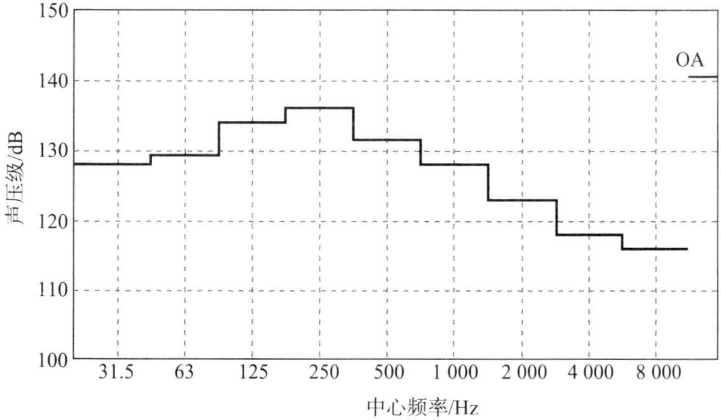

附图 31　H-2A 的有效载荷噪声环境条件

（4）冲击环境

H-2A 的有效载荷冲击环境条件如附图 32 所示。

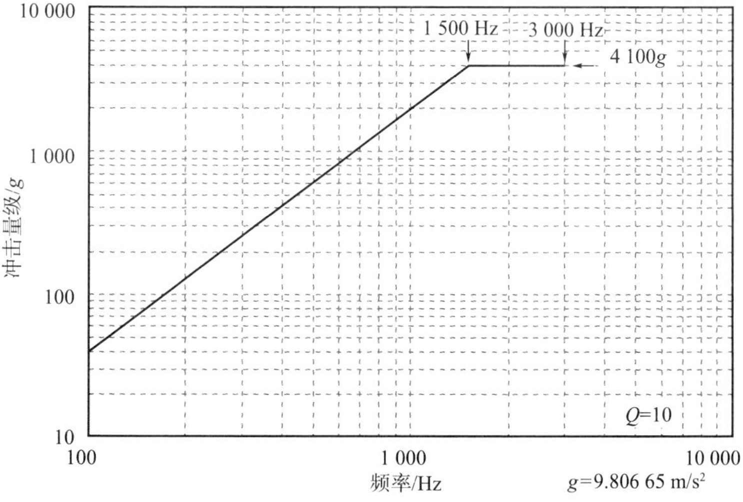

附图 32　H-2A 的有效载荷冲击环境条件

A.6　法尔肯 9 和法尔肯重型

（1）过载环境

法尔肯 9 和法尔肯重型的有效载荷过载因数如附图 33 所示。

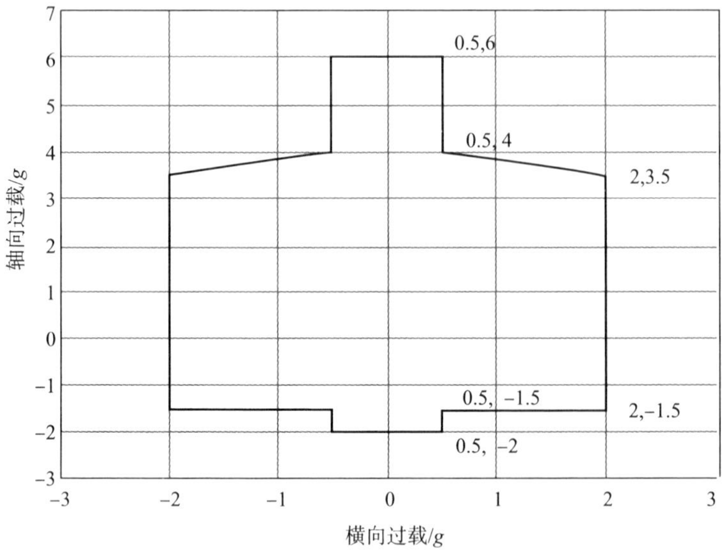

附图 33　法尔肯 9 和法尔肯重型的有效载荷过载因数

（2）瞬态正弦扫描环境

法尔肯 9 和法尔肯重型的有效载荷正弦扫描环境条件如附图 34 所示。

（3）声环境

法尔肯 9 有效载荷噪声环境条件如附图 35 所示，法尔肯重型的有效载荷噪声环境条件如附图 36 所示。

（4）冲击环境

法尔肯 9 和法尔肯重型的有效载荷冲击环境条件见附表 6。

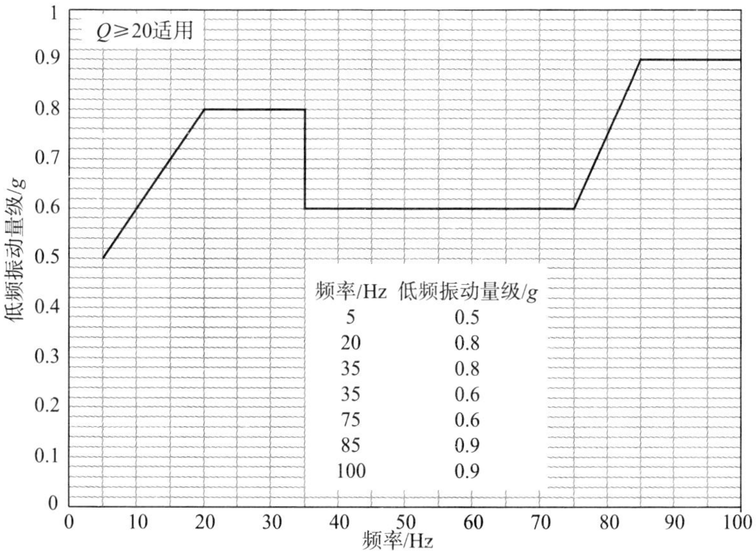

附图 34　法尔肯 9 和法尔肯重型的有效载荷正弦扫描环境条件

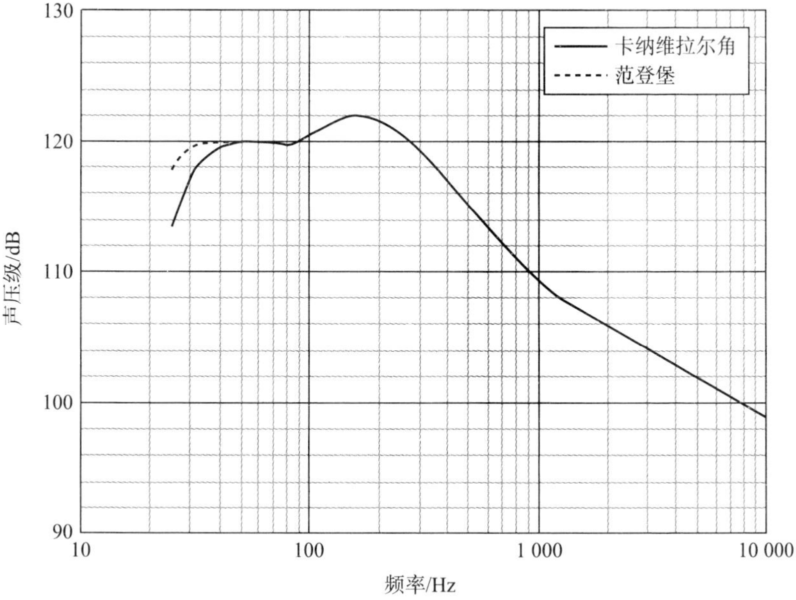

附图 35　法尔肯 9 的有效载荷噪声环境条件

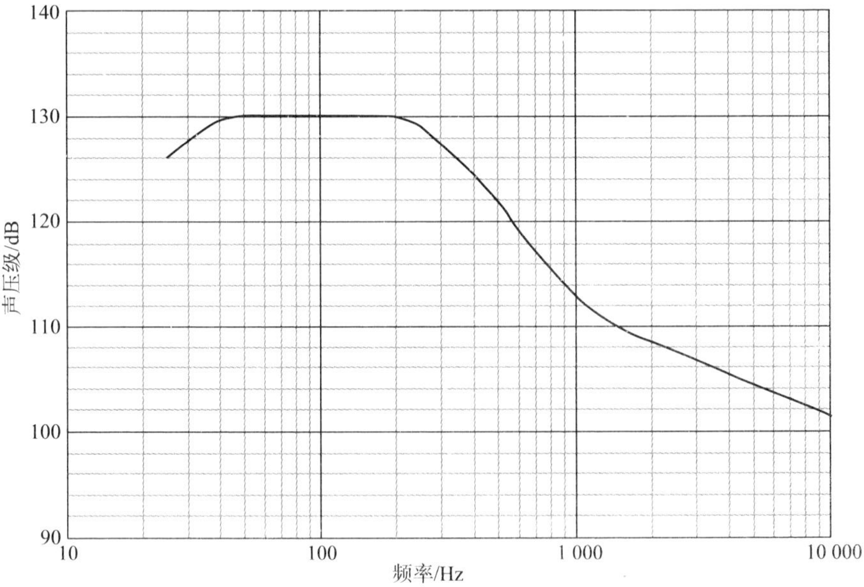

附图 36　法尔肯重型的有效载荷噪声环境条件

附表 6　法尔肯 9 和法尔肯重型的有效载荷冲击环境条件

频率/Hz	冲击响应谱/g
100	30
1 000	1 000
10 000	1 000

A.7　联盟号

（1）过载环境

联盟号的有效载荷过载因数如附图 37 所示。

（2）瞬态正弦扫描环境

联盟号的有效载荷正弦扫描环境条件如附图 38 所示。

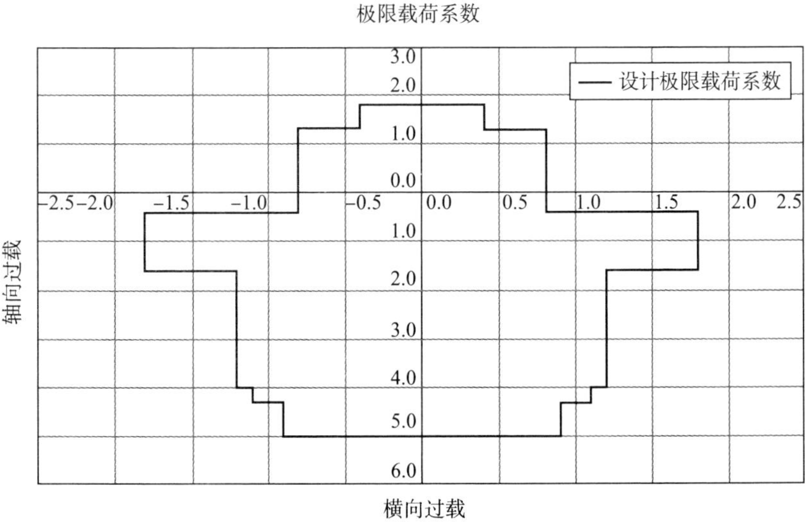

附图 37　联盟号的有效载荷过载因数

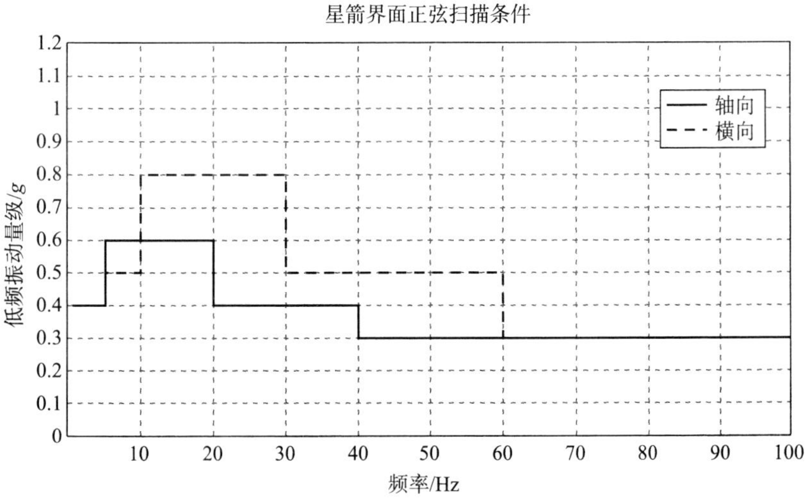

附图 38　联盟号的有效载荷正弦扫描环境条件

（3）声环境

联盟号的有效载荷噪声环境条件如附图 39 所示，噪声环境可以用随机振动环境考核替代，如附图 40 所示。

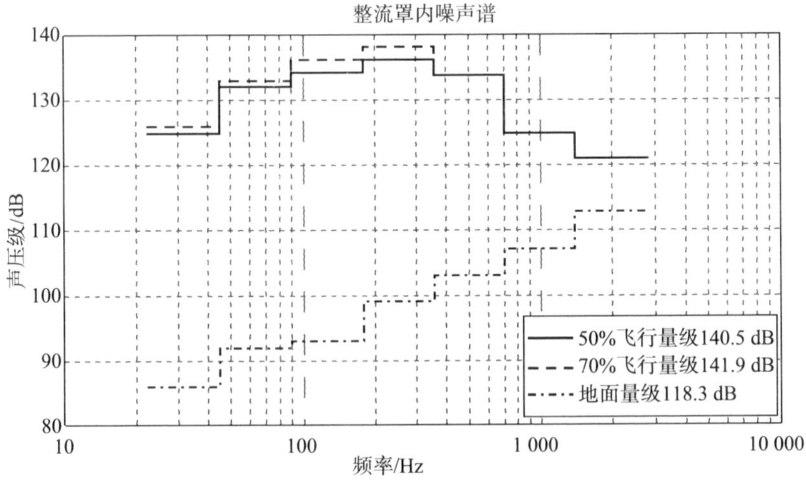

附图 39　联盟号的有效载荷噪声环境条件

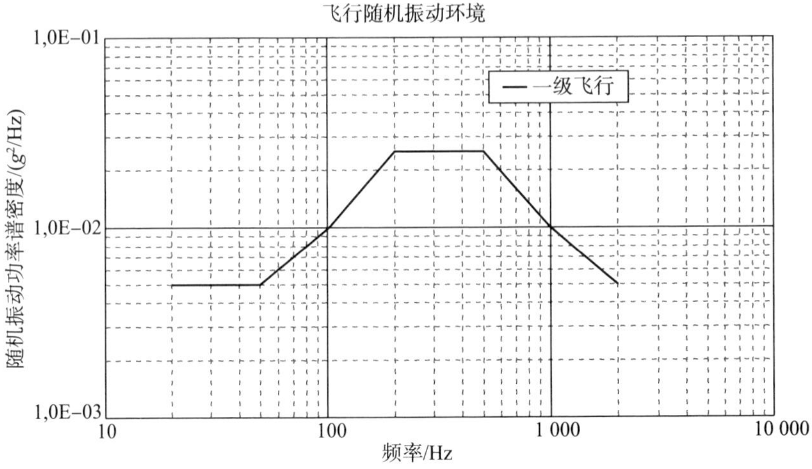

附图 40　联盟号的有效载荷随机振动条件（可替代噪声环境条件）

（4）冲击环境

联盟号的有效载荷正弦冲击环境条件如附图 41 所示。

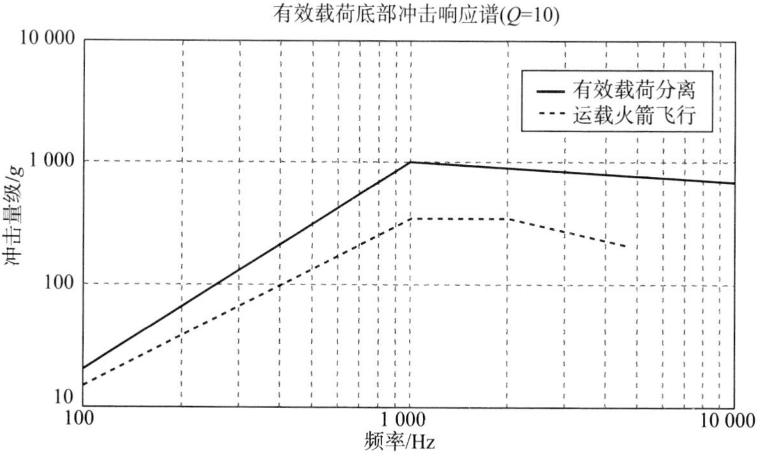

附图 41　联盟号的有效载荷正弦冲击环境条件

A.8　海射天顶号

（1）过载环境

海射天顶号的有效载荷过载因数如附图 42 所示。

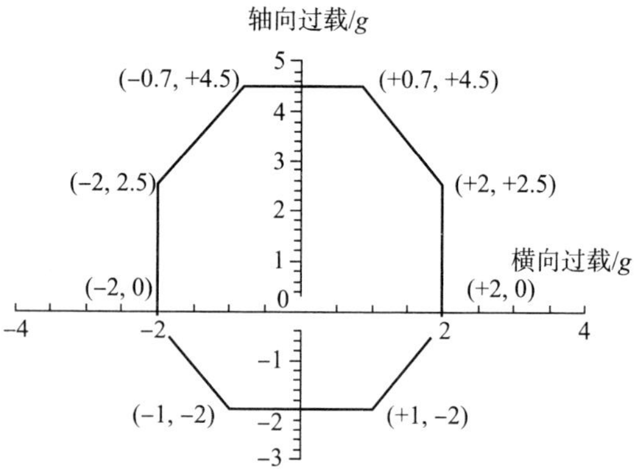

附图 42　海射天顶号的有效载荷过载因数

（2）瞬态正弦扫描环境

海射天顶号的有效载荷正弦扫描环境条件如附图 43 所示。

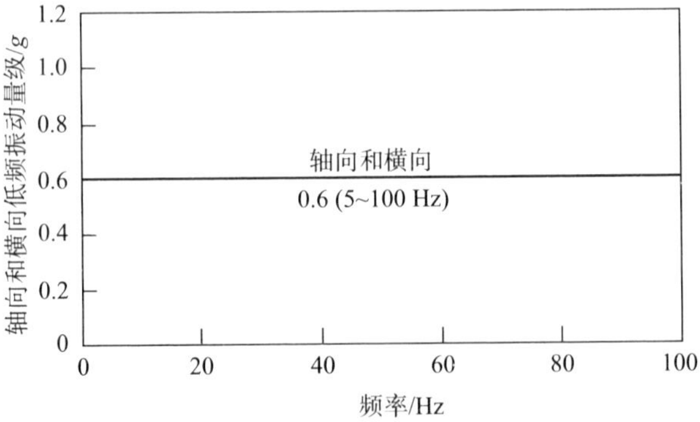

附图 43　海射天顶号的有效载荷正弦扫描环境条件

（3）声环境

海射天顶号的有效载荷噪声环境条件如附图 44 所示，噪声环境可以用随机振动环境考核替代，如附图 45 所示。

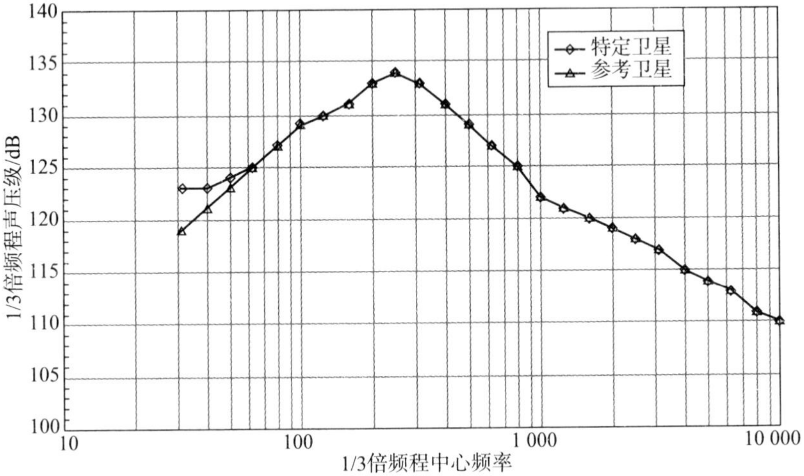

附图 44　海射天顶号的有效载荷噪声环境条件

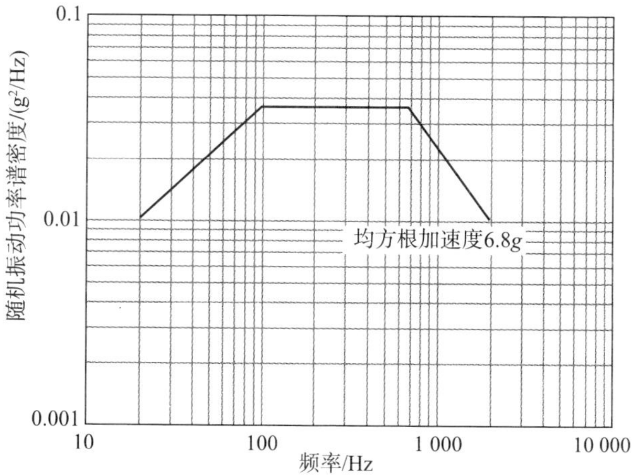

附图 45　海射天顶号的有效载荷随机振动条件（可替代噪声环境条件）

（4）冲击环境

海射天顶号的有效载荷冲击环境条件如附图 46 所示。

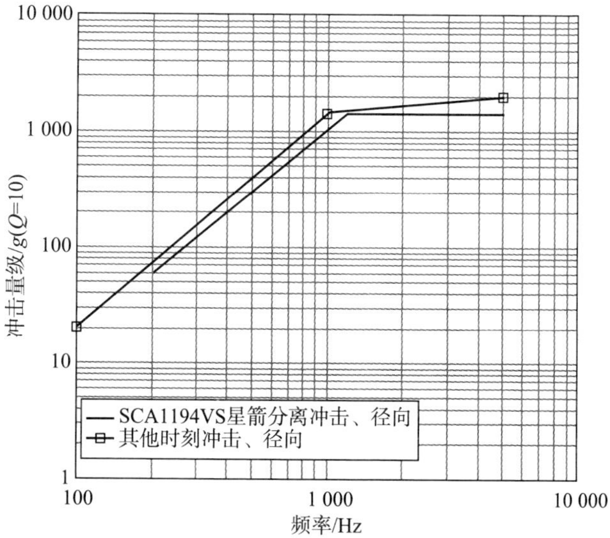

附图 46　海射天顶号的有效载荷冲击环境条件

A.9 织女号

(1) 过载环境

织女号的有效载荷过载因数如附图 47 所示。

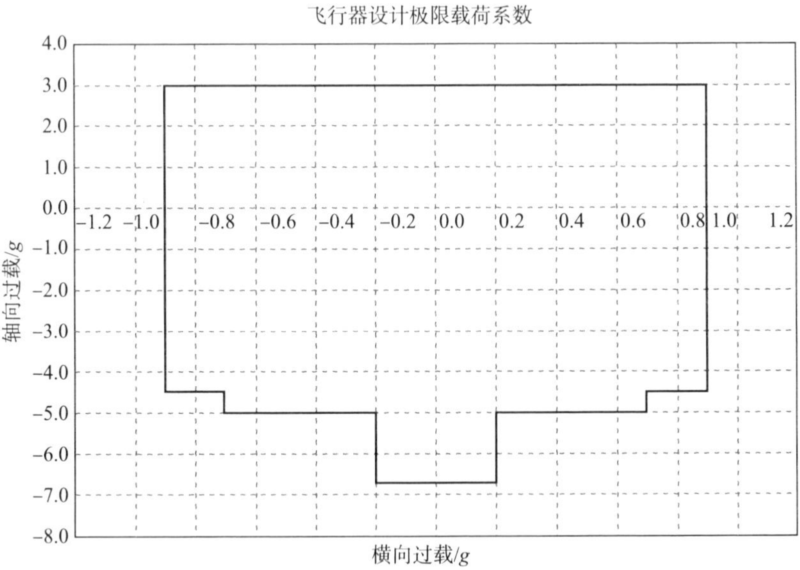

附图 47 织女号的有效载荷过载因数

(2) 瞬态正弦扫描环境

织女号的有效载荷正弦扫描环境条件如附图 48 所示。

(3) 声环境

织女号的有效载荷噪声环境条件如附图 49 所示。

(4) 冲击环境

织女号的有效载荷冲击环境条件如附图 50 所示。

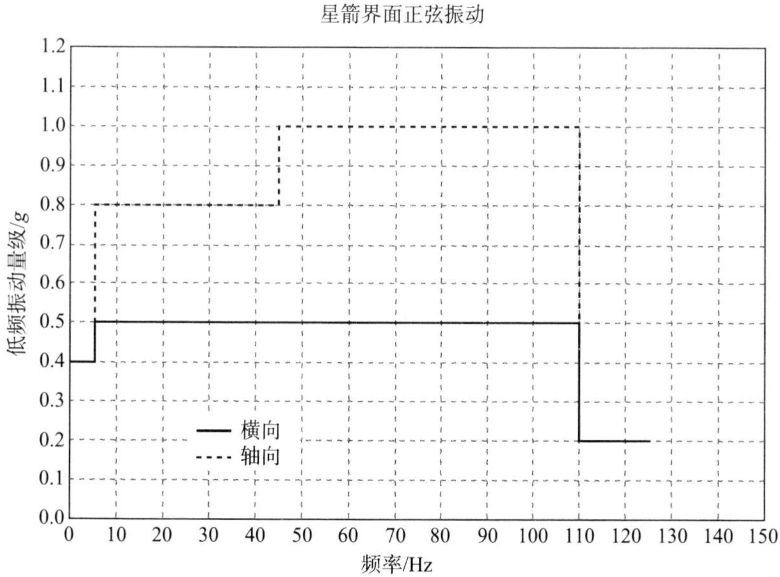

附图 48　织女号的有效载荷正弦扫描环境条件

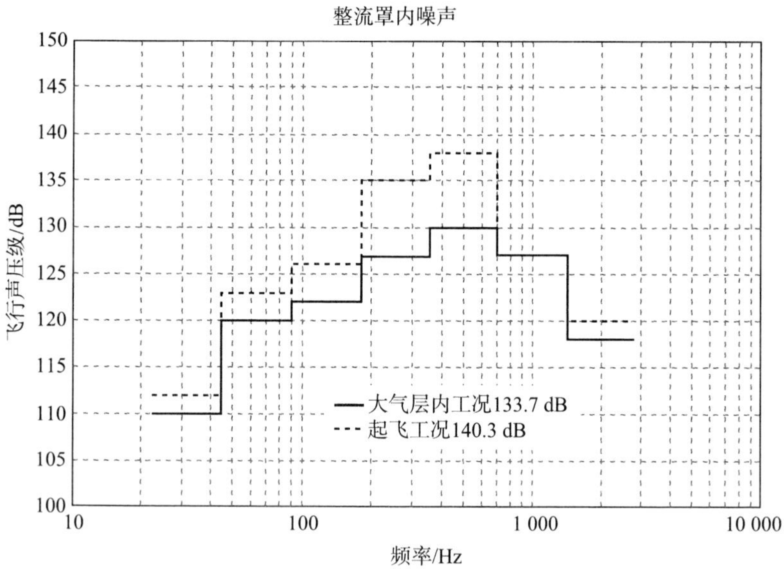

附图 49　织女号的有效载荷噪声环境条件

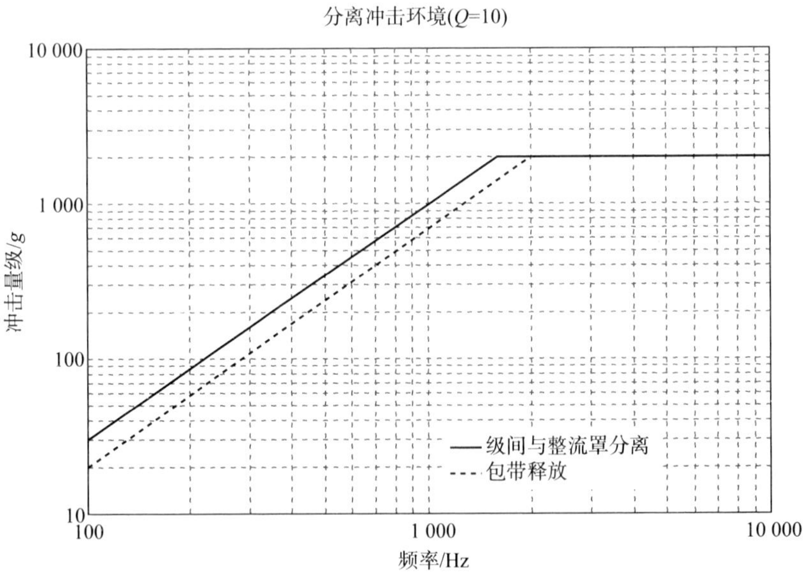

附图 50　织女号的有效载荷冲击环境条件

附录 B　国外火箭的喷流热设计

本附录介绍国外部分火箭在研制和飞行试验过程中针对底部热环境做过的一些研究工作和结果。

B.1　大力神ⅢC

美空军大力神ⅢC 标准航天运载火箭由两级大力神Ⅱ（第Ⅰ级和第Ⅱ级）与一个由两台直径为 3.05 m、五段式固体火箭发动机组成的 0 级和一个被称为过渡级（第Ⅲ级）的上面级组成。这种组合形式的火箭存在的问题之一是两台固体火箭发动机排气羽流交叉产生回流而引起对第一级底部的加热问题。为此，马丁公司制订了一个试验计划，来充分评估总的底部加热环境，以帮助进行第一级底部和发动机热防护系统设计。

（1）底部加热试验与设备

大力神ⅢC 在阿诺德工程和开发中心 16 ft 的超音速推进试验风洞中进行了模拟 15 000～96 000 ft 高度的底部加热试验，使用了缩比火箭发动机模型。这些固体火箭发动机模型每台推力为 3 000 lbf，燃烧时间 5 s。推进剂组成包括 15%的铝颗粒，这是与全尺寸发动机相同的。每次试验后必须更换推进剂，因此，试验进行较慢。缩比模型底部辐射加热数据表明，铝粒子的影响是可忽略的，后来试验人员认识到，如果用液体发动机模拟固体火箭发动机就会使试验计划更快、花费更少。

实际完成的试验计划见附表 7。底部加热试验计划的较大部分用来确定在 0 级工作期间的底部加热。附图 51 表示出了两台固体火箭发动机火焰交叉处的回流。固体火箭发动机排气的这一回流在 0 级工作后期对第一级发动机和底部组件产生很大的对流加热。

附表7 大力神ⅢC实际的底部加热试验计划

试验阶段	设施	目的
一	阿诺德工程和开发中心的火箭试验设备	评估固体火箭发动机的排气羽流辐射加热随高度的变化
二	阿诺德工程和开发中心的16 ft超音速推进试验风洞	评估0级燃烧时底部对流和辐射加热环境
三	阿诺德工程和开发中心的16 ft超音速推进试验风洞	评估0级燃烧和0/Ⅰ级组合期间底部加热环境
四	阿诺德工程和开发中心的16 ft超音速推进试验风洞	评估0级燃烧时底部加热环境，评估作用在可抛收敛形尾锥上的力

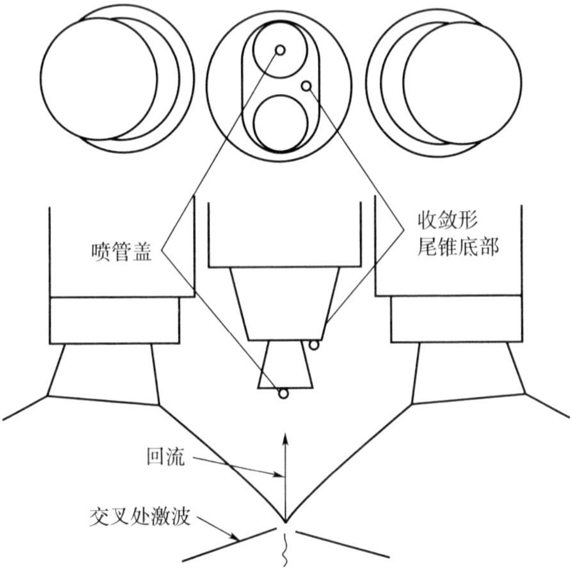

附图51 固体火箭发动机火焰交叉处的回流

（飞行试验热流计位置在固体火箭发动机火舌交叉处）

（2）底部加热试验内容

试验内容包括对联合技术中心（UTC）的单台TM－1固体火箭

发动机点火，并使发动机排气进入高空模拟室。在与发动机喷管轴线垂直和平行的位置上安装了 18 个辐射计，用来测量羽流热辐射。TM－1 发动机推进剂中的含铝量与直径 3.05 m 的大力神ⅢC 固体火箭发动机的含量相同。在 1 830 m、9 755 m、15 850 m、22 250 m 及 33 538 m 的模拟高度做了点火试验。试验结果表明：固体火箭发动机排气羽流热辐射随着高度的增加而减小。在低空区域测量到的羽流热辐射急剧减小，原因是，热量计实际测量的是缩比发动机不断膨胀的羽流。由于全尺寸固体火箭发动机排气羽流相当于第一级发动机和底部元件的不透明辐射面，所以这些数据还不能应用到全尺寸飞行器上，也就不能利用这些试验结果来改进原来的定常热辐射准则。

在联合技术中心研究所里对两个五段式的全尺寸大力神ⅢC 固体火箭发动机进行了静点火试验并测量了排气羽流热辐射通量。这里用了 21 个 Hg－Cal（液压-热）渐近型热量计进行测量，这些热量计的量程从 $0\sim2.3\times10^{4}$ W/m^{2} 到 $0\sim1.7\times10^{5}$ W/m^{2} 不等。之所以用热量计代替辐射计，是因为辐射计检测面上的窗口限制了测量角，而预测的热量计测量面周围的对流冷却与辐射加热相比可忽略不计。在热量计平面检测面上涂上一层黑色涂层，其红外吸收率是 0.89。附图 52 是 B 组和 C 组中 21 个热量计的位置。

B 组中的 6 个热量计对应于 LR－87 第一级发动机喷管出口平面的位置。A 组中热量计位置对应于第一级底部元件的位置。C 组中热量计的位置可获得排气羽流最大波形因数。A 组和 B 组中的热量计变动方向也可获得排气羽流的最大波形因数，各组中热量计的方向是根据联合技术中心辐射波形因数计划确定的。

附表 8 给出了 30°圆锥形排气羽流对应附图 52 热量计位置的热量计范围、坐标、方向角和波形因数（F_V）。表中的数据是在两台直径为 3.05 m 的发动机静点火试验时采集到的。由于每次点火试验情况变化很大，所以结果将分别讨论。

进行 1205－2 发动机点火试验时，没有使用 N204 射流控制推力

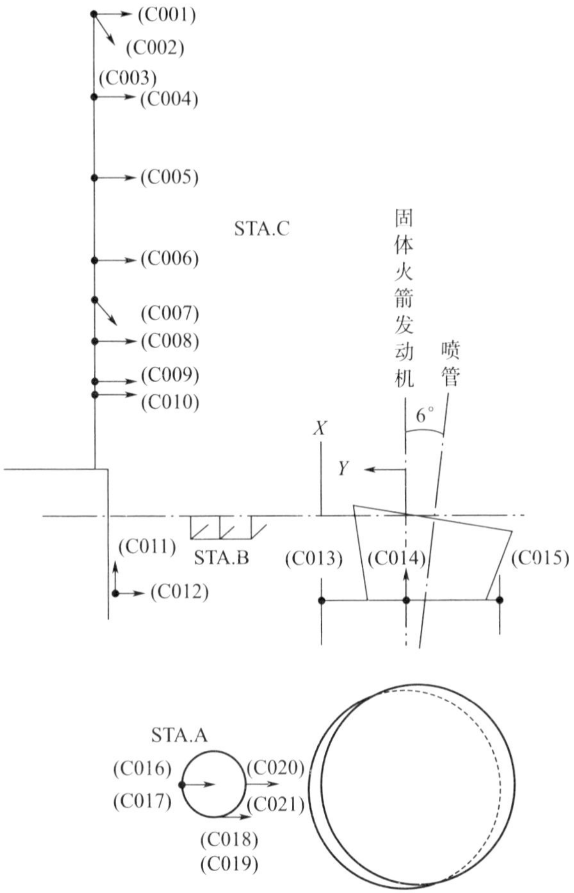

附图52　联合技术中心全尺寸发动机静态点火试验时热量计的位置

向量。点火时间总共是120 s，只记录后40 s的数据。测量到的数据表明，辐射量相当于一个常值，因而前80 s的数据对结果没有影响。由热量计直接读出的吸收热通量除以热量计测量面的红外吸收率(0.89)，就可得到实际的辐射通量值。附表9是1205－2点火时各个热量计的最小、最大和平均实际加热率（q）及根据平均实际加热率得出的羽流加热率（q/F_V）。注意，表中只有一个热量计的羽流加热率超过早期设计的羽流加热率标准值（5.68×10^5 W/m^2），其余所有热量计的平均羽流加热率及各组热量计的平均羽流加热率都低于标准值。但是这些数据没有包含推力向量控制系统的作用，降低设计标准是不保险的。

附表 8　UTC 1205－2 和 1205－3 固体火箭发动机静点火试验中热量计的波形因数

热量计序号	坐标(误差:10%)			方向角(误差:5%)			波形因数
	X/m	Y/m	Z/m	$\alpha/(^\circ)$	$\gamma/(^\circ)$	$\beta/(^\circ)$	
C001	0	4.83	7.62	90	180	90	0.534
C002	0	4.83	7.62	90	124	146	0.277
C003	0	4.83	7.62	90	90	180	0.103
C004	0	4.83	6.40	90	180	90	0.502
C005	0	4.83	5.18	90	180	90	0.458
C006	0	4.83	3.96	90	180	90	0.408
C007	0	4.83	3.35	90	147	123	0.244
C008	0	4.83	2.74	20	180	90	0.350
C009	0	4.83	2.13	90	180	90	0.319
C010	0	4.83	2.13	90	180	90	0.024
C011	0	4.57	−1.24	90	90	0	0.162
C012	0	4.57	−1.24	90	180	90	0.099
C013	0	1.22	−1.24	910	90	0	0.064
C014	−1.40	0	−1.24	90	90	0	0.055
C015	0	−1.63	−1.24	90	90	0	0.034
C016	0	3.28	−0.38	90	90	0	0.220
C017	0	3.28	−0.38	90	120	30	0.240
C018	−0.43	2.84	−0.38	90	90	0	0.230
C019	−0.43	2.84	−0.38	85.5	119.5	30	0.295
C020	0	2.41	−0.38	90	90	0	0.244
C021	0	2.41	−0.38	90	120	30	0.306

附表 9 UTC 1205－2 点火试验中热量计的指示加热速率和羽流加热率

热量计序号	$q_{最小}$/(10^3 W/m^2)	$q_{最大}$/(10^3 W/m^2)	$q_{平均}$/(10^3 W/m^2)	$q_{平均}/F_V$/(10^3 W/m^2)
C001	132.91	142.00	136.32	255.60
C002	121.55	131.78	126.10	455.54
C003	56.80	61.34	59.07	578.22
C004	130.64	137.46	132.91	264.69
C005	134.05	144.27	138.59	302.18
C006	119.28	128.37	122.69	299.90
C007	56.8	68.16	59.07	243.10
C008	97.70	118.14	102.24	293.09
C009	98.83	107.92	103.38	323.76
C010	10.22	21.58	13.63	554.37
C011	23.86	26.13	24.99	151.09
C012	30.67	40.90	37.49	373.74
C013	7.95	9.09	7.95	129.50
C014	—	—	—	—
C015	—	—	—	—
C016	82.93	89.74	85.20	385.10
C017	67.02	95.47	71.57	297.63
C018	81.79	87.47	86.34	372.61
C019	62.48	67.02	64.75	220.38
C020	96.56	122.69	101.10	413.50
C021	46.58	79.52	60.21	196.53
C022	38.62	52.26	47.71	301.04
C023	42.03	51.12	44.30	249.92
C024	4.54	5.68	5.68	86.34

续表

热量计序号	$q_{最小}$/ (10^3 W/m^2)	$q_{最大}$/ (10^3 W/m^2)	$q_{平均}$/ (10^3 W/m^2)	$q_{平均}/F_V$/ (10^3 W/m^2)
C025	26.13	34.08	28.40	232.88
C026	26.13	29.54	27.26	218.11
C027	23.86	26.13	24.99	156.77
C028	37.49	39.76	38.62	206.75
C029	38.62.	43.17	40.90	251.06
C030	46.58	49.98	48.85	256.74
C031	28.40	32.94	31.81	255.60
C032	28.40	31.81	29.54	241.97
C033	37.49	39.76	38.62	249.92
C034	37.49	49.98	45.44	266.96
C035	32.94	35.22	34.08	213.57
C036	43.17	46.58	44.30	243.10
C037	39.76	46.58	42.03	254.46
C038	—	—	—	—
C039	36.35	40.90	36.35	234.02
C040	6.82	7.95	6.82	568.00

进行 1205－3 发动机点火试验时，有控制推力向量的 N_2O_4 射流进入喷管。点火后持续 33.5～44.5 s 和 77～87 s，由于数据处理系统故障，没有记录到数据。这次点火的典型数据曲线如附图 53 所示，射流的作用显而易见。

N_2O_4 射流使羽流辐射量增大，其原因是，N_2O_4 喷入富燃羽流中，导致燃烧加剧，因而提高了羽流温度，增大了热辐射量。因此，1205－3 点火数据的整理和应用，比 1205－2 点火数据要复杂得多。第一步，要计算各个热量计的羽流加热率。其中辐射通量（Q）的峰

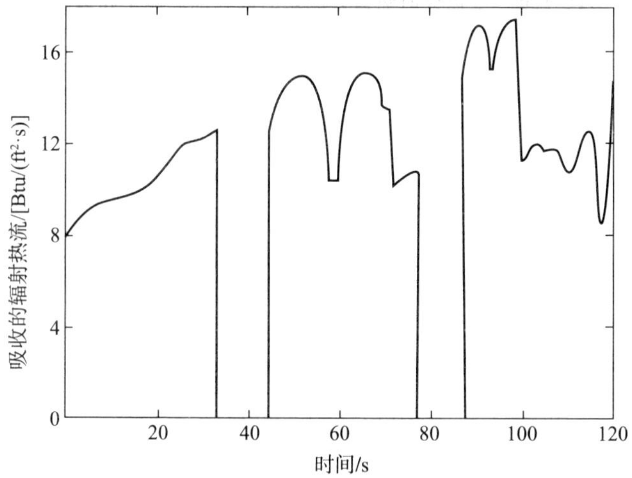

附图 53 C009 号热量计测量的 UTC 1205－3 点火时排气羽流的辐射

值可由打印输出的数据直接得到，而辐射通量的平均值只能由数据汇编和图形积分确定。附表 10 给出的结果表明：有几个热量计测出的羽流加热率的峰值高于 5.68×10^5 W/m^2。第二步是评估辐射通量的平均值，由图形积分得到 6 个热量计读数的平均值。选择这几个热量计读数是因为这些读数表明了最高辐射通量。这 6 个热量计的辐射通量的峰值除以辐射通量的平均值的结果见附表 11。数据的一致性表明：固体火箭发动机点火试验在有推力向量控制喷射时，辐射通量的峰值与平均值之间有很好的对应关系。第三步是把有推力向量控制喷射与没有推力向量控制喷射时发动机点火试验的辐射通量平均值进行对比，其结果见附表 12。结果表明：当有推力向量控制喷射时指示的辐射通量平均值要高 61%。用所有热量计的羽流加热率的平均值 2.87×10^5 W/m^2 与系数 1.61 可导出 4.54×10^5 W/m^2，所以采用 4.54×10^5 W/m^2 作为设计底部热防护系统的羽流加热率准则。所有热量计 $q_{平均}/F_V$ 的平均值$=286.27\times10^3$ W/m^2。

附表 10　UTC 1205－3 点火时热量计测到的最大加热速率和最大羽流加热率

热量计序号	$q_{最大}$ / (10^3 W/m^2)	$q_{最大}/F_V$ / (10^3 W/m^2)	热量计序号	$q_{最大}$ / (10^3 W/m^2)	$q_{最大}/F_V$ / (10^3 W/m^2)
C001	223.79	419.18	C021	168.13	550.96
C002	186.30	672.51	C022	97.70	619.12
C003	117.01	1132.59	C023	92.02	515.74
C004	210.16	419.18	C024	—	—
C005	214.70	468.03	C025	65.89	547.55
C006	216.98	531.65	C026	64.75	513.47
C007	98.83	405.55	C027	67.02	414.64
C008	205.62	587.31	C028	51.12	269.23
C009	196.53	615.71	C029	80.66	495.30
C010	—	—	C030	59.07	311.26
C011	42.03	260.14	C031	56.80	462.35
C012	—	—	C032	60.21	489.62
C013	21.58	344.21	C033	86.34	566.86
C014	—	—	C034	71.57	423.73
C015	—	—	C035	73.84	461.22
C016	94.29	424.86	C036	61.34	336.26
C017	139.73	582.77	C037	78.38	477.12
C018	98.83	431.68	C038	—	—
C019	169.26	574.82	C039	79.52	502.11
C020	117.01	479.39	C040	—	—

注：所有热量计 $q_{最大}/F_V$ 的平均值＝494.16×10^3 W/m^2。

附表 11 UTC 1205-3 点火试验时热量计测到的加热速率平均值

热量计序号	(Q) 平均 1205-3	(Q) 峰值 1205-3	(Q) 平均 / (Q) 峰值
C001	165.86	223.79	1.34
C008	156.77	205.62	1.32
C017	103.38	139.73	1.36
C021	134.05	168.13	1.26
C012	46.58	60.21	1.32
C033	65.89	86.34	1.33
平均:1.32			

注：Q 为辐射通量。

附表 12 UTC1205-2 和 UTC1205-3 点火试验时热量计测到辐射平均值

热量计序号	(Q) 平均 1205-2	(Q) 平均 1205-3	(Q) 平均 1205-3 / (Q) 平均 1205-2
C001	136.32	165.86	1.22
C08	102.24	156.77	1.53
C017	71.57	103.38	1.44
C021	60.21	134.05	2.23
C012	29.54	46.58	1.54
C033	38.62	65.89	1.71
平均:1.61			

注：Q 为辐射通量。

为进一步确定第一级底部区域的热辐射，需要对飞行试验数据进行评估。早期大力神ⅢC飞行中布置的飞行试验仪器极少，底部加热试验仪器仅局限于在临界处的几个温度传感器和两个热量计。由于底部加热环境是由固体火箭排气羽流热辐射和排气羽流回流到底部区域的对流加热两者形成的，所以一个热量计是总热量计（其黑表面红外吸收率是 0.89），另一个热量计是对流热量计（其镀金表面红外吸收率是 0.07）。不用辐射计是因为视角的限制。换句话说，可通过两个热量计方程的联立解完成数据处理工作

$$q_{tc} = q_c + 0.89 q_r \tag{1}$$

$$q_{cc} = q_c + 0.07 q_r \tag{2}$$

式中 q_{tc}——总热量计指示的加热率（W/m^2）；

q_{cc}——对流热量计指示的加热率（W/m^2）；

q_c——对流加热率（W/m^2）；

q_r——辐射加热率（W/m^2）。

两个热量计并排安装，并且假设总热量计上的对流加热率和辐射加热率与对流热量计上的对流加热率和辐射加热率相等，则得出

$$q_r = 1/[0.82(q_{tc} - q_{cc})] \tag{3}$$

在大多数飞行试验中，热量计安装在收敛形尾锥底部且方向朝后；而在有些飞行试验中，热量计安装在第一级发动机喷管盖上，喷管盖在第一级发动机点火之前由弹簧力弹射开。飞行试验中热量计位置见附表 13。

大力神ⅢC－7 是第一个带 0 级固体火箭发动机的大力神Ⅲ。在第一次尝试去处理 C－7 数据时，很快就发现由于在最初起飞时氧化铝污染了热量计敏感面而增加了难度。污染是发生在固体火箭发动机喷管升起离开导流孔并且排气与发射台表面及地面碰撞时。在底部加热试验计划中，直到羽流完全扩散交叉并建立了交叉的激波场，才有底部回流。在对流热通量为零这一段中

$$q_{tc} = a_{tc} q_r \tag{4}$$

$$q_{cc} = a_{cc} q_r \tag{5}$$

式中 a_{tc}——总热量计的红外吸收率，量纲为一；

a_{cc}——对流热量计的红外吸收率，量纲为一。

为了得到 a_{cc}的解，假设有氧化铝污染时，a_{tc}初始值 0.89 仍不变。原因是氧化铝污染可能导致总热量计吸收率的提高，而无污染时吸收率是 0.89，即使有变化，污染导致的变化也相当小。

$$a_{cc} = 0.89 q_{cc} / q_{tc} \tag{6}$$

分析数据指出有起飞对流脉冲后，对流热量计吸收率保持常值不变。对大力神ⅢC－7 运载火箭来说，其 a_{cc}的平均值是 0.33，其

变化小于10%。附表13是几个大力神ⅢC火箭热量计位置与推导出的对流热量计红外吸收率的对照表。对流热量计红外吸收率从无污染指示的0.07变化到0.33。

附表13 飞行试验热量计位置与相应的对流热量计吸收率

火箭型号	热量计位置	a_{cc}
C－7	收敛形尾锥底部	0.33
C－8	收敛形尾锥底部	0.07
C－11	收敛形尾锥底部	0.18
C－4	喷管盖	0.18

B.2 德尔它火箭

美国“德尔它系列”火箭是在“雷神”中程导弹基础上发展起来的航天运载器。它是世界上成员最多、改型最快的运载火箭系列。至今已发展了50余种型号，如附图54所示。

早期的DSV－2A、DSV－2C、DSV－2L、DSV－3L第一级采用液体主发动机，采用锡奥科尔Castor Ⅰ和Castor Ⅱ固体助推器增加火箭推力。火箭底部大致形式如附图55所示。DSV－2C捆绑了3枚Castor Ⅰ，DSV－2L捆绑了3枚Castor Ⅱ，DSV－3L捆绑了Castor Ⅰ和Castor Ⅱ，共6枚。火箭的飞行轨迹如附图56所示。图中包括DSV－2A、DSV－2C、DSV－2L和DSV－3L火箭的典型飞行轨迹。

附图57中比较了四种方案中两个相同位置上的数据。四种火箭方案中唯一共同的倾向是，在固体助推器工作期间Q_2的指示值一直高于Q_1的指示值；反之则有，无捆绑固体助推器情况在亚音速飞行时，Q_2读数低于Q_1读数。

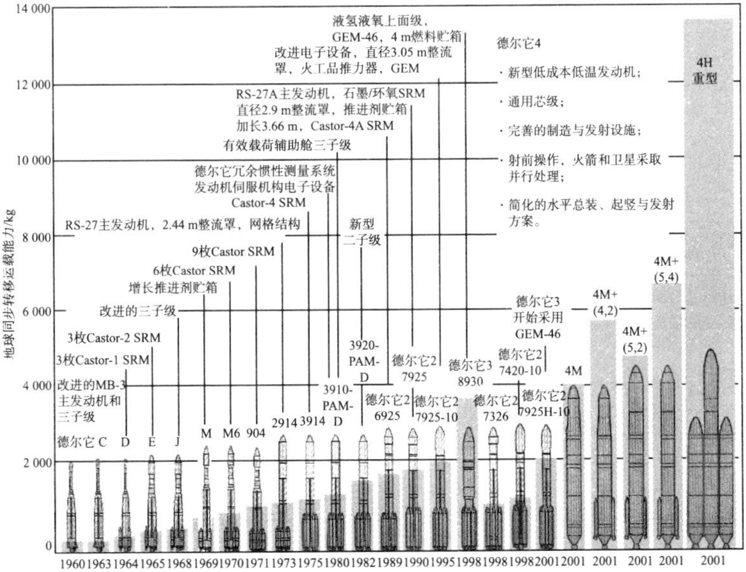

附图 54　德尔它火箭的各种组合结构

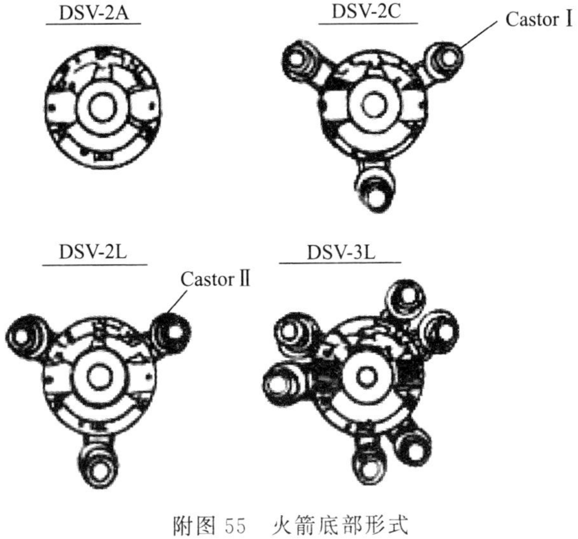

附图 55　火箭底部形式

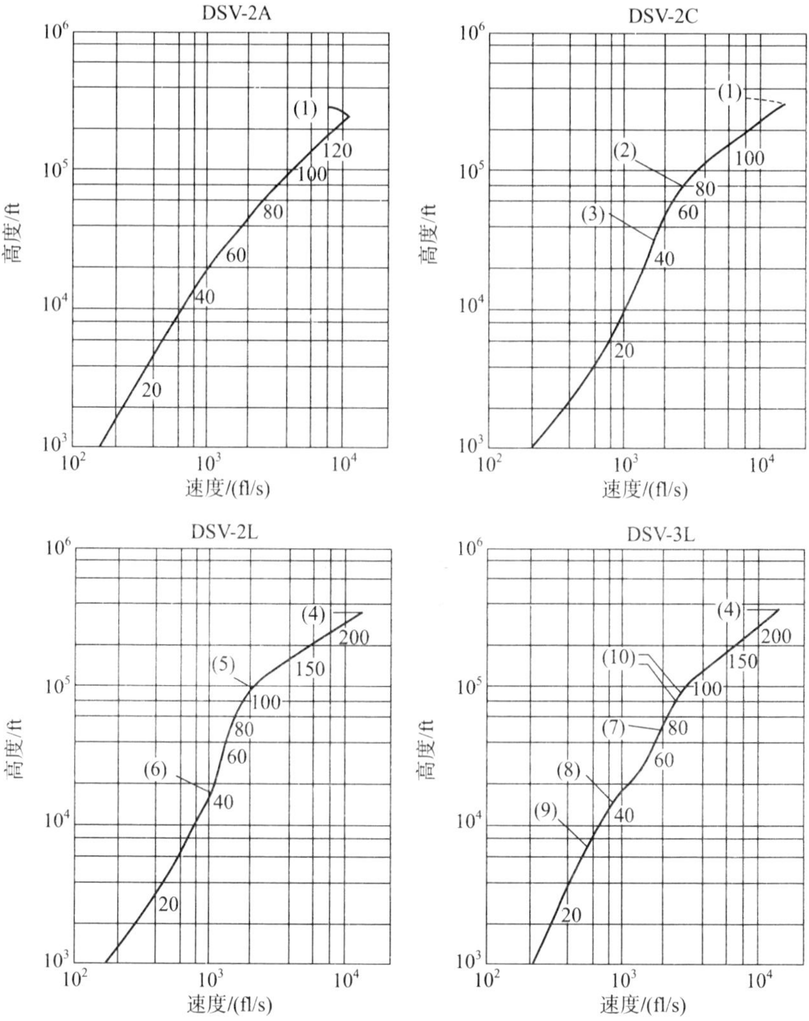

附图 56　典型的第一级轨迹

注：(1) 141 s 主发动机关机；(2) 71 s 抛掉固体助推器；(3) 42 s 时固体助推器熄火；(4) 220 s 主发动机关机；(5) 103 s 抛掉固体助推器；(6) 38 s 固体助推器点火；(7) 68 s Castor Ⅱ 关机；(8) 42 s Castor Ⅰ 关机；(9) 31 s Castor Ⅰ 点火；(10) 90 s 和 95 s 时分别抛掉 Castor Ⅰ 和 Castor Ⅱ 固体发动机壳体

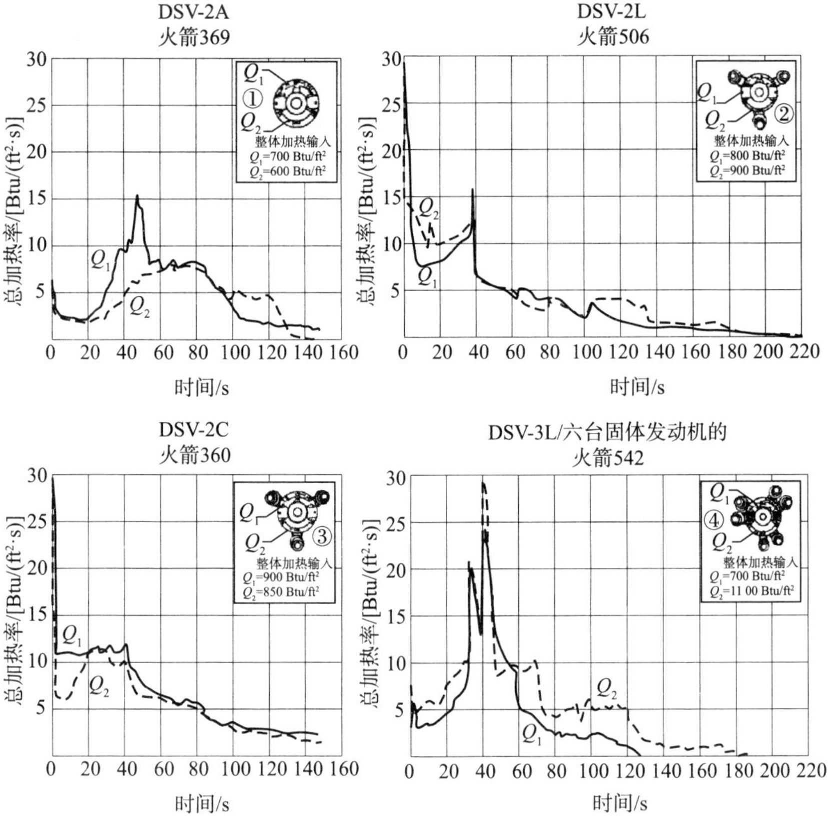

附图 57　两个公共位置上测得的总加热率的比较

注：①整体加热输入：Q_1—700 Btu/ft^2；Q_2—600 Btu/ft^2

②整体加热输入：Q_1—800 Btu/ft^2；Q_2—900 Btu/ft^2

③整体加热输入：Q_1—900 Btu/ft^2；Q_2—850 Btu/ft^2

④整体加热输入：Q_1—700 Btu/ft^2；Q_2—1 100 Btu/ft^2

加热率曲线提供的最重要的数据显然是，尽管捆绑六枚固体助推器的火箭经历了较高峰值的加热率，但整体输入到底部的加热基本保持了捆绑三枚固体助推器结构方案的水平。在底部平面上（Q_2）的最高加热量读数为 1.25×10^7 W/m^2，该值较前述最高值低 25%以上。

从固体助推器喷管及其后盖（附图 58）上获得的数据表现出了三个观测位置处加热的重大变化。由于排气和底部燃气邻近，喷管上任一点的加热率要比底平面上加热率大得多。事实上，在 95 s 这段时间内，整体加热与整个 220 s 期间的底部平面最高加热相当。

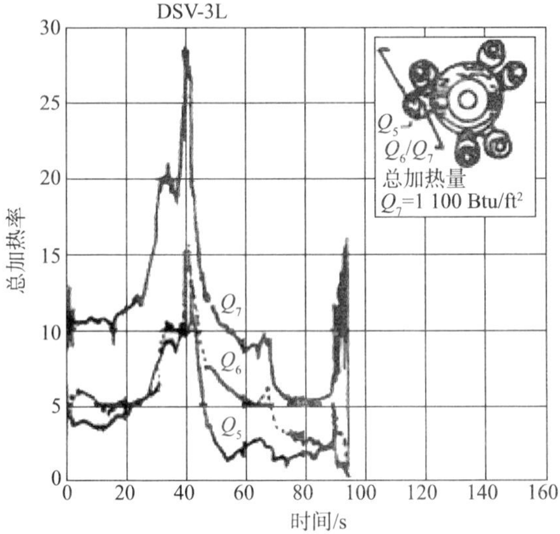

附图 58　固体助推器喷管上测量的总加热率

B. 3　土星系列

B. 3. 1　土星 Ⅰ

土星Ⅰ（Saturn Ⅰ）底部由 8 台 H－1（LO_2/RP－1）发动机组成，包括两种构型，Block Ⅰ和 Block Ⅱ，其底部布局分别如附图 59 和附图 60 所示。

土星Ⅰ两个构型底部大体相同，而略有区别。均由以下几个特殊结构组成：

防热底板：底部主防热结构。

火焰盾板：处于中央四机内部，高出底板，几乎与发动机喷口平齐略低，主要用于抵抗四机干扰回流。

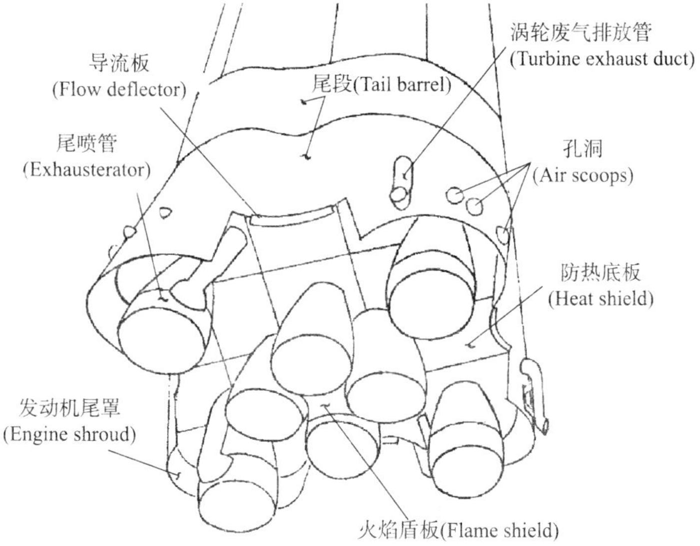

附图 59　土星Ⅰ，Block Ⅰ底部构型

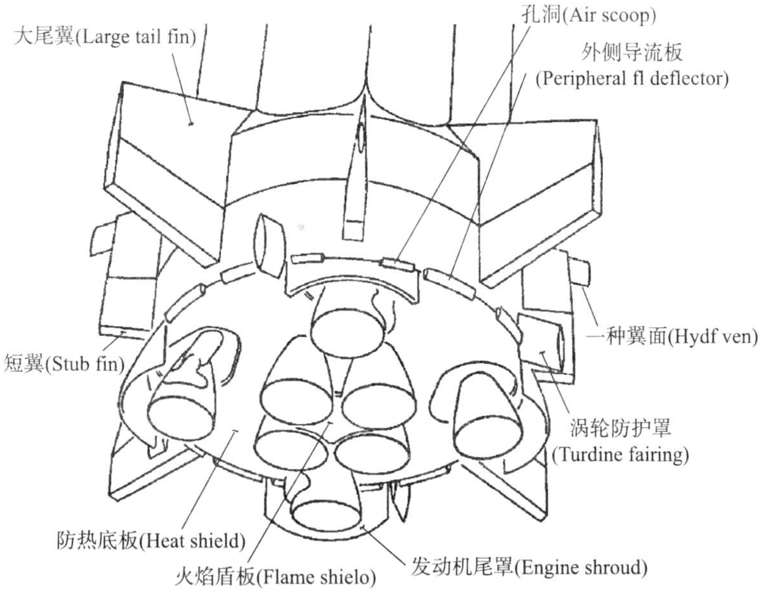

附图 60　土星ⅠB，Block Ⅱ底部构型

发动机尾罩：安装在外侧摆动发动机外，用于缓解外界自由来流与发动机喷流干扰。

孔洞：安装在发动机尾罩上的孔洞，将自由来流冷空气引入底部区域，以冷却底部。

附图61给出了土星底部火焰盾板构型及壅塞状态。火焰盾板的高度几乎与喷管出口平齐，这样做的目的在于将壅塞回流抬高，从喷管外侧泄出而不致冲刷到火箭防热底板的其他位置。这样做提高了火焰盾板的热流条件，使之成为整个底部热环境最为恶劣的区域，需要重点防护。同时这种设计使得壅塞回流的流通面积减小了，加大了喷管的外热流，对喷管的防热环境更为苛刻。

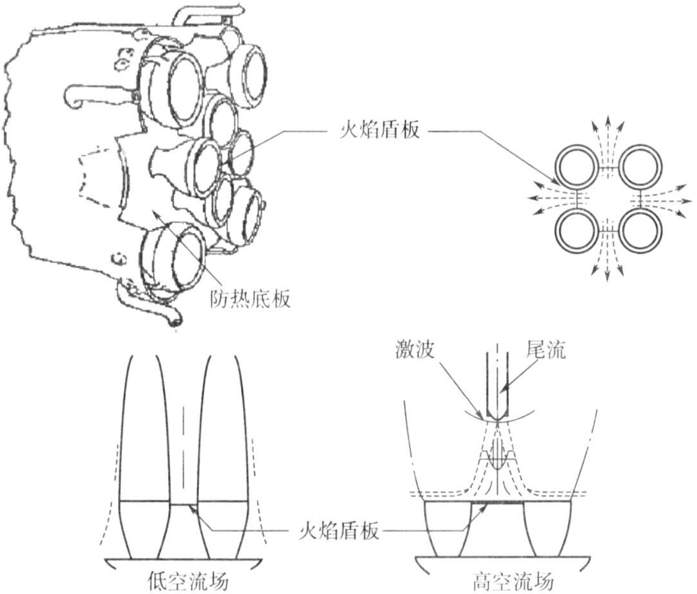

附图61 土星底部火焰盾板构型及壅塞形态

附图62给出了土星Ⅰ Block Ⅰ和Block Ⅱ历次飞行的主要热环境测量结果包络曲线。图中分为内部区域、外部区域、发动机尾罩区域和翼片底部区域四个部位的测量值。同时，给出辐射热流、总热流和底部气体温度三种测量数据类型。

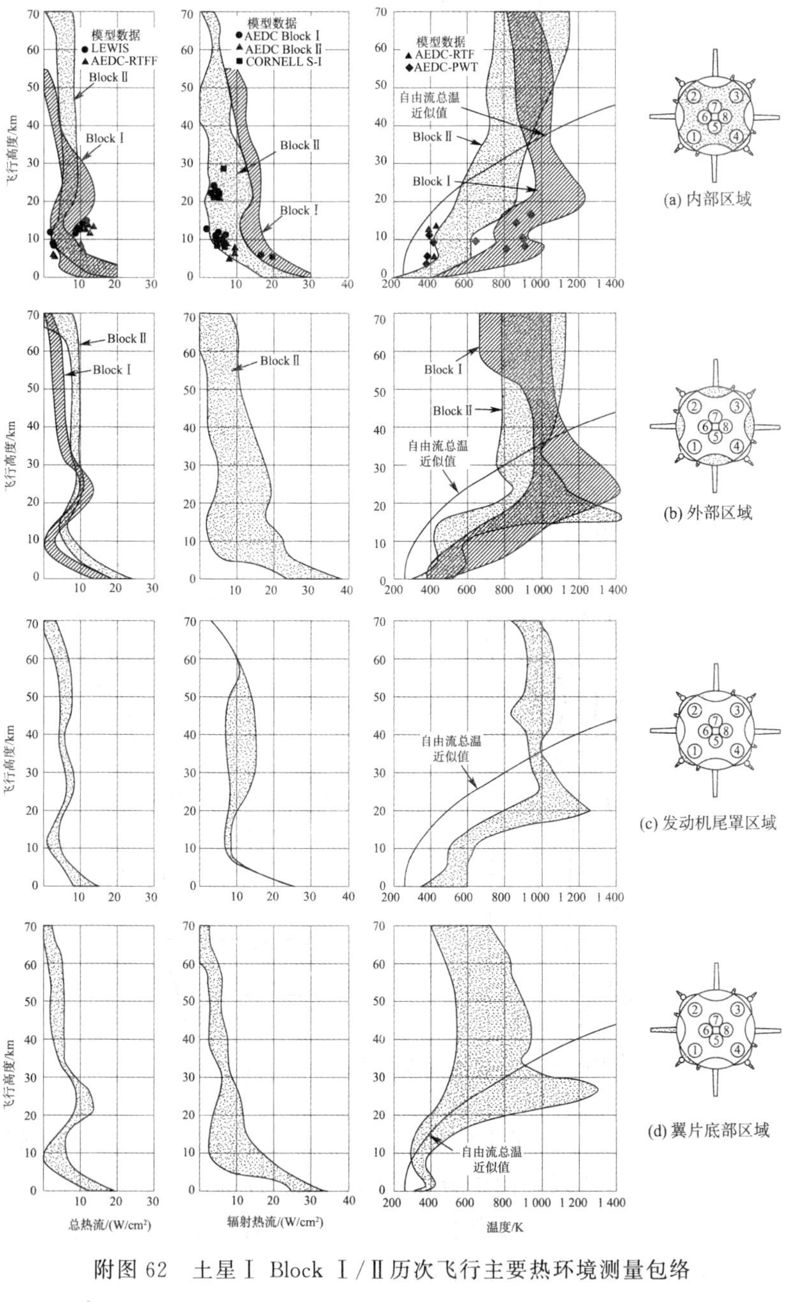

附图 62　土星Ⅰ Block Ⅰ/Ⅱ历次飞行主要热环境测量包络

B.3.2　土星Ⅴ

土星Ⅴ底部由5台F-1发动机组成，F-1发动机是历史上单台推力最大的发动机，关于它的文献繁多，此处不再赘述。与土星Ⅰ/ⅠB所不同的是，土星Ⅴ的发动机台数由8台减少至5台，这使得底部喷管的分布更加均匀，避免了土星Ⅰ中央四机并联的紧凑布局。

附表14给出了土星Ⅰ/ⅠB/Ⅴ三型火箭各级尾舱的主要布局、发动机类型和底部典型热环境。附图63和附图64为土星部分热流曲线特征。

附表14　土星系列飞行底部加热数据

型号	级数	底部构型	发动机	推进剂种类	名义操纵特性		高度范围	典型加热环境	
					p_c/psia	O/F		辐射	对流
土星Ⅰ(Block Ⅰ&Ⅱ)	S-Ⅰ		H-1	LOX/RP-1	600	2.25	0～60	37.0	7.0
	S-Ⅳ	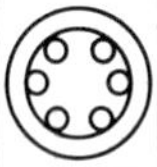	RL-10	LOX/LH_2	300	5.0	60～225	*	1.3*
土星ⅠB	S-ⅠB		H-1	LOX/RP-1	600	2.3	0～60	41.0	4.5
	S-ⅣB		J-2	LOX/LH_2	715	5.5	60～185	0.3	0
土星Ⅴ	S-ⅠC	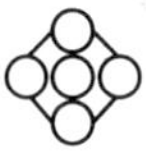	F-1	LOX/RP-1	1 000	2.28	0～60	19.0	4.0
	S-Ⅱ		J-2	LOX/LH_2	715	5.5	60～190	1.5	2.0
	S-ⅣB		J-2	LOX/LH_2	715	5.5	190	0.3	0

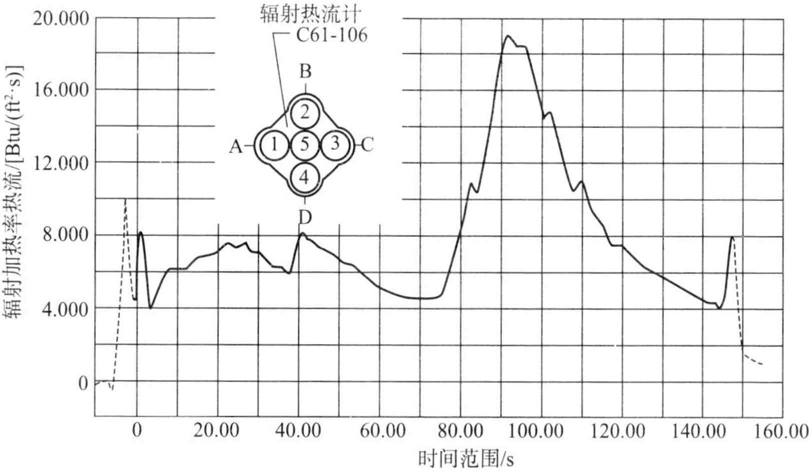

附图 63　底部热流曲线

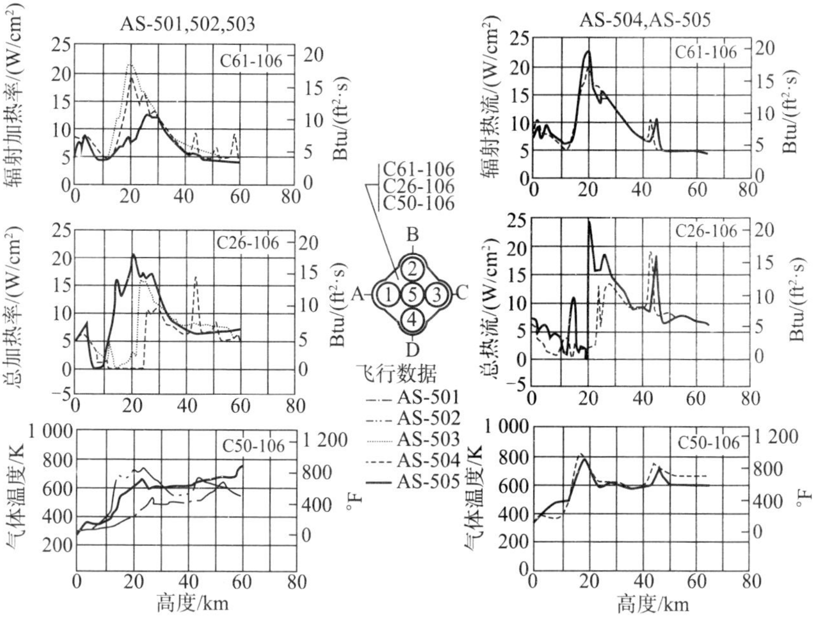

附图 64　土星Ⅴ前五次飞行底部典型热流曲线

B.4 航天飞机（SHUTTLE）

航天飞机底部由三台 RS-25（LH_2/LO_2）发动机和 2 台固体助推器 SRM 组成。这是两种截然不同的动力系统，他们对底部热环境的贡献差异很大。固体发动机贡献了绝大部分的辐射热流，而三台 RS-25 则贡献了显著的回流热流。

附图 65 给出了航天飞机助推飞行段外置氢箱底部的热流测量结果。起飞段辐射 80 kW/m^2（根据英制单位换算）辐射热流，随着高度攀升辐射热流持续降低，在 27 km 高度总热流达到第一峰值 100 kW/m^2，此时回流热流接近总热流的 50%。在 50 km 助推器关机时刻（130 s），辐射热流出现峰值，原因是固体助推关机过程中不充分的燃烧排放大量铝粒子，加大了喷流辐射特性。

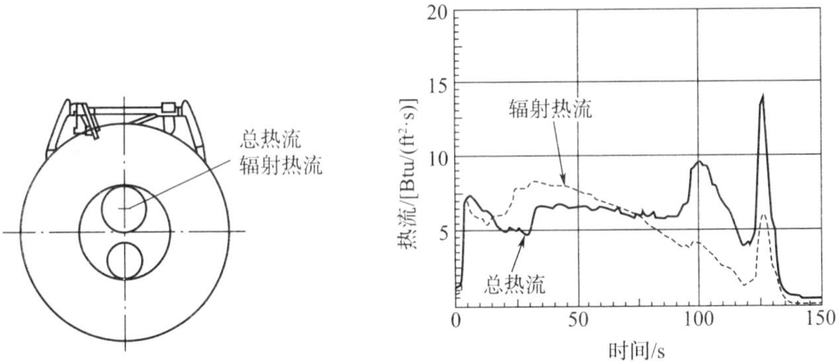

附图 65 航天飞机外置氢箱底部热流测量结果

附图 66 给出了轨道飞行器底部典型位置的热流曲线。在固体助推器分离之后，底部热环境由轨道器三台 RS-25 发动机的喷流壅塞主导，在整个二级飞行段，这种壅塞回流的加热量级保持在 20 kW/m^2 左右，且平稳不变。

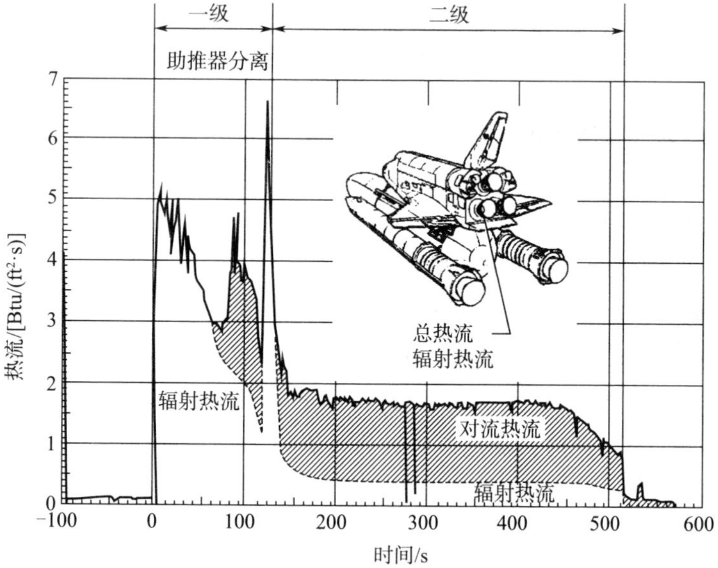

附图 66　航天飞机轨道器底部热流曲线

B.5　SLS 重型运载火箭

SLS 是美国最新研制的重型火箭，包括三个基准构型：SLS－1、SLS－1A 和 SLS－2，如附图 67 所示。SLS－1 火箭全长 97.8 m，芯级长 64.7 m，直径 8.4 m，芯级采用 4 台 RS－25D 氢氧发动机，周围捆绑 2 枚五段式航天飞机固体推进剂助推器，低温上面级使用 1 台现有的 RL10B－2 低温发动机，起飞推力为 8×10^6 lbf（35 600 kN），飞行中 6 台发动机的羽流相互干扰。

由于 SLS 直接继承了航天飞机（SHUTTLE）的氢氧＋固体的经典构型，所以航天飞机的大量底部热环境数据是可以借鉴的。然而，马歇尔航天中心（MCFC）的热环境部门显然不满足对现有数据的梳理和修订，他们又策划了一系列试验计划，在卡尔斯本大学巴法罗研究中心（CURBC）的激波风洞进行，以获取关键参数。该风洞复现了火箭上升过程中的超音速和高超音速飞行环境（包括来

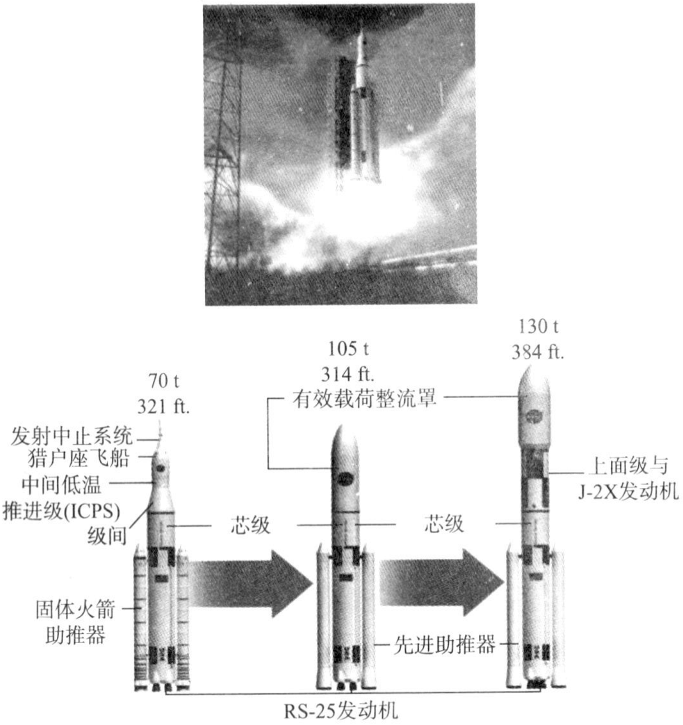

附图 67 美国新一代重型火箭 SLS

流的温度、压力及速度等)。全箭模型的尾段布置了 200 个热流和压力传感器，以获取热环境数据。试验采用了大量过去载人航天飞行计划中未采用的新技术，如高速可见光和红外摄像机、激光诊断技术，以及可以更充分模拟真实火箭的新推进系统模型。

根据 NASA 的马歇尔航天飞行中心的空气动力分部的研究，运载火箭底部对流加热的峰值出现在 SLS 火箭一级工作期间，而二级承受热流载荷的时间最长。由于运载火箭底部流动极其复杂，为了避免未知风险，Manish Mehta 等人委托 CUBRC 进行了一系列相关试验。整个试验分为两部分：探索试验与底部加热试验。其中，探索试验用于验证发动机缩比模型能否正常运行，与飞行条件下的参数是否一致。而底部加热试验则采用包含 SLS 实际外形的模型，利用超音速风洞测试其在不同高度压力环境与对应来流马赫数条件下的底部加热特性。

芯级推进系统的发动机为 RS－25，试验中以氢气为燃料，以氧气为氧化剂。推力室压强达到稳态的时间小于 20 ms。除快速响应外，模型发动机还必须保证燃烧室压强在整个燃烧期间保持稳定。设计得到的燃烧室稳定压强为全尺寸模型的 90%，能够满足试验要求，氢氧发动机燃烧室压力及模型如附图 68 所示。

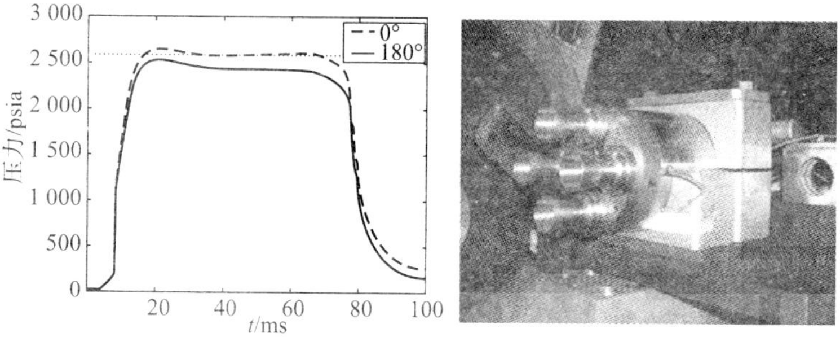

附图 68　氢氧发动机燃烧室压力及模型

完成芯级火箭发动机模型设计之后，通过一维非定常程序计算设计固体火箭发动机模型，并通过性能分析与反复试验的方法，最终确定固体火箭发动机的设计方案，如附图 69 所示。

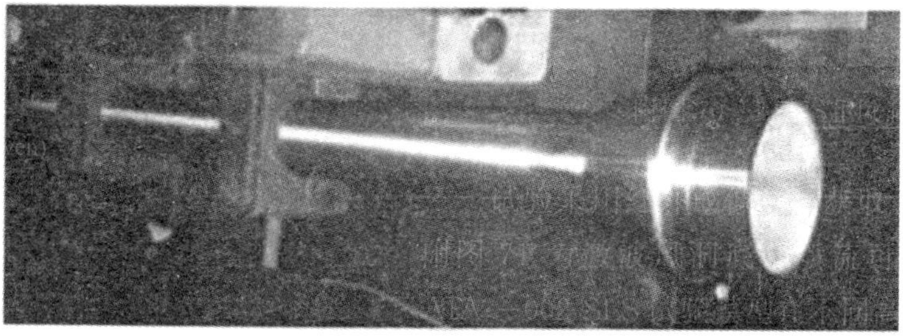

附图 69　固体火箭发动机模型

底部加热试验代号为 ATA－002，其主要目的是确定 SLS 的底部对流加热环境。根据试验模型的不同，SLS 底部加热试验又分为整体试验（Full - Stack）和芯级（Core - Stage）试验，前者包含助推器，后者仅研究芯级，对应的试验模型如附图 70 所示，模型尺寸为全尺寸的 2%。

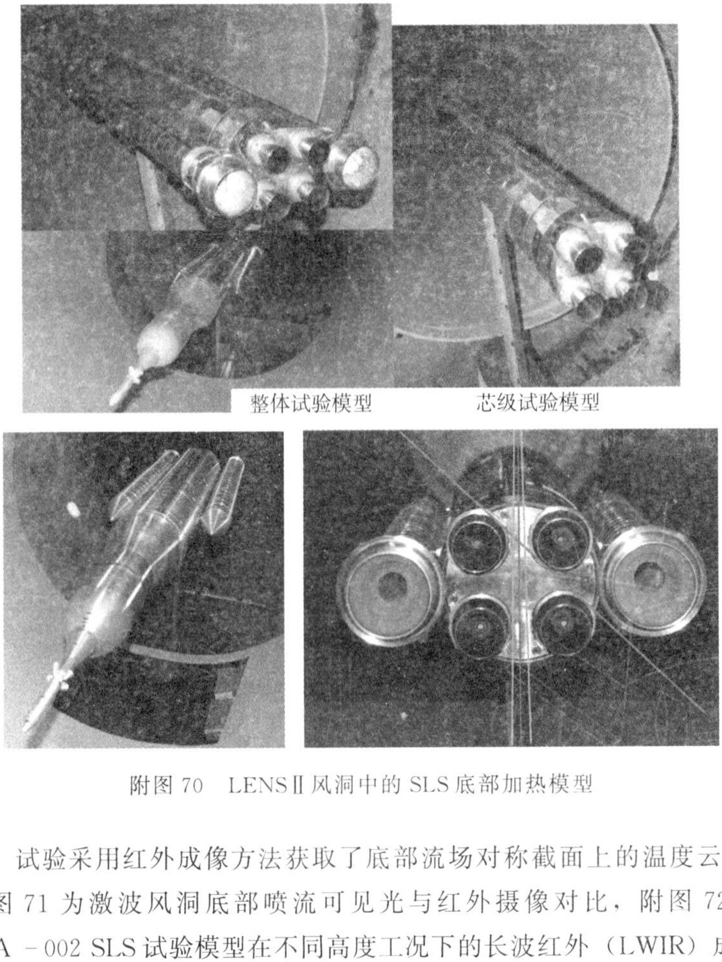

附图 70　LENSⅡ风洞中的 SLS 底部加热模型

试验采用红外成像方法获取了底部流场对称截面上的温度云图，附图 71 为激波风洞底部喷流可见光与红外摄像对比，附图 72 为 ATA - 002 SLS 试验模型在不同高度工况下的长波红外（LWIR）成像温度云图（20 ms 内的平均值），左右两边分别对应低（10～121 ℃）/高（121～538 ℃）温度显示范围，其中红色代表高温区域，蓝色代表低温区域。可以看出，对于 SLS 而言，固体火箭发动机产生的射流温度明显高于芯级，这主要是由于固体发动机射流中存在高温氧化铝；受节流阀控制，高海拔工况下固体发动机膨胀比明显减小。

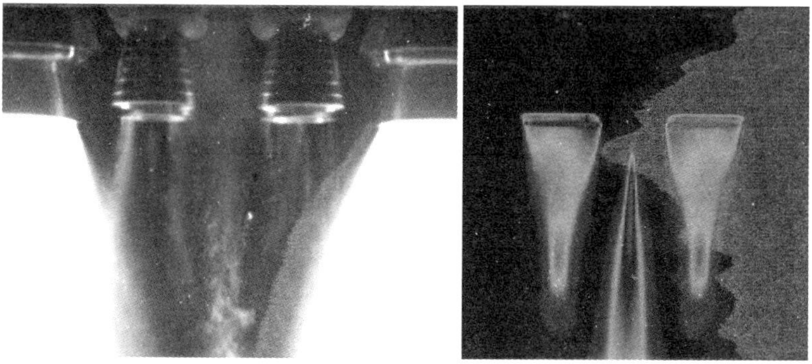

可见光　　红外摄像

附图 71　SLS 激波风洞底部喷流（见彩插）

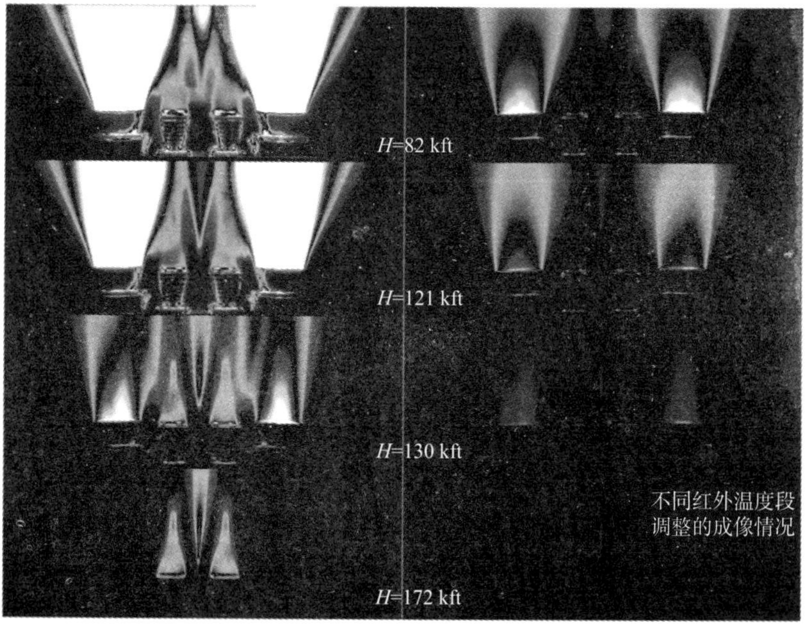

附图 72　ATA－002 SLS 模型底部区域在不同高度工况下的长波红外成像（见彩插）

附图 73 显示了三个独立试验的底部中心附近测量结果。图中由虚线表示的无外部流动芯级试验（core only case）是最稳定的。带有流动的芯级试验比无流动情况需要更长的时间才能稳定下来，且没有后者稳定。具有流动的整体试验是最不稳定的。从图中也可以看出，包含助推器在内整体模型试验得到的热流比芯级模型更高，而自由流的存在会降低底部加热效应。

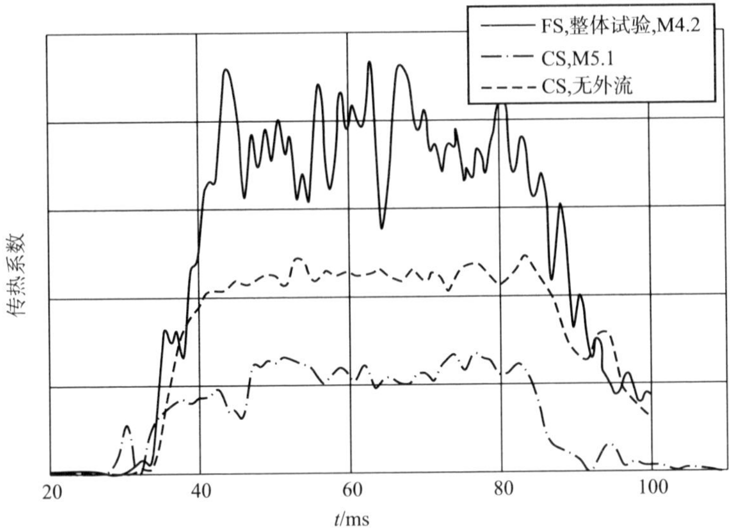

附图 73　不同构型和条件下底部非定常传热测量（仪表 T84）

参 考 文 献

[1] HILMELBLAU H, HINE M J, FRYDMAN A M, et al. Effects of triaxial and unaxial random excitation on the vibration response and fatigue damage of typical spacecraft hardware [R]. SVD, 1996.

[2] NATIONAL AERONAUTICS, SPACE ADMINISTRATION. NASA - STD - 7005 Dynamic Enviromental Criteria [S] . Washington DC: National Aeronautics and Space Administration, 2001.

[3] 马兴瑞，韩增尧，等．卫星与运载火箭力学环境分析方法与试验技术 [M]. 北京：科学出版社，2014.

[4] 黄怀德．振动工程 [M]. 北京：宇航出版社，1995.

[5] 姜洪源，郝德刚，敖宏瑞．环形金属橡胶隔振器系统建模与试验研究 [J]. 湖南科技大学学报（自然科学版），2005，20 (1).

[6] 闫辉，姜洪源，李瑰贤．航空发动机管路支承用金属隔振器性能研究 [J]. 中国机械工程，2007，18 (12).

[7] 敖宏瑞，姜洪源，王树国，等．支承发动机管路的金属橡胶阻尼器隔振性能研究 [J]. 机械设计，2003，20 (2).

[8] STÉPHANE DURTESTE. A Transient Model of the VINCI Cryogenic Upper Stage Rocket Engine [R]. AIAA 2007 - 5531, July 2007.

[9] JOHN J SHI. Rocket engine nozzle side load transient analysis methodology - a practical approach [R]. AIAA 2005 - 1860, April 2005.

[10] F FALEMPIN, E DANIAU, N GETIN. Toward a Continuous Detonation Wave Rocket Engine Demonstrator [R]. AIAA 2006 - 7956.

[11] TEN - SEE WANG. Transient Two - Dimensional Analysis of Side Load in Liquid Rocket Engine Nozzles [R]. AIAA 2004 - 3680, July 2004.

[12] NAOKI TANI, et al. Feasibility Study of Multi Objective Shape Optimization for Rocket Engine Turbopump Blade Design [R]. AIAA 2008 - 4659, July 2008.

[13] BOGDAN MARCU, ALI HADID, et al. Towards Rocket Engine

Components with Increased Strength and Robust Operating Characteristics [R]. AIAA 2005 - 4449, July 2005.

[14] D RAMSEY, M AMINPOOR. Nonlinear, Dynamic Simulation of an Open Cycle Liquid Rocket Engine [R]. AIAA 2007 - 5507, July 2007.

[15] CHIHIRO INOUE, TOSHINORI WATANABE, TAKEHIRO HIMENO. Numerical Study on Flow Induced Vibration in a Rocket Engine Preburner [R]. AIAA 2006 - 5193, July 2006.

[16] V GAUTAM, A K GUPTA. Simulation of Mixing in Rocket Engine Injectors under In - Space Conditions [R]. AIAA 2005 - 3571, 10 - 13 July 2005.

[17] JAMES R HULKA. Scaling of Performance in Liquid Propellant Rocket Engine combustion Devices [R]. AIAA 2008 - 5113, 21 - 23 July 2008.

[18] 姚德源，王其政．统计能量分析原理及其应用 [M]. 北京：北京理工大学出版社，1995.

[19] LIGHTHILL M J. On Sound Generated Aerodynamically: Ⅰ. General Theory [J]. Proceedings of the Royal Society of London, Series A: Mathematical and Physical Sciences, 1952, 211: 564 - 587.

[20] LIGHTHIL M J. On Sound Generated Aerodynamically: Ⅱ. Turbulence as a Source of Sound [J]. Proceedings of the Royal Society of London, Series A: Mathematical and Physical Sciences, 1954, 222: 1 - 32.

[21] FFOWCSWILLIAMS J E. The Noise from Turbulence Convected at High Speed [J]. Philisophical Transactions of the Royal Society of London, Series A: Mathematical and Physical Sciences, 1963, 255: 469 - 503.

[22] TANNA H K, DEAN P D, BURRIN R H. The Generation and Radiation of Supersonic Jet Noise. Vol. Ⅲ, Turbulent Mixing Noise Data [R]. U. S. Air Force Aero - Propulsion Lab., AFAPL - TR - 76 - 65 - Vol. 3, Wright - Patterson AFB, OH, 1976.

[23] L GAMET, J L ESTIVALEZES. Application of Large - Eddy Simulations and Kirchhoff Method to Jet Noise Prediction [R]. AIAA Vol. 36, No. 12, December 1998: 2170 - 2178.

[24] S A KARABASOV, M Z AFSAR, T P HYNES. Jet Noise: Acoustic Analogy Informed by Large Eddy Simulation [R]. AIAA Vol. 48, No. 7, July 2010: 1312 - 1326.

[25] L F MOON, S W ZELAZNY. Experimental and Analytical Study of Jet Noise Modeling [R]. AIAA Vol. 13, No. 3, March 1975: 387 - 394.

[26] R R MANKBADI, R HIXON, S H SHIH. Use of Linearized Euler Equations for Supersonic Jet Noise Prediction [R]. AIAA Vol. 36, No. 2, February 1998: 140 - 148.

[27] PHILIP J MORRIS. Acoustic Analogy and Alternative Theories for Jet Noise Prediction [R]. AIAA Vol. 40, No. 4, April 2002: 671 - 681.

[28] TAM C K, AURIAULT L. Jet Mixing Noise from Fine - Scale Turbulence [R]. AIAA Vol. 37, No. 2, Journal 1999: 145 - 153.

[29] 张志成，孙冲．火箭发动机喷流噪声的理论分析 [C]. 北京：中国宇航学会发射工程与地面设备专业委员会学术会议，2003.

[30] 姬晓辉，武晓松，季宗德．火箭羽流场数值模拟及噪声预估 [J]. 弹箭与制导学报，2000 (2).

[31] 甘加业，吴克启．基于伴随格林函数法射流噪声的研究 [J]. 工程热物理学报，2009 (2).

[32] 张维纲．大型火箭发射时发动机噪声预示方法研究 [J]. 强度与环境，1987 (5).

[33] Acoustic loads generated by the propulsion system [R]. NASA SP - 8072.

[34] POTTER R C, CROCKER M J. Acoustic Prediction Methods for Rocket Engines, Including the Effects of Clustered Engines and Deflected Exhaust Flow [R]. NASA CR - 566, Oct. 1966.

[35] JEAN VARNIER. Experimental Study and Simulation of Rocket Engine Free jet Noise [R]. AIAA October 2001: 1851 - 1859.

[36] CHRISTOPHE BAILLY. Subsonic and Supersonic Jet Noise Predictions from Statistical Source Models [R]. AIAA Vol. 35, No. 11, November 1997: 1688 - 1697.

[37] VALERIO FERRARA. Prediction of the Acoustic Levels during P80 FW Static Firing Test [R]. 28th AIAA Aeroacoustics Conference, 2007.

[38] JARED HAYNES. Modifications to the NASA SP - 8072 Distributed Source Method Ⅱ for Ares Ⅰ Lift - off Environment Predictions [R]. 30th AIAA Aeroacoustics Conference, 2009.

[39] M KANDULA, B VU. Near - field acoustical characterization of clustered rocket engines [R]. AIAA 2005 - 3091.

[40] M KANDULA. Near - field acoustical of clustered rocket engines [R]. AIAA 2005 - 3091, 2005.

[41] SUTHERLAND L C. Progress and problems in rocket noise prediction for ground facilities [C]. 15th AIAA Aeroacoustics Conference, Long Beach, CA, October 25 - 27, 1993.

[42] IADEVAIA M, VANHAL B, RIOBBO J L. Using statistical energy analysis for shock pulse predictions [C]. Proceedings of ISMA 2002, 5: 2337 - 2341.

[43] 聂旭涛，熊飞峤．运用统计能量分析法预示空空导弹舱内动力学环境 [J]. 振动与冲击，2007 (4).

[44] FAHY F J, DEYUAN Y. Power flow between non - conservatively coupled oscillators [J]. ISVR Technical Report, 1984 (1～5).

[45] 张建，顾崇衔．非保守耦合系统的统计能量分析原理 [J]. 声学学报，1993 (1).

[46] 盛美萍．非保守耦合系统的等效内损耗因子 [J]. 声学学报，1997，22 (6)：555 - 561.

[47] 盛美萍．非保守耦合系统的耦合损耗因子 [J]. 声学学报，1999，24 (5)：550 - 556.

[48] 孙进才，王冲，孙朝辉．间接耦合机械结构之间的耦合损耗因子 [J]. 声学学报，1995，20 (1)：33 - 41.

[49] 盛美萍．直接和间接耦合损耗因子的计算方法 [J]. 噪声与振动控制，1997，22 (6)：2 - 7.

[50] 张建，顾崇衔．相关输入时保守或非保守耦合系统的统计能量分析 [J]. 振动工程学报，1990 (4).

[51] 向树红，王大钧，于丹．统计能量分析参数的综合确定方法及应用 [J]. 振动工程学报，2004 (4).

[52] 孙目，王小军，潘忠文．统计能量分析在飞行器动力学环境预示中的应用 [J]. 导弹与航天运载技术，2009 (3).

[53] 王宪成，张晶，张更云．基于统计能量分析法的船艇机舱噪声建模计算 [J]. 兵工学报，2007 (11).

[54] 王彦琴，盛美萍，孙进才．统计能量分析预测飞机壁板隔声量及舱室内声场分析 [J]. 声学技术，2003 (4)：219 - 223.

[55] 谢久林，杨松，张俊刚．航天器声振动力学环境响应分析 [J]. 航天器

环境工程，2006（4）.
[56] 冯振兴．统计能量法在整星/有效载荷声载响应分析中的应用 [J]. 航天器环境工程，2005（12）.
[57] 潘凯．基于 VA One 的飞机舱内噪声预计方法研究 [J]. 测控技术，2008（3）.
[58] J S ALEX LIN. Airplane Interior Noise Modeling Using Statistical Energy Analysis Approach [R]. AIAA，1999：690 - 698.
[59] CREMER L HECKL M，UNGAR E E. Structure - borne sound [J]. Springer - Verlag，1973.
[60] VER I L，HOLMER C I. Interaction of sound waves with solid structures [J]. chapter 11 in Noise and Vibration Control，1971.
[61] CLARKSON B L，POPE R J. Experimental determination of modal densities and loss fators of flat plats and cylinders [J]. Journal of Sound and Vibration，1981，77（4）：535 - 549.
[62] NORTON P M. Fundamental of Noise and Vibration Analysis for Engineers [M]. [S. l.]：Cambridge University Press，1989.
[63] CLARKSON B L，RANKY M F. Modal density of honeycomb plates [J]. Journal of Sound and Vibration，1983，91（1）：103 - 118.
[64] FERGUSON N S，CLARKSON B L. The modal density of honeycomb shells [J]. Journal of Vibration，Acoustics Stress and Reliability in Design，108，399 - 404.
[65] CLARKSON B L. Experimental determination of modal density，chapter 5 in Random Vibration - status and Recent Developments [J]. Studies in Applied Mathematics，1986（14）：59 - 85.
[66] 程广利，朱石坚．统计能量分析法及损耗因子确定方法综述 [J]. 船舶工程，2004（4）.
[67] LANGLEY R S，BREMNER P. A hybrid method for the vibration analysis of complex structural - acoustic systems [J]. J Acous Soc Am，1999，105（3）：1657 - 1671.
[68] R S LANGLEY，P J SHORTER，V COTONI. A hybrid FE - SEA method for the analysis of complex vibroacoustic systems [J]. Journal of the acoustical society of America，2005：85 - 95.
[69] 张瑾．声振力学环境预示的 FE - SEA 混合方法研究 [J]. 强度与环境，

2010 (6).

[70] BRYCE GARDNER. Vibro - acoustic analysis of large space structures using the Hybrid FE - SEA method [R]. AIAA, 2005.

[71] JEFFREY. Vibroacoustic Response of the NASA ACTS Spacecraft Antenna to Launch Acoustic Excitation [R]. NASA/TM 2008 - 215168.

[72] 胡莹，陈克安．基于 FE - SEA 混合法的梁弯曲振动响应分析 [J]. 振动与冲击，2008 (7)：91 - 96.

[73] 陈书明．车内噪声 FE - SEA 混合建模及分析方法 [J]. 振动工程学报，2010 (4).

[74] YUANJIE ZOU. Research on the random vibration specification based on the hybrid FE - SEA method [C]. International Astronautical Congress 2009 (60th).

[75] 王昆．飞行器结构统计能量建模方法及声振响应分析研究 [D]. 哈尔滨：哈尔滨工业大学，2010.

[76] 李森．基于杂交 FEM - SEA 法的板梁结构中频振动分析 [D]. 大连：大连理工大学，2010.

[77] 李会娜，等．某系列导弹爆炸冲击环境统计 [J]. 强度与环境，2010 (6).

[78] 张建华．航天产品的爆炸冲击环境技术综述 [J]. 导弹与航天运载技术，2005 (3).

[79] National Aeronautics and Space Administration, Pyroshock Test Criteria, NASA - STD - 7003A [S].

[80] Deportment of Defense, Environmental Engineering Considerations and Laboratory Test, MIL - STD - 810F [S].

[81] 明付仁．水下近场爆炸对舰船结构瞬态流固耦合毁伤特性研究 [D]. 哈尔滨：哈尔滨工程大学.

[82] 航天科技集团一院 702 所．军用装备实验室环境试验方法　第 27 部分：爆炸分离冲击试验：GJB 150. 27—2009 [S].

[83] 梁鲁．减振隔振与整星及全箭动态特性相互影响的研究 [D]. 哈尔滨：哈尔滨工业大学.

[84] 金恂叔．美国 NASA - STD - 7003 爆炸冲击试验规范简述 [J]. 航天器工程，2000 (3).

[85] 金恂叔．航天器爆炸冲击环境及其模拟试验技术 [J]. 环境技术，1999

(3).
[86] 马斌捷，等．火工品爆炸加载方法在火箭分离冲击环境模拟试验中的应用与效果 [J]. 强度与环境，2007 (5).
[87] 张华．航天器爆炸冲击环境模拟装置仿真研究 [J]. 计算机仿真，2008 (2).
[88] 唐振廷，等．冲击试验的现状与发展 [J]. 汽车工艺与材料，2004 (10).
[89] 王冰，等．摆锤式冲击响应谱试验台的仿真研究 [J]. 强度与环境，2012 (3).
[90] 田振强，等．新型摆锤式冲击响应谱试验台的研制 [J]. 强度与环境，2013 (4).
[91] 杨世铭，陶文铨．传热学 [M]. 北京：高等教育出版社，1998.
[92] 世界航天运载器大全编委会．世界航天运载器大全 [M]. 北京：宇航出版社，1996.
[93] 刘伟，周怀春，杨昆，等．辐射介质传热 [M]. 北京：中国电力出版社，2009.
[94] 张钰，结构热试验技术 [M]. 北京：宇航出版社，1993.
[95] N T MUSIAL, J J WARD. Base flow characteristics for several four - clustered rocket configurations at mach numbers from 2.0 to 3.5 [R]. NASA TND-1093, 1961.
[96] N CBARCZENKO, C HAYES. Jet effects at supersonic speeds on base and afterbody pressures of a missile model having single and multiple jets [R]. NASA TND-2046, 1963.
[97] 黄寿康，王玉堂，等．流体动力·弹道·载荷·环境 [M]. 北京：宇航出版社，1991.
[98] 张志成，潘梅林，等．高超音速气动热和热防护 [M]. 北京：国防工业出版社，2003.
[99] 恽起麟．风洞试验 [M]. 北京：国防工业出版社，2000.
[100] 艾伦 C. 空间环境 [M]. 北京：中国宇航出版社，2009.
[101] 侯增祺，胡金刚．航天器热控制技术——原理及其应用 [M]. 北京：中国科学技术出版社，2008.
[102] 卫星工程系列编辑委员会．空间低温技术 [M]. 北京：宇航出版社，1987.

[103] 王瑞，张娜，李韵，等．低气压放电效应研究进展 [J]. 空间电子技术，2015 (1).

[104] 张平．电子设备接触界面强化传热特性研究 [D]. 南京：南京理工大学，2013.

[105] 徐向华，任建勋，梁新刚．近地倾斜轨道航天器在轨热辐射分析 [J]. 太阳能学报，2004，25 (5)：717－821.

[106] 金学宽．空间目标的外部辐射换热 [J]. 现代防御技术，1979 (6).

[107] 杨明，吴晓迪，吕相银．卫星表面隔热材料红外辐射的数值分析 [J]. 激光与红外，2009，39 (12)：1288－1291.

[108] 张晓宁．空间飞行器多层隔热系统传热特性的研究 [D]. 哈尔滨：哈尔滨工业大学，2007.

[109] 宣卫芳．装备与自然环境试验 [M]. 北京：航空工业出版社，2009.

[110] KUMUD AJMANI. A CFD Analysis of Hydrogen Leakage During On－Pad Purge in the ORION ARES I Shared Volume [R]. NASA/TM－2011－217020 July 2011.

[111] 吴世功．低温工程学基础 [M]. 上海：上海交通大学出版社，1991.

[112] 陈国邦，张鹏．低温绝热与传热技术 [M]. 北京：科学出版社，2004.

[113] 闵桂荣．航天器热控制技术 [M]. 北京：科学出版社，1998.

[114] HASTINGS L J，HEDAYAT A，BROWN T M. Analytical Modeling and Test Correlation of Variable Density Multilayer Insulation for Cryogenic Storage [R]. NASA/TM 2004－213175.

[115] 杨婉．通风与空调工程 [M]. 北京：中国建筑工业出版社，2005.

[116] YOUNES SHABANY. 传热学：电力电子器件热管理 [M]. 北京：机械工业出版社，2013.

[117] TONY KORDYBAN. 笑谈热设计 [M]. 北京：机械工业出版社，2014.

[118] DAVID T FRATE，PAUL F SENICK，CAROL M. Tolbert ARES I Upper Stage Subsystems Design and Development [Z]. IAC－11－D2. 3. 2.

[119] Chrysler Corporation. Space Division Saturn I Environmental Conditioning Systems Functional Description [Z]. SDES－64－414.

[120] 王浚．我国环境模拟技术现状与发展 [J]. 航空制造技术，2004，12 (8)：50.

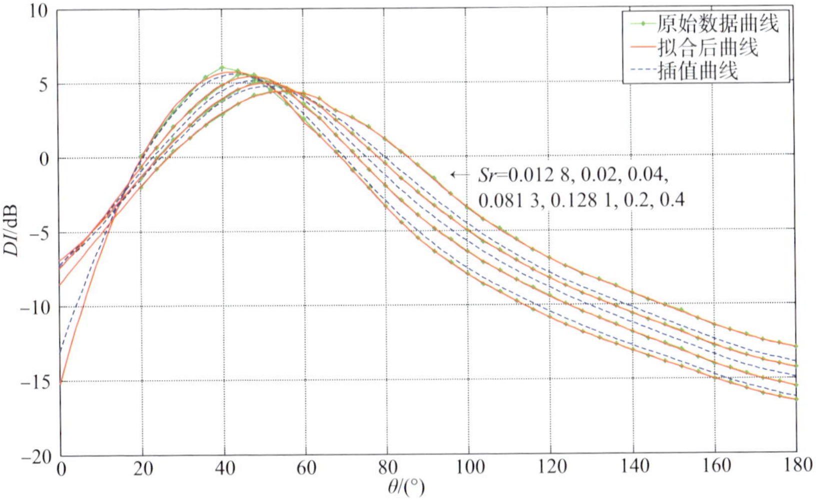

图 2-20　典型火箭不同 Sr 下的远场方向系数（P57）

图 2-25　整流罩气动压力分布（P84）

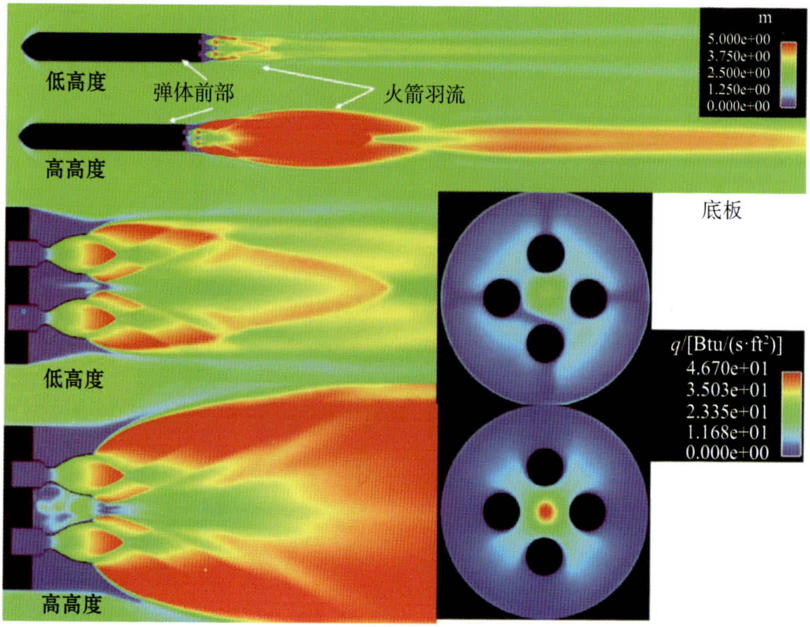

图 3-26　四喷管火箭流场波系结构与底部热流分布（P199）

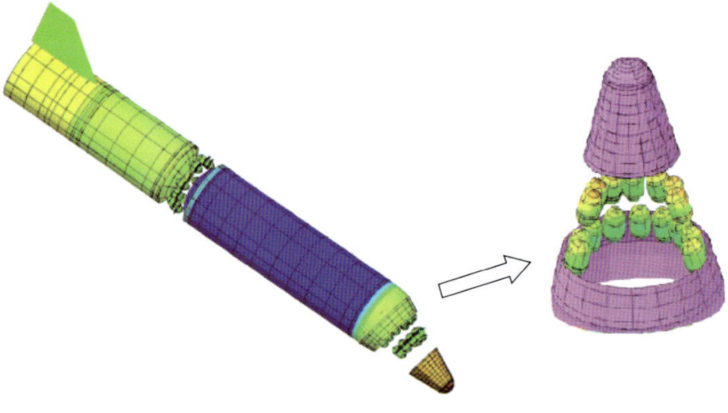

图 3-41　典型的节点传热分析结果（P225）

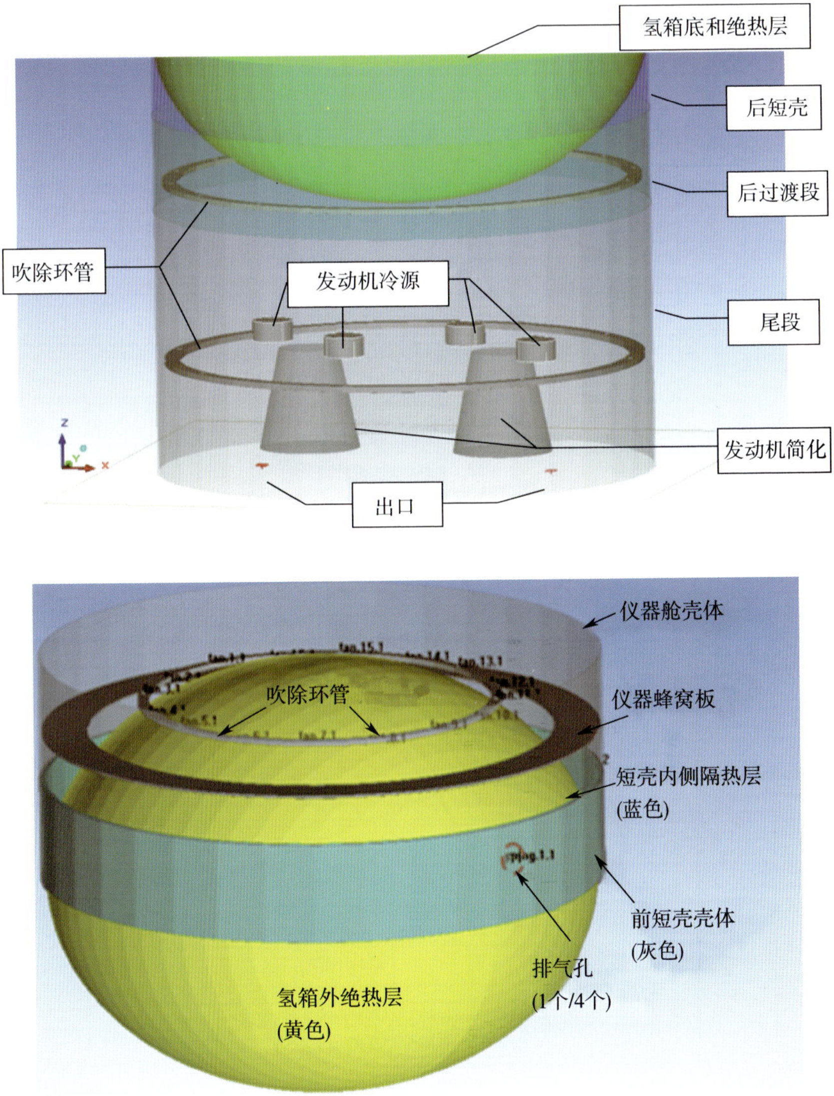

图 3－69　某火箭舱段吹除仿真模型（P263）

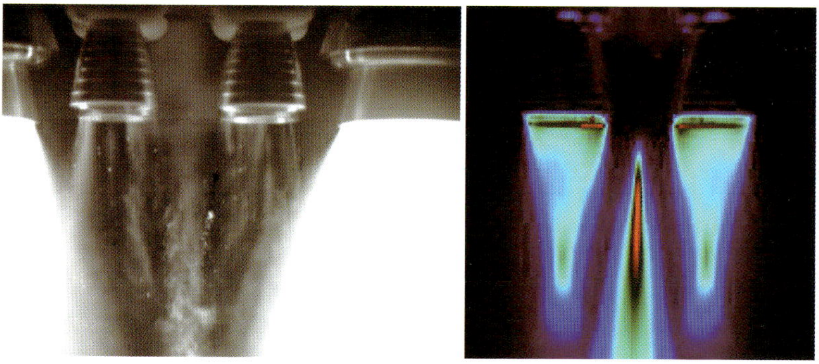

可见光　　　　　　　　　　红外摄像

附图 71　SLS 激波风洞底部喷流（P348）

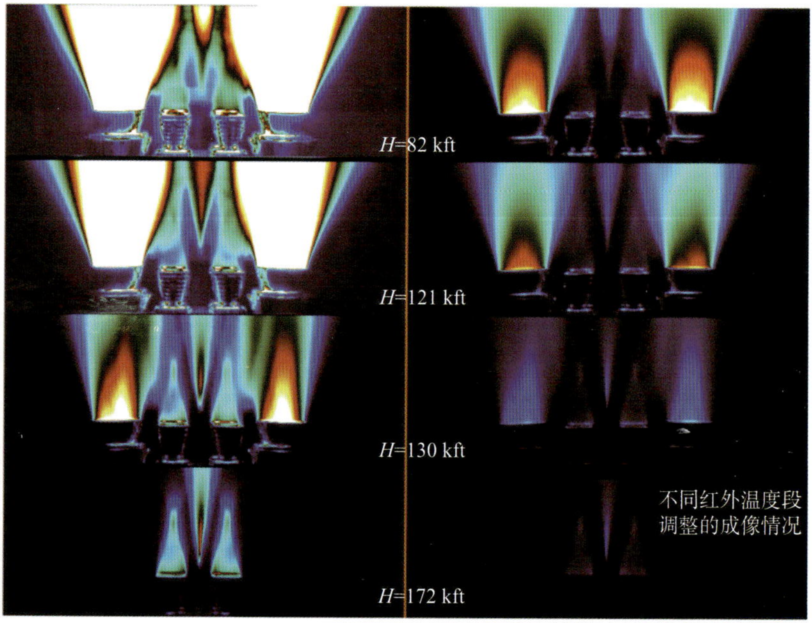

附图 72　ATA－002 SLS 模型底部区域在不同高度工况下的长波红外成像（P348）